钱铮 王海云 唐茂勇 主编

应用物理学简明教程

习题指导书

清华大学出版社
北京

内容简介

本书主要是配合《应用物理学简明教程》教材而编写的一本辅导书，按教材的章节顺序编排。全书分为13章，每章包含内容提要、例题解析、同步题解和自测练习等四个部分。本书内容较为全面详细，既可用于上述教材的配套教学，也可作为独立的参考书供应用型理工科大专院校各专业和成人教育或继续教育学生及社会自学者学习大学物理时使用。

图书在版编目(CIP)数据

应用物理学简明教程习题指导书/钱铮，王海云，唐茂勇主编. —北京：清华大学出版社，2016
ISBN 978-7-302-45002-3

Ⅰ. ①应…　Ⅱ. ①钱…　②王…　③唐…　Ⅲ. ①应用物理学—高等学校—教学参考资料　Ⅳ. ①O59

中国版本图书馆CIP数据核字(2016)第216131号

责任编辑：朱红莲
封面设计：常雪影
责任校对：刘玉霞
责任印制：刘海龙

出版发行：清华大学出版社
网　　址：http://www.tup.com.cn，http://www.wqbook.com
地　　址：北京清华大学学研大厦A座　　**邮　　编**：100084
社 总 机：010-62770175　　**邮　　购**：010-62786544
投稿与读者服务：010-62776969，c-service@tup.tsinghua.edu.cn
质量反馈：010-62772015，zhiliang@tup.tsinghua.edu.cn
印 装 者：北京鑫海金澳胶印有限公司
经　　销：全国新华书店
开　　本：185mm×260mm　　**印　张**：12.25　　**字　　数**：292千字
版　　次：2016年12月第1版　　**印　　次**：2016年12月第1次印刷
印　　数：1～1500
定　　价：29.00元

产品编号：067774-01

前 言

FOREWORD

为了适应应用型理工科大专院校和成人教育的需要，“全国高等理工院校成人教育研究会物理学科委员会”教材编委会编著了一本物理教材：《应用物理学简明教程》(清华大学出版社出版，2014 年 7 月第 1 版)。从该教材出版 2 年来的使用情况看，一方面要在有限的教学时间内，使学生较好地掌握所学知识并熟练地解题有一定的困难；另一方面，为了方便教师课堂教学和学生课后自学，我们组织编写了这本学习指导书。

本书与教材同步，方便读者课后自学。所以本书的目录结构与教材的篇章相同。每章分为以下四部分：

一、内容提要

按每章的教学内容给出了各章节所教授知识的较全面、较详细的小结。目的是方便读者在使用本书时随时查阅相关的定义、定理和公式。

二、例题解析

选择若干有代表性的例题，从概念分析、解题思路等方面出发，对各例题作较详细的解答。帮助读者拓展思路，提高解题技巧。

三、同步题解

同步题解是对书中各章的思考题和练习题的解答。这部分内容不建议读者在解题前阅读，而是当解题出现困难时，或自己解题完成后作为参考。

四、自测练习

按书上每章的基本内容和要求，另出的一套由选择题、填空题、计算题等组成的测试题目，书后只给出这些自测题的答案。目的是让读者检验和巩固每章节内容学习后的效果。

大学物理的学习过程与中学阶段有所不同，对所学知识既要知其然，还要知其所以然。要更注重物理思想、物理过程的学习，从而更深刻地理解物理公式背后所蕴含的真理。要熟练地掌握矢量、微分和积分等高等数学知识在解题过程中的应用。另外，大学物理的学习过程与中学阶段也有所相同，即都要通过大量的思考和练习来深刻理解和巩固所学的知识。

“纸上得来终觉浅，绝知此事要躬行。”让我们以陆游的这首诗来勉励大家在学习物理学的过程中要多做题、多练习。知识是相通的，学好物理学对后续知识的学习一定会有很大的帮助。

本书由苏州大学的钱铮老师编写第 1、2、3、12、13 章；南京邮电大学的王海云老师编写第 7、8、10、11 章；大连海洋大学的唐茂勇老师编写第 4、5、6、9 章。由钱铮老师负责全书的统稿工作。

本书的编写工作得到了东南大学周雨青教授的大力支持，周老师对本书的内容提出了很多建设性的意见和建议；编者所在学校的相关领导也给予了大力的支持，在此一并表示衷心感谢。

编　者

2016 年 7 月于苏州大学

目录

CONTENTS

第 1 章　质点运动学 …… 1

【内容提要】…… 1

一、质点运动的描述(仅对平面运动) …… 1

二、直线运动 …… 2

三、抛体运动 …… 3

四、圆周运动 …… 3

五、相对运动 …… 4

【例题解析】…… 5

【同步题解】…… 8

思考题 …… 8

习题 …… 9

【自测练习】…… 13

第 2 章　牛顿定律和守恒定律 …… 17

【内容提要】…… 17

一、力学中常见的几种力 …… 17

二、牛顿运动定律 …… 18

三、动量守恒定律 …… 19

四、角动量守恒定律 …… 20

五、机械能守恒定律 …… 20

六、理想流体的伯努利方程 …… 22

【例题解析】…… 23

【同步题解】…… 28

思考题 …… 28

习题 …… 31

【自测练习】…… 42

第 3 章　刚体的定轴转动 …… 47

【内容提要】…… 47

一、刚体的运动 …… 47
二、转动定理 …… 47
三、角动量守恒 …… 48
四、刚体的动能定理 …… 49
【例题解析】 …… 50
【同步题解】 …… 54
思考题 …… 54
习题 …… 55
【自测练习】 …… 61

第4章 静电场 …… 63

【内容提要】 …… 63
一、电荷 库仑定律 …… 63
二、静电场及其描述 电场强度 …… 63
三、高斯定理 …… 64
四、静电场的环路定理 电势能 电势 …… 65
五、电场中的导体和电介质 …… 67
【例题解析】 …… 68
【同步题解】 …… 70
思考题 …… 70
习题 …… 71
【自测练习】 …… 76

第5章 恒稳磁场 …… 79

【内容提要】 …… 79
一、稳恒电流和磁场及其描述 …… 79
二、毕奥-萨伐尔定律 运动电荷的磁场 …… 79
三、磁场中的高斯定理和安培环路定理 …… 80
四、电流和运动电荷与磁场的相互作用 …… 80
五、物质的磁性 …… 81
【例题解析】 …… 82
【同步题解】 …… 83
思考题 …… 83
习题 …… 84
【自测练习】 …… 87

第6章 电磁感应与电磁场 …… 90

【内容提要】 …… 90
一、电磁感应的基本规律 …… 90

二、磁场能量 …… 91
三、电磁场和电磁波 …… 91
【例题解析】 …… 92
【同步题解】 …… 93
思考题 …… 93
习题 …… 95
【自测练习】 …… 97

第7章 简谐振动 …… 99

【内容提要】 …… 99
一、简谐振动的描述 …… 99
二、旋转矢量法 …… 99
三、简谐运动的能量 …… 100
四、简谐振动的合成 …… 100
【例题解析】 …… 101
【同步题解】 …… 102
思考题 …… 102
习题 …… 103
【自测练习】 …… 107

第8章 波的传播规律 …… 109

【内容提要】 …… 109
一、平面简谐波的波函数 …… 109
二、波的能流密度 …… 109
三、波的干涉 …… 109
四、(一维)驻波 …… 110
五、多普勒效应 …… 110
【例题解析】 …… 110
【同步题解】 …… 112
思考题 …… 112
习题 …… 113
【自测练习】 …… 118

第9章 波动光学 …… 120

【内容提要】 …… 120
一、光源 光波的叠加 …… 120
二、光的干涉 …… 121
三、光的衍射 …… 122
四、光的偏振 …… 123

【例题解析】…… 124
【同步题解】…… 125
思考题 …… 125
习题 …… 126
【自测练习】…… 129

第 10 章 气体动理论 …… 132

【内容提要】…… 132
一、理想气体基本公式 …… 132
二、统计分布规律 …… 132
三、三种速率 …… 133
四、平均碰撞次数和平均自由程 …… 133
【例题解析】…… 133
【同步题解】…… 134
思考题 …… 134
习题 …… 136
【自测练习】…… 140

第 11 章 热力学基础 …… 142

【内容提要】…… 142
一、基本概念 …… 142
二、基本定律和定理 …… 143
三、循环及效率 …… 143
四、熵 …… 143
【例题解析】…… 143
【同步题解】…… 145
思考题 …… 145
习题 …… 146
【自测练习】…… 150

第 12 章 狭义相对论简介 …… 153

【内容提要】…… 153
一、狭义相对论基本假设 …… 153
二、狭义相对论运动学 …… 153
三、狭义相对论动力学 …… 155
【例题解析】…… 155
【同步题解】…… 157
思考题 …… 157
习题 …… 158

【自测练习】 …… 162

第 13 章 量子力学简介 …… 164

【内容提要】 …… 164
一、黑体辐射 普朗克能量子假说 …… 164
二、光电效应 爱因斯坦光量子理论 …… 164
三、氢原子光谱 …… 165
四、德布罗意波 不确定关系 …… 166
五、薛定谔方程 …… 166
【例题解析】 …… 167
【同步题解】 …… 169
思考题 …… 169
习题 …… 170
【自测练习】 …… 174

自测练习答案 …… 176

第1章

质点运动学

【内容提要】

一、质点运动的描述(仅对平面运动)

1. 位置矢量：简称位矢，是描述质点在任意时刻位置的物理量。如图 1-1 所示，位置矢量是由坐标原点指向质点所在位置的有向线段

$$\boldsymbol{r}=\boldsymbol{r}(t)=x(t)\boldsymbol{i}+y(t)\boldsymbol{j}$$

2. 位移：是描述质点在一段时间内位置变化情况的物理量，它是质点在 t 时刻的位置指向 $t+\Delta t$ 时刻位置的有向线段

$$\Delta\boldsymbol{r}=\boldsymbol{r}_B-\boldsymbol{r}_A=(x_B-x_A)\boldsymbol{i}+(y_B-y_A)\boldsymbol{j}=\Delta x\boldsymbol{i}+\Delta y\boldsymbol{j}$$

一般情况下，位移的大小 $|\Delta\boldsymbol{r}|$ 与路程 Δs 不相等，只有当 Δt 趋于零时，$|\mathrm{d}\boldsymbol{r}|=\mathrm{d}s$。

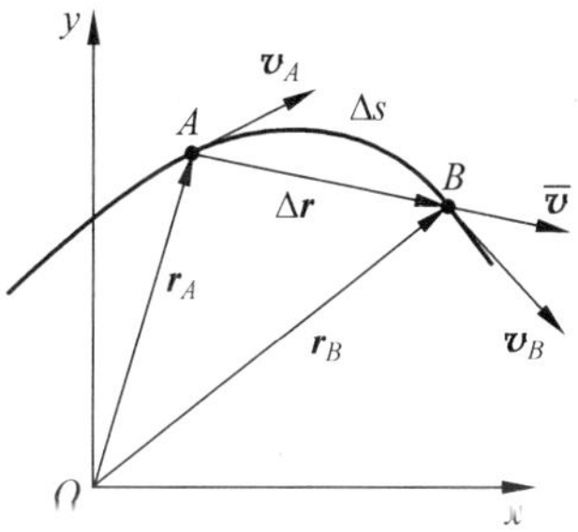

图 1-1

3. 速度：是描述质点位置变化快慢的物理量。位移 $\Delta\boldsymbol{r}$ 与时间 Δt 之比，称为质点在时间 Δt 内的平均速度

$$\bar{\boldsymbol{v}}=\frac{\Delta\boldsymbol{r}}{\Delta t}$$

当 $\Delta t\to 0$ 时，平均速度 $\bar{\boldsymbol{v}}$ 的极限称为质点在某一时刻的瞬时速度，简称速度

$$\boldsymbol{v}=\lim_{\Delta t\to 0}\frac{\Delta\boldsymbol{r}}{\Delta t}=\frac{\mathrm{d}\boldsymbol{r}}{\mathrm{d}t}$$

即瞬时速度等于位置矢量对时间的一阶导数。注意，质点瞬时速度 $\boldsymbol{v}$ 的方向总是沿着质点运动轨迹的切线方向(见图 1-1)。

在平面直角坐标系中，瞬时速度的大小为

$$v=|\boldsymbol{v}|=\sqrt{v_x^2+v_y^2}$$

4. 加速度：是描述速度随时间变化快慢的物理量。速度在 Δt 时间内的增量 $\Delta\boldsymbol{v}$ 与时间 Δt 之比，称为质点在时间 Δt 内的平均加速度

$$\bar{\boldsymbol{a}}=\frac{\Delta\boldsymbol{v}}{\Delta t}$$

当 $\Delta t\to 0$ 时，平均加速度的极限称为质点在某一时刻的瞬时加速度，简称加速度

$$\boldsymbol{a}=\lim_{\Delta t\to 0}\frac{\Delta \boldsymbol{v}}{\Delta t}=\frac{\mathrm{d}\boldsymbol{v}}{\mathrm{d}t}=\frac{\mathrm{d}^2\boldsymbol{r}}{\mathrm{d}t^2}$$

也就是说,瞬时加速度等于速度对时间的一阶导数,或位置矢量对时间的二阶导数。注意,除直线运动外,加速度的方向一般不指向质点运动轨迹的切线方向。

在平面直角坐标系中,加速度的大小为

$$a=|\boldsymbol{a}|=\sqrt{a_x^2+a_y^2}$$

二、直线运动

1. 直线运动的位置、位移、速度和加速度:质点作直线运动的轨迹是一条直线。为简单起见,通常就取直线运动的轨迹为 x 轴,如图 1-2 所示。作直线运动质点的位置、位移、速度和加速度各运动量可按标量来处理。当上述各量沿 x 轴正向时为正,反之为负。质点直线运动的位置、位移可表示为

$$x=x(t)$$

$$\Delta x=x_B-x_A$$

质点直线运动的瞬时速度和瞬时加速度可表示为(图 1-3)

$$v=\lim_{\Delta t\to 0}\frac{\Delta x}{\Delta t}=\frac{\mathrm{d}x}{\mathrm{d}t}$$

$$a=\lim_{\Delta t\to 0}\frac{\Delta v}{\Delta t}=\frac{\mathrm{d}v}{\mathrm{d}t}=\frac{\mathrm{d}^2x}{\mathrm{d}t^2}$$

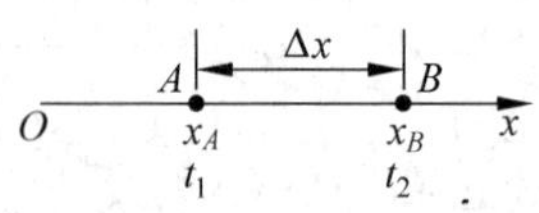

图 1-2

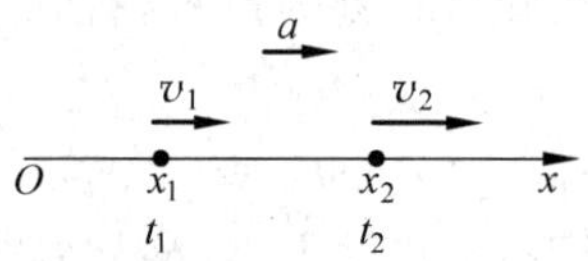

图 1-3

注意:当 v 和 a 的方向相同时,质点作加速运动;当 v 和 a 的方向相反时,质点作减速运动。作变速直线运动的质点,速度为零时,加速度不一定为零;加速度为零时,速度也不一定为零。

2. 匀速直线运动:速度的大小和方向都不随时间改变的直线运动称为匀速直线运动,即

$$v=\frac{\mathrm{d}x}{\mathrm{d}t}=\text{常量},\quad \text{所以 } a=\frac{\mathrm{d}v}{\mathrm{d}t}=0$$

质点作匀速直线运动的运动方程为

$$x=x_0+v(t-t_0)$$

式中 x_0 是 x 在 $t=t_0$ 时的值。

3. 匀变速直线运动:加速度的大小和方向都不随时间改变的直线运动称为匀变速直线运动,即

$$a=\frac{\mathrm{d}v}{\mathrm{d}t}=\text{常量}$$

匀变速直线运动的位置、速度和加速度之间满足以下三个方程

$$x = x_0 + v_0(t - t_0) + \frac{1}{2}a(t - t_0)^2$$

$$v = v_0 + a(t - t_0)$$

$$v^2 = v_0^2 + 2a(x - x_0)$$

式中 x_0 和 v_0 是 x 和 v 在 $t=t_0$ 时的值。

三、抛体运动

在忽略空气阻力的情况下，被抛出物体的运动轨迹为抛物线。抛体运动可分解为水平方向的匀速直线运动和竖直方向的匀变速直线运动。如图 1-4 所示，设 $t=0$ 时，物体在坐标原点 O 以初速度 v_0 和抛射角 θ 抛出，则抛体运动加速度 $\boldsymbol{a}$ 的分量式为

$$a_x = 0$$

$$a_y = -g$$

g 为重力加速度。抛体在落地前任意时刻 t 的速度分量式为

$$v_x = v_0\cos\theta$$

$$v_y = v_0\sin\theta - gt$$

而抛体的运动方程为

$$x = v_0 t\cos\theta$$

$$y = v_0 t\sin\theta - \frac{1}{2}gt^2$$

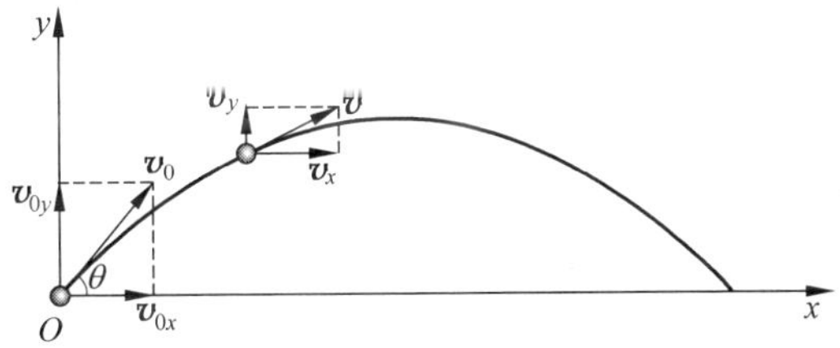

图　1-4

在图 1-4 中，抛体落点与原点 O 之间的距离称为射程 R

$$R = \frac{v_0^2\sin 2\theta}{g}$$

抛体所能到达的最大高度称为射高 H

$$H = \frac{v_0^2\sin^2\theta}{2g}$$

四、圆周运动

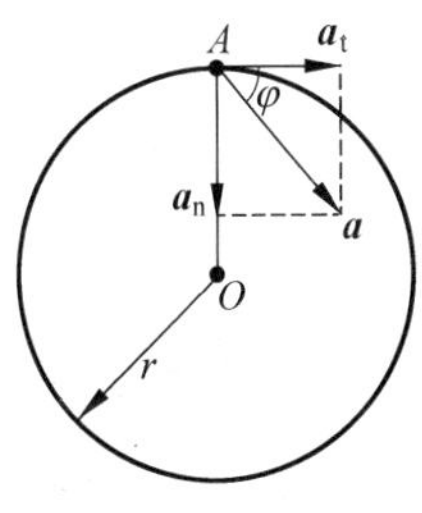

图　1-5

1. 圆周运动的加速度：讨论圆周运动的加速度时，通常取沿法线方向和切线方向的直角坐标系，称为自然坐标系，如图 1-5 所示。质点沿法线方向的加速度称为法向加速度或向心加速度 $\boldsymbol{a}_n$，其大小为

$$a_n = \frac{v^2}{r}$$

质点沿切线方向的加速度称为切向加速度 $\boldsymbol{a}_t$，其大小为

$$a_t = \frac{\mathrm{d}v}{\mathrm{d}t}$$

圆周运动的总加速度大小为

$$a = \sqrt{a_n^2 + a_t^2} = \sqrt{\left(\frac{v^2}{r}\right)^2 + \left(\frac{\mathrm{d}v}{\mathrm{d}t}\right)^2}$$

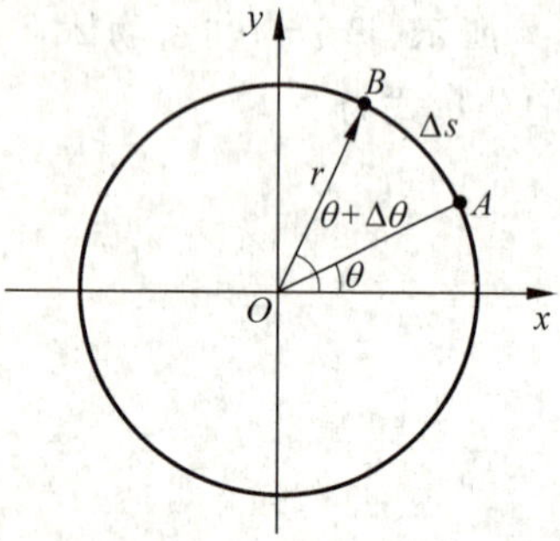

图 1-6

当质点作匀速圆周运动时，切向加速度 $\boldsymbol{a}_t$ 为零，只有法向加速度 $\boldsymbol{a}_n$。

2. 圆周运动的角量描述：若用极坐标系描述圆周运动，则只需要一个变量 θ，就可以确定质点的位置，从而大大简化了运算(见图 1-6)。

某时刻 t，半径 OA 与 x 轴的夹角 θ 称为质点在 t 时刻的角位置。角位置的时间变化率称为角速度 ω，有

$$\omega = \frac{\mathrm{d}\theta}{\mathrm{d}t}$$

角速度的时间变化率称为角加速度 β，有

$$\beta = \frac{\mathrm{d}\omega}{\mathrm{d}t} = \frac{\mathrm{d}^2\theta}{\mathrm{d}t^2}$$

当质点作匀速圆周运动时，角速度 ω 是一个常量，而角加速度 $\beta=0$，其运动方程为

$$\theta = \theta_0 + \omega t$$

其中，θ_0 是 $t=0$ 时质点的角位置。

当质点作匀变速圆周运动时，质点的角加速度 β 是一个常量。其运动方程、角速度和角加速度随时间的变化关系分别为

$$\theta = \theta_0 + \omega_0 t + \frac{1}{2}\beta t^2$$

$$\omega = \omega_0 + \beta t$$

$$\omega^2 = \omega_0^2 + 2\beta(\theta - \theta_0)$$

其中，θ_0 和 ω_0 是 $t=0$ 时质点的角位置和角速度。

3. 角量与线量的关系：上述 θ、ω、β 称为角量，而 x、v、a 称为线量。角量和线量之间有如下的对应关系：

$$v = r\omega$$

$$a_n = \frac{v^2}{r} = r\omega^2$$

$$a_t = \frac{\mathrm{d}v}{\mathrm{d}t} = r\beta$$

五、相对运动

由于运动的描述是相对的，因此，同一物体的运动，在不同的参照系中有不同的描述。同一个质点在参照系 S 和参照系 S' 中的位置矢量和速度矢量之间的关系(见图 1-7)为

$$\boldsymbol{r} = \boldsymbol{r}' + \boldsymbol{u}t$$

$$\boldsymbol{v} = \boldsymbol{v}' + \boldsymbol{u}$$

如果 S' 系相对于 S 系作匀速直线运动，$\boldsymbol{u}$ 为常矢量，则两参照系中描述同一个质点加速度的关系为

$$\boldsymbol{a} = \boldsymbol{a}'$$

其中，$\boldsymbol{a}$ 是质点相对于 S 系的加速度，$\boldsymbol{a}'$ 是质点相对于 S' 系的加速度。以上三式称为伽利略变换公式。

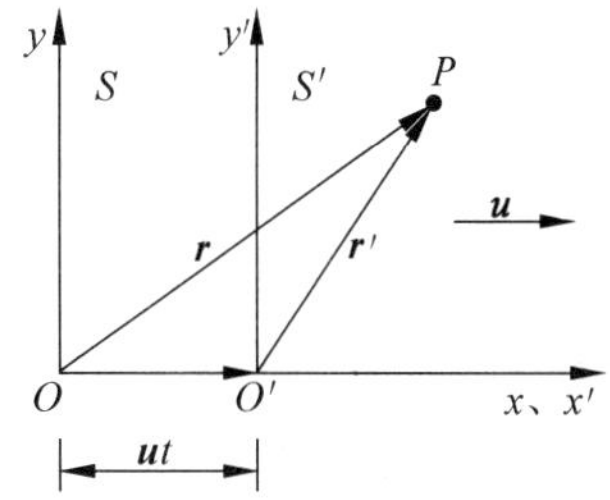

图　1-7

【例题解析】

例 1-1　一质点沿 x 方向运动，其加速度随时间的变化关系为：$a=3+2t$(SI)。如果初始时刻质点的速度为 $v_0=5\text{m/s}$，位置为 $x_0=1.5\text{m}$，求当 $t=3\text{s}$ 时质点的位置和速度。

解　运动学中的问题基本上分为两类：第一类称为微分问题，即当质点的运动方程 $\boldsymbol{r}=\boldsymbol{r}(t)$ 已知时，可用微分法计算质点的运动速度和加速度。

$$\boldsymbol{v} = \frac{\mathrm{d}\boldsymbol{r}}{\mathrm{d}t}, \quad \boldsymbol{a} = \frac{\mathrm{d}\boldsymbol{v}}{\mathrm{d}t} = \frac{\mathrm{d}^2\boldsymbol{r}}{\mathrm{d}t^2}$$

第二类称为积分问题，即当质点运动的加速度 $\boldsymbol{a}=\boldsymbol{a}(t)$ 或速度 $\boldsymbol{v}=\boldsymbol{v}(t)$ 以及初始条件 $\boldsymbol{v}_0=\boldsymbol{v}(t_0)$ 和 $\boldsymbol{r}_0=\boldsymbol{r}(t_0)$ 已知时，可用积分法求得质点在任意时刻的速度和运动方程。根据加速度的定义，有 $\mathrm{d}\boldsymbol{v}=\boldsymbol{a}\mathrm{d}t$，所以

$$\boldsymbol{v} = \boldsymbol{v}_0 + \int_{t_0}^{t} \boldsymbol{a}\mathrm{d}t$$

又根据速度的定义，有 $\mathrm{d}\boldsymbol{r}=\boldsymbol{v}\mathrm{d}t$，所以

$$\boldsymbol{r} = \boldsymbol{r}_0 + \int_{t_0}^{t} \boldsymbol{v}\mathrm{d}t$$

本题属于第二类问题，已知加速度 $a=3+2t$ 和 $t=0$ 时的初速度 $v_0=5\text{m/s}$，所以质点在任意时刻的速度为

$$v = v_0 + \int_0^t (3+2t)\mathrm{d}t = 5 + 3t + t^2$$

当 $t=3\text{s}$ 时，$v_3=23\text{m/s}$。

根据上面求得的速度公式，用积分求得任意时刻质点的位置

$$x = x_0 + \int_0^t (5+3t+t^2)\mathrm{d}t = 1.5 + 5t + \frac{3}{2}t^2 + \frac{1}{3}t^3$$

当 $t=3\text{s}$ 时，$x_3=39\text{m}$。

例 1-2　两辆车 A 和 B，在笔直的公路上同向行驶，它们从同一起始线上同时出发，并且由出发点开始计时，行驶距离 $x\text{m}$ 与行驶时间 $t\text{s}$ 的函数关系式：A 为 $x_A=4t+t^2$，B 为 $x_B=2t^2+2t^3$。

(1) 它们刚离开出发点后，哪辆车行驶在前面？

(2) 出发后哪一时刻，两辆车行驶的距离相等？

(3) 出发后哪一时刻，两辆车的相对速度为零。

解　(1) 离开出发点后，A 车任意时刻的车速为

$$v_A = \frac{dx_A}{dt} = 4 + 2t$$

B 车任意时刻的车速为

$$v_B = \frac{dx_B}{dt} = 4t + 6t^2$$

刚离开出发点时，$t=0$，所以 $v_A=4m/s$，$v_B=0$。即 A 车以 4m/s 的车速离开出发点，而 B 车由静止离开出发点。所以刚离开出发点后，A 车行驶在 B 车前面。

(2) 两车离开出发点后的加速度分别为

$$a_A = \frac{dv_A}{dt} = 2m/s^2, \quad a_B = \frac{dv_B}{dt} = 4 + 12t\ m/s^2$$

可见 B 车的加速度始终大于 A 车。当 B 车刚追上 A 车时，两车行驶的距离相等，$x_A = x_B$，即

$$4t + t^2 = 2t^2 + 2t^3$$

上式化简后得 $$t(2t^2+t-4)=0$$

解上面方程得：$t_1=0$，$t_2=1.19s$，$t_3=-1.69s$。显然，t_1 和 t_3 不符合题意，应舍去。所以两车行驶距离相等的时刻为 $t=1.19s$。

(3) 两车相对速度为零时，有 $v_A=v_B$，即

$$4 + 2t = 4t + 6t^2$$

上式化简得 $$(3t-2)(t+1)=0$$

解得：$t_1=0.67s$，$t_2=-1s$(舍去)。所以两车相对速度为零的时刻为 $t=0.67s$。

讨论：本题属于第一类问题。两车刚出发后，A 车的速度比 B 车大，所以 A 车在前，但 B 车加速度大于 A 车，其车速增加得比 A 车快。当 $t=0.67s$ 时，B 车的速度与 A 车相等，但 B 车仍在 A 车后面，此时两车相距最远。当 $t=1.19s$ 时，B 车刚好追上 A 车。

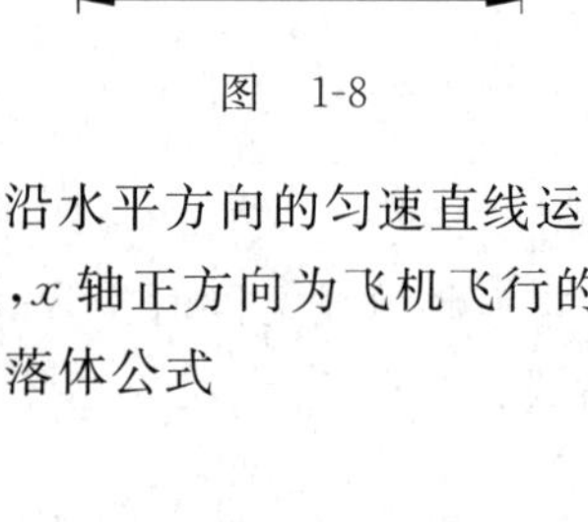

图 1-8

例 1-3 炸弹从沿水平方向飞行的飞机上投出时，它的初速度与飞机飞行的速度相等，所以它在空中的运动是平抛运动而非竖直下落运动。因此，要使炸弹能命中目标，飞机必须提前投弹。设有一架轰炸机以水平速度 $\boldsymbol{v}_0$ 向地面目标的正上方飞行，飞行高度为 h，瞄准器到目标的视线与竖直线之间的夹角 α 称为瞄准角(图 1-8)。忽略空气的阻力，求投弹时的瞄准角为多大，炸弹才能命中目标？

解 炸弹在空中作初速度为 $\boldsymbol{v}_0$ 的平抛运动，可把它分解为沿水平方向的匀速直线运动和竖直方向的自由落体运动。设投弹时飞机的位置为坐标原点，x 轴正方向为飞机飞行的方向，y 轴正方向竖直向上，炸弹击中目标所需时间为 t，由自由落体公式

$$-h = \frac{1}{2} \times (-g) \times t^2$$

解得 $$t=\sqrt{\frac{2h}{g}}$$

在此时间内炸弹在水平方向飞行的距离为

$$R = v_0 t = v_0 \sqrt{\frac{2h}{g}}$$

由图 1-8 可见　$$\tan\alpha = \frac{R}{h} = v_0 \sqrt{\frac{2}{gh}}$$

故得瞄准角　$$\alpha = \arctan\left(v_0 \sqrt{\frac{2}{gh}}\right)$$

例 1-4　一质点在水平面内沿一半径 $R=2\text{m}$ 的圆轨道作圆周运动，质点的角速度 ω 与时间 t 的函数关系为 $\omega = kt^2$（k 为常量）。已知 $t=2\text{s}$ 时，质点的速度大小为 32m/s，试求 $t=1\text{s}$ 时质点的速度与加速度的大小。

解　首先根据已知条件确定常量 k

$$k = \frac{\omega}{t^2} = \frac{v}{Rt^2} = \frac{32}{2\times 4} = 4\text{s}^{-3}$$

所以，角速度与时间的函数关系为 $\omega = 4t^2$，速度与时间的函数关系为

$$v = R\omega = 4Rt^2$$

当 $t=1\text{s}$ 时，质点速度的大小为 $v=8\text{m/s}$。

切向加速度大小为

$$a_t = \frac{\mathrm{d}v}{\mathrm{d}t} = 8Rt = 16\text{m/s}^2$$

法向加速度大小为

$$a_n = \frac{v^2}{R} = 16Rt^4 = 32\text{m/s}^2$$

所以 $t=1\text{s}$ 时质点的加速度大小为

$$a = \sqrt{a_t^2 + a_n^2} = 35.8\text{m/s}^2$$

例 1-5　一敞顶电梯以恒定速度 $v=10\text{m/s}$ 上升，电梯里站着一小孩。当电梯离地面高 $h=30\text{m}$ 时小孩竖直向上抛出一小球，小球相对于电梯的初速度 $v_0=20\text{m/s}$。忽略空气阻力，求：

(1) 从地面算起，球能达到的最大高度为多大？

(2) 球抛出后经过多长时间再回到电梯上？

解　(1) 球相对于地面的初速度 v_0' 为电梯的速度加上球相对于电梯的初速度

$$v_0' = v + v_0 = 30\text{m/s}$$

以地面为坐标原点，y 轴正方向竖直向上，则球抛出后离地面的高度为

$$y = h + v_0' t - \frac{1}{2}gt^2$$

球抛出后相对于地面的速度为

$$v' = v_0' - gt$$

当 $v'=0$ 的瞬时，球到达最大高度，此时

$$t = \frac{v_0'}{g} = 3.06\text{s}$$

所以，球离地面的最大高度 H 为

$$H = h + v_0' t - \frac{1}{2}gt^2 = 75.9\text{m}$$

(2) 球落回电梯上时，电梯的高度等于球的高度，即

$$h + vt = h + v_0't - \frac{1}{2}gt^2 = h + vt + v_0t - \frac{1}{2}gt^2$$

由上式得，球从抛出到落回电梯所需的时间 t 为

$$t = \frac{2v_0}{g} = 4.08\text{s}$$

【同步题解】

思考题

1-1 质点的位置矢量方向不变，质点是否一定作直线运动？质点作直线运动，其位置矢量的方向是否一定不变？

答：一定；不一定。

1-2 路程和位移有何不同？在怎样的情况下，两者的大小相等？在竖直上抛运动公式 $y=v_0t-\frac{1}{2}gt^2$ 中，y 是路程还是位移？对应于确定的 y，有两个 t 值，试说明这两个 t 的意义。

答：路程为标量，位移为矢量；路程和位移的大小一般不相等。无限小的路程和相应位移的大小相等；对方向不变的直线运动而言，路程和位移的大小相等。公式中的 y 是位移。两个 t 值的意义是：物体上升、下降过程中经过 y 时的两个时刻。

1-3 位置矢量和位移有何区别？在什么情况下两者一致？在瞬时速度的定义式 $\boldsymbol{v}=\lim\limits_{\Delta t\to 0}\frac{\Delta \boldsymbol{r}}{\Delta t}=\frac{\mathrm{d}\boldsymbol{r}}{\mathrm{d}t}$ 中，哪一个量是位置矢量，哪一个量是位移？

答：位置矢量用于描述质点在任意时刻的位置，其起点始终在坐标原点，而终点始终在质点上；位移是指质点在一段时间内位置变化的大小和方向，其起点在质点的初始位置，而终点在质点的末位置上。当质点的初位置为坐标原点时，两者一致。$\boldsymbol{r}$ 为位置矢量，$\Delta\boldsymbol{r}$ 和 $\mathrm{d}\boldsymbol{r}$ 为位移。

1-4 已知质点的运动方程为 $\boldsymbol{r}=x(t)\boldsymbol{i}+y(t)\boldsymbol{j}$，有人说其速度、加速度分别为

$$v = \frac{\mathrm{d}r}{\mathrm{d}t}, \quad a = \frac{\mathrm{d}^2 r}{\mathrm{d}t^2}$$

其中 $r=\sqrt{x^2+y^2}$，你认为上述说法正确吗？

答：不正确。$v=\frac{\mathrm{d}r}{\mathrm{d}t}$仅表示位置矢量大小的变化率(径向速率)，未考虑位置矢量方向的变化对速度的贡献。$a=\frac{\mathrm{d}^2 r}{\mathrm{d}t^2}=\frac{\mathrm{d}v}{\mathrm{d}t}$仅表示速度大小的时间变化率(切向加速度)，未考虑速度方向的时间变化率(法向加速度)。

1-5 下列表达的各种情况是否可能？请举例说明。

(1) 物体具有零速度和非零的加速度；

(2) 物体具有恒定的速率和变化的速度；

(3) 物体具有恒定的速度和变化的速率；

(4) 物体具有向东的速度，同时具有向西的加速度；

(5) 物体的加速度不变而运动方向在变；

(6) 物体的加速度在减小而速率在增加。

答：(1)可能，如汽车刚启动时。(2)可能，如匀速率圆周运动。(3)不可能，速度恒定是指速度的大小和方向都不变。(4)可能，如向东方向的减速运动。(5)可能，如抛体运动。(6)可能，如在直线运动中，加速度和速度同向时，当加速度绝对值减小时，速率依然在增加。

1-6 质点作直线运动时，平均速度公式$\bar{\boldsymbol{v}}=\frac{v_{初}+v_{末}}{2}$是否一定成立？在什么情况下，可用该式计算平均速度？试举例说明。

答：不一定成立。仅对匀变速直线运动，此式才能成立。

1-7 在作匀速直线运动的车厢中，某座位上有人竖直向上抛出一个小球，问：

(1) 小球能否落回到抛出者手中？

(2) 在车上静止的观察者看到小球的运动轨道怎样？

(3) 站在车外路基旁的观察者看到小球的轨道又怎样？

答：(1)能。(2)竖直上抛运动(直线轨道)。(3)斜上抛运动(抛物线轨道)。

1-8 下雨时，有人坐在车上观察雨点的运动，设雨点相对于地面是匀速竖直下落的。在以下情况中，他观察到的雨点的轨迹怎样？

(1) 车是静止的；

(2) 车沿平直轨道匀速前进；

(3) 车沿平直轨道匀加速前进。

答：(1)竖直向下的直线。(2)与竖直方向有一定夹角的直线。(3)抛物线。

习题

1-1 一质点按 $x=2t^3+5t^2+5$ 的规律沿着 x 轴运动(式中 x 的单位为 m，t 的单位为 s)，求质点在 $t=3\text{s}$ 时的位置、速度和加速度。

解 质点的速度和加速度分别为

$$v=6t^2+10t,\quad a=12t+10$$

将 $t=3\text{s}$ 代入，得：$x(3)=104\text{m}$、$v(3)=84\text{m/s}$、$a(3)=46\text{m/s}^2$。

1-2 一质点在 Oxy 平面内运动，运动方程为 $x=3t$，$y=10-t^2$(式中 x 的单位为 m，t 的单位为 s)，求当 $t=2\text{s}$ 时，质点的速度和加速度。

解 $v_x=3\text{m/s}$，$v_y=-2t\text{m/s}$

$a_x=0$，$a_y=-2\text{m/s}^2$

当 $t=2\text{s}$ 时，$v=\sqrt{v_x^2+v_y^2}=5\text{m/s}$，$\boldsymbol{v}$ 与 x 轴的夹角 $\alpha=\arctan\frac{v_y}{v_x}=-53°$。

$a=-2\text{m/s}^2$，$\boldsymbol{a}$ 的方向指向 y 轴负向。

1-3 质点沿 x 轴运动，其速度与时间的关系为 $v=10+2t^2$ m/s。已知 $t=0$ 时质点位于 x 轴正方向 20m 处。求：(1)$t=2\text{s}$ 时质点的位置；(2)此时质点的加速度。

解 (1) 由 $v=\frac{\mathrm{d}x}{\mathrm{d}t}$，$x_0=20\mathrm{m}$，得

$$x=x_0+\int_0^2(10+2t^2)\mathrm{d}t=x_0+\left(10t+\frac{2}{3}t^3\right)_0^2=45.3\mathrm{m}$$

(2) 加速度为速度的导数，即

$$a=\frac{\mathrm{d}v}{\mathrm{d}t}=4t$$

当 $t=2\mathrm{s}$ 时，$a=8\mathrm{m/s^2}$。

1-4 两辆汽车 A 和 B 沿一条笔直的道路由同一地点向同一个方向行驶。A 作匀速运动，速率为 10m/s，B 作初速度为零的匀加速运动，加速度为 $1\mathrm{m/s^2}$。求：(1)B 车追上 A 车时，离出发点多远？(2)两车相遇时，B 车的速率为多大？

解 (1) 以出发点为坐标原点，x 轴沿车的运动方向。

$$x_A=v_At,\quad x_B=\frac{1}{2}a_Bt^2$$

当 $x_A=x_B$ 时 B 刚好追上 A，此时

$$v_At=\frac{1}{2}a_Bt^2\quad 即\quad t=\frac{2v_A}{a_B}=20\mathrm{s}$$

所以，B 追上 A 时离出发点的距离为

$$x=v_At=200\mathrm{m}$$

(2) 两车相遇时，B 车的速率为

$$v_B=a_Bt=20\mathrm{m/s}$$

1-5 一辆作匀加速直线运动的汽车，在 6s 内通过相距 60m 远的两点，已知汽车经过第二点时的速率为 15m/s，求：

(1) 汽车通过第一点时的速率 v_1；

(2) 汽车的加速度 a。

解 (1) 由匀变速直线运动公式：

$$v_2^2-v_1^2=2aS;\quad v_2-v_1=at$$

得

$$v_1=\frac{2S-v_2t}{t}=5\mathrm{m/s}$$

(2) 汽车的加速度：$a=\frac{v_2-v_1}{t}=1.67\mathrm{m/s^2}$

1-6 一气球以 5.0m/s 的匀速竖直上升，在离地面 20m 的高处，从气球上掉下一沙袋。不计空气阻力，计算：(1)沙袋离开气球 0.5s 时的速度；(2)沙袋离开气球后，需经过多长时间才能落到地面？落地时速度多大？($g=9.8\mathrm{m/s^2}$)

解 (1) 根据匀变速直线运动的公式

$$v=v_0-gt=0.1\mathrm{m/s}(方向向上)$$

(2) 落地时 $y=-20\mathrm{m}$

$$y=v_0t-\frac{1}{2}gt^2,\quad 解得\ t=2.59\mathrm{s}$$

$$v=v_0-gt=-20.4\mathrm{m/s}\quad (方向向下)$$

1-7 一小球以 12m/s 的速率竖直上抛，1s 后，第二个小球以 16m/s 的速率在同一地

点竖直上抛。问

(1) 在什么时刻,两小球相遇?

(2) 以抛出点为原点,两小球相遇时高度是多少?

(3) 相遇时第一个小球是上升还是下降?

解 (1) 以抛出点为原点,y 轴竖直向上。设两小球的运动方程分别为

$$y_1 = v_{10}t - \frac{1}{2}gt^2$$

$$y_2 = v_{20}(t-1) - \frac{1}{2}g(t-1)^2$$

两小球相遇时,$y_1 = y_2$,由上面两式得,相遇时

$$t = \frac{v_{20} + \frac{1}{2}g}{v_{20} - v_{10} + g} = 1.5\text{s}$$

(2) 将 $t=1.5\text{s}$ 代入第一个小球的运动方程,得两球相遇时的高度为

$$h = v_{10}t - \frac{1}{2}gt^2 = 12 \times 1.5 - 4.9 \times 1.5^2 = 6.75\text{m}$$

(3) 相遇时,第一个小球的速度

$$v_1 = v_{10} - gt = 12 - 9.8 \times 1.5 = -2.7\text{m/s}$$

可见,相遇时第一个小球是下降的。

1-8 一轰炸机以 $v_0 = 280\text{m/s}$ 的速度水平飞行,并投出一颗炸弹。此炸弹准确地击中离投弹点水平距离 $L=1000\text{m}$ 的地面目标。求:(1)投弹点离地面的高度 h 为多少?(2)炸弹击中目标时的速率为多少?

解 (1) $x=v_0t, y=h-\frac{1}{2}gt^2$

击中目标时,$x=L, y=0$。所以,炸弹落地时间

$$t = \frac{L}{v_0} = 3.57\text{s}$$

投弹点离地面的高度 $h=\frac{1}{2}gt^2=62.5\text{m}$

(2) $v_x=v_0=280\text{m/s}, v_y=-gt=-35.0\text{m/s}$

$$v = \sqrt{v_x^2 + v_y^2} = 282\text{m/s}$$

1-9 一物体从某一确定高度以初速 v_0 水平抛出,已知它落地时的速度为 v_t,求该物体从抛出到落地所用的时间 t 。

解 物体水平方向作匀速直线运动,落地时的水平速度为

$$v_x = v_0$$

物体竖直方向作匀加速直线运动,落地时的垂直速度为

$$v_y = gt$$

所以落地时的速度大小为

$$v_t = \sqrt{v_x^2 + v_y^2} = \sqrt{v_0^2 + g^2t^2}$$

求得

$$t=\frac{\sqrt{v_t^2-v_0^2}}{g}$$

1-10 在忽略空气阻力的情况下，(1)应以多大的抛射角 θ 抛射物体，才能使物体上升的最大高度等于物体在水平方向飞过的距离？(2)在离水平地面高度为 h 处，沿水平方向抛出一物体，问初速度 v 为多大时，才能使它落地时在水平方向通过的路程为 h 的 n 倍？

解 (1) 抛体运动的射高 $Y=\dfrac{v_0^2\sin^2\theta}{2g}$，射程 $X=\dfrac{2v_0^2\sin\theta\cos\theta}{g}$，由题意 $X=Y$，得

$$\tan\theta = 4, \quad 即 \quad \theta = 76°$$

(2) 物体落地时间 $t=\sqrt{\dfrac{2h}{g}}$，由题意：$x=vt=v\sqrt{\dfrac{2h}{g}}=nh$，得

$$v = \frac{n}{2}\sqrt{2gh}$$

1-11 一高台跳雪运动员离开水平滑雪道沿水平方向跃入空中时的速率为 30m/s，着陆用的斜坡与水平面夹角 $\theta=45°$，如图 1-9 所示。计算运动员着陆时沿斜坡的位移 L 是多大？

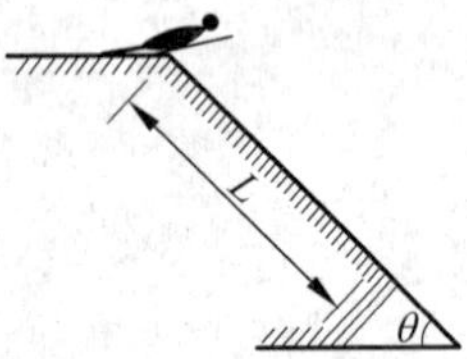

图 1-9

解 以起跳点为原点，x 轴水平向右，y 轴竖直向下，则

$$x = v_0 t, \quad y = \frac{1}{2}gt^2$$

由 $\theta=45°$，所以对着陆点有 $x=y$，则

$$t = \frac{2v_0}{g} = 6.12\text{s}$$

$$L = \sqrt{2}\,v_0 t = 260\text{m}$$

1-12 质点沿半径为 R 的圆周作匀速率圆周运动，每 Ts 转一圈。求在 $1.5T$ 时间内，质点的位移和走过的路程。

解 在 $1.5T$ 时间内，质点沿圆周运动一周半，所以位移为 $2R$，走过的路程 $3\pi R$。

1-13 某质点沿半径 0.50m 的圆作匀速率圆周运动，其线速度为 2.4m/s，求该质点沿轨道运动一周所需的时间。

解 $t=\dfrac{2\pi R}{v}=1.3\text{s}$

1-14 月球绕地球近似作圆周运动，周期为 27.3d，圆轨道半径为 3.84×10^5km，求月球绕地球运动的线速度大小。地球绕太阳运行的轨道半径为 1.50×10^{11}m，公转周期为 1a，求地球绕太阳运动的线速度大小。

解 $v=R\omega=\dfrac{2\pi R}{T}$，将相关数据代入得

月球绕地球运动的线速度大小：1.01×10^3m/s。

地球绕太阳运动的线速度大小：2.99×10^4m/s。

1-15 一质点作半径 $R=1$m 的圆周运动，其角坐标随时间的变化关系为 $\theta=t^2+1$(rad)。(1)求 t 时刻质点的速度、法向加速度和切向加速度的大小；(2)t 等于多少时，法向加速度和切向加速度的大小相等？

解 (1) 质点作圆周运动的角速度和角加速度分别为

$$\omega = \frac{d\theta}{dt} = 2t\ \text{rad/s}, \quad \beta = \frac{d\omega}{dt} = 2\text{rad/s}^2$$

由角量与线量的关系得

$$\begin{cases} v = R\omega = 2t\text{m/s} \\ a_n = R\omega^2 = 4t^2\,\text{m/s}^2 \\ a_t = R\beta = 2\text{m/s}^2 \end{cases}$$

(2) 当 $a_n = a_t$ 时，$4t^2=2$，得 $t=\frac{1}{\sqrt{2}}=0.707\text{s}$。

1-16 一条河在某一段直线岸边有 A、B 两个码头，相距 1km。甲、乙两人需要从码头 A 到码头 B，再立即由 B 返回。甲划船前去，船相对河水的速度为 4km/h；而乙沿岸步行，步行速度也为 4km/h，如果河水流速为 2km/h，方向从 A 到 B。问甲、乙两人谁较晚回到 A 码头？晚多少时间？

解 设河水流速为 u，则甲从 A 到 B 需要的时间为

$$t_{甲1} = \frac{\overline{AB}}{v_{甲} + u} = \frac{1\text{km}}{6\text{km/h}} = \frac{1}{6}\text{h} = 10\text{min}$$

甲从 B 回到 A 需要的时间为

$$t_{甲2} = \frac{\overline{AB}}{v_{甲} - u} = \frac{1\text{km}}{2\text{km/h}} = 0.5\text{h} = 30\text{min}$$

甲在 A、B 间来回一次总共需要时间

$$t_{甲} = t_{甲1} + t_{甲2} = 40\text{min}$$

乙在 A、B 间来回一次总共需要时间

$$t_{乙} = \frac{2\cdot\overline{AB}}{v_{乙}} = \frac{2\text{km}}{4\text{km/h}} = 0.5\text{h} = 30\text{min}$$

所以，甲比乙晚 10min 回到 A。

1-17 一人在河中划船逆流航行，经过一座桥下时，一只木桶落入水中，半小时后他才发现木桶落水，立即回头追赶，在桥下游 5km 处赶上木桶。设船顺流和逆流时相对河水的航行速度不变，求水流的速度。

解 设水流速度为 u，船相对于水的速度为 v，$t_1=0.5\text{h}$，$S_2=5.0\text{km}$。以河水为参照系，木桶相对于河水是静止的，所以木桶落水到被发现，船和木桶之间的距离

$$S_1 = vt_1$$

发现木桶落水后回头追赶时，船相对于木桶的速度也为 v，设回追时间为 t_2，则

$$S_1 = vt_2$$

由此得 $t_1=t_2$。由题意

$$S_2 = u(t_1+t_2) = 2ut_1$$

所以

$$u=\frac{S_2}{2t_1}=5.0\text{km/h}$$

【自测练习】

1-1 一质点在平面上作曲线运动，其瞬时速度为 $\boldsymbol{v}$，瞬时速率为 v，某一段时间内的平均速度为 $\bar{\boldsymbol{v}}$，平均速率为 $\bar{v}$，它们之间的关系必定有________。

A. $|\boldsymbol{v}|=v$，$|\bar{\boldsymbol{v}}|=\bar{v}$ B. $|\boldsymbol{v}|\neq v$，$|\bar{\boldsymbol{v}}|=\bar{v}$

C. $|\boldsymbol{v}|\neq v, |\bar{\boldsymbol{v}}|\neq \bar{v}$　　D. $|\boldsymbol{v}|=v, |\bar{\boldsymbol{v}}|\neq \bar{v}$

1-2　某质点的运动方程为 $x=3t-5t^3+6$(SI)，则该质点作________。

A. 匀加速直线运动，加速度沿 x 轴正方向

B. 匀加速直线运动，加速度沿 x 轴负方向

C. 变加速直线运动，加速度沿 x 轴正方向

D. 变加速直线运动，加速度沿 x 轴负方向

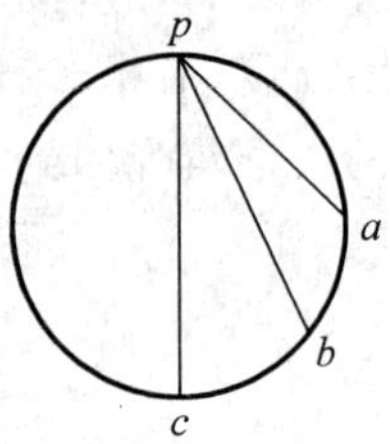

图 1-10

1-3　图 1-10 中 p 是一圆的竖直直径 pc 的上端点，一质点由静止开始分别沿不同的弦无摩擦下滑时，到达各弦的下端所用的时间相比较是________。

A. 到 a 点用的时间最短

B. 到 b 点用的时间最短

C. 到 c 点用的时间最短

D. 所用时间都一样

1-4　一质点作半径为 R 的匀速率圆周运动，每 ts 转一圈。在 $2t$ 时间内，其平均速度大小与平均速率大小分别为________。

A. $\dfrac{2\pi R}{t}, \dfrac{2\pi R}{t}$

B. $0, \dfrac{2\pi R}{t}$

C. $0, 0$

D. $\dfrac{2\pi R}{t}, 0$

1-5　下列说法中，正确的一个是________。

A. 一质点在某时刻的瞬时速度是 2m/s，说明它在此后 1s 时间内一定要经过 2m 的距离

B. 斜向上抛的物体，在最高点处的速度最小，加速度最大

C. 物体作曲线运动时，有可能在某时刻的法向加速度为零

D. 物体加速度越大，则速度越大

1-6　某物体的运动规律为 $\dfrac{dv}{dt}=-kv^2t$，式中 k 为大于零的常数。当 $t=0$ 时，物体的初速度为 v_0，则速度 v 与时间 t 的函数关系是________。

A. $v=\dfrac{1}{2}kt^2+v_0$

B. $v=-\dfrac{1}{2}kt^2+v_0$

C. $\dfrac{1}{v}=\dfrac{1}{2}kt^2+\dfrac{1}{v_0}$

D. $\dfrac{1}{v}=-\dfrac{1}{2}kt^2+\dfrac{1}{v_0}$

1-7 一质点作直线运动，其运动方程为 $x=6t-t^2$(SI)，则在 t 由 0～4s 的时间内，质点的位移大小为________，在此时间内质点走过的路程为________。

1-8 一质点在一直线上运动，其坐标 x 与时间 t 有如下关系

$$x = A\sin\omega t\,(\mathrm{SI})$$

式中 A 为常量，则

(1) 质点在任意时刻 t 的加速度 $a=$________。

(2) 质点速度为零的时刻 $t=$________。

1-9 将两个物体从同一地点，以相同的初速度 $v_0=24.5\mathrm{m/s}$ 竖直向上抛出，抛出的时间相隔 0.5s，则第二个物体抛出后，经 $t=$________的时间，它们在空中相遇。(取 $g=10\mathrm{m/s^2}$)

1-10 以一定初速度斜向上抛出一个物体，若忽略空气阻力，当该物体的速度 $\boldsymbol{v}$ 与水平面的夹角为 θ 时，它的切向加速度的大小为 $a_t=$________；法向加速度的大小 $a_n=$________。

1-11 汽车在半径为 300m 的圆弧弯道上行驶，某一时刻，汽车的速率为 10m/s，则此时汽车的法向加速度的大小为________。

1-12 当一列火车以 10m/s 的速率向东行驶时，若相对于地面竖直下落的雨滴在列车的窗子上形成的雨迹偏离竖直方向 30°，则雨滴相对于地面的速率是________；相对于列车的速率是________。

1-13 灯距地面高度为 h_1，一个人身高为 h_2，在灯下以匀速率 v 沿水平直线行走(图 1-11)。求他的头顶在地面上的影子 S 点沿地面移动的速度 v_S。

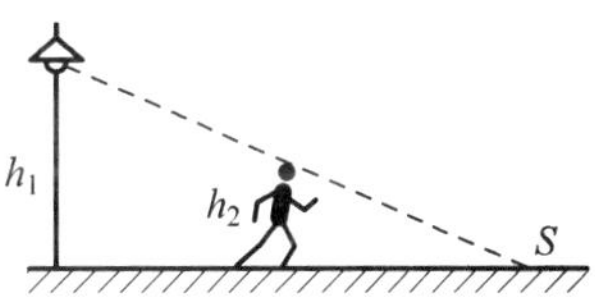

图 1-11

1-14 一质点沿 x 轴运动，运动方程为 $x=8t-2t^2$(SI)。求质点

(1) 出发时($t=0$)的位置和速度；

(2) 在 $t=1$s 和 3s 时的速度大小和方向；

(3) 速度为零的时刻和回到出发点的时刻。

1-15 一跳伞运动员从 500m 高处跳下，先不打开降落伞，由于空气阻力的作用，这一阶段的平均加速度以 $g/2$ 计算。当速度达到 56m/s 时打开降落伞，此后以 6m/s 的匀速下降直至着陆。求此跳伞运动员在空中一共经历了多长时间？($g=9.8\mathrm{m/s^2}$)

1-16 一列客车以 30m/s 的速率沿直线轨道行驶，司机看见前方同一轨道上有一列货车正以 10m/s 的速率同方向行驶，货车车尾距客车车头 250m。客车司机紧急制动，使客车以 $1\mathrm{m/s^2}$ 匀减速行驶，而货车仍以原速行驶。问两列火车是否会发生碰撞？两车的最近距离是多少？

1-17 一球以 10m/s 的初速从高为 50m 的悬崖边缘沿水平方向抛出，求：

(1) 球在空中飞行的时间是多少？

(2) 球的落地点位置在哪里？

(3) 球落地时速度的大小为多少？

1-18 一投标手以 25m/s 的速率投出一支标枪，为使标枪击中 50m 外同一高度处的目标，问标枪投出时的仰角为多大？

1-19 一质点沿半径为 R 的圆周运动，在 $t=0$ 时经过圆周上的 P 点，此后它的速率 v 按 $v=A+Bt$ 变化（A、B 为正的已知常量）。求当此质点沿圆周再运动一周经过 P 点时的切向加速度和法向加速度。

1-20 在一个转动的齿轮上，一个齿尖 P 沿半径为 R 的圆周运动，其路程 S 随时间的变化规律为 $S=v_0t+\frac{1}{2}bt^2$，其中 v_0 和 b 都是正的常量。求 t 时刻齿尖 P 的加速度大小。

第2章

牛顿定律和守恒定律

【内容提要】

一、力学中常见的几种力

1. 万有引力和重力

两个相距为 r、质量分别为 m_1、m_2 的质点间的万有引力的方向沿着它们的连线，其大小为

$$F = G\frac{m_1 m_2}{r^2}$$

式中，$G=6.672\times10^{-11}\mathrm{N\cdot m^2/kg^2}$，称为万有引力常量。

地球对其表面附近物体的万有引力称为重力，其方向指向地心

$$P = mg$$

式中，$g=G\dfrac{M_E}{R^2}=9.80\mathrm{m/s^2}$ 称为重力加速度。M_E为地球的质量，R 为地球的半径。

2. 弹性力

物体发生形变时，因企图恢复其原来形状而产生的力称为弹性力。除弹簧产生的弹性力外，绳子因被拉伸而产生的张力以及物体与桌面间的正压力和支持力等都属于弹性力。

设弹簧为原长时，物体位于坐标原点 O，则当弹簧伸长或压缩了长度 x 时（图 2-1），弹簧施于物体的弹性力 f 的大小与弹簧伸长（或压缩）量 x 成正比，而方向和弹簧形变量 x 的方向相反

$$f = -kx$$

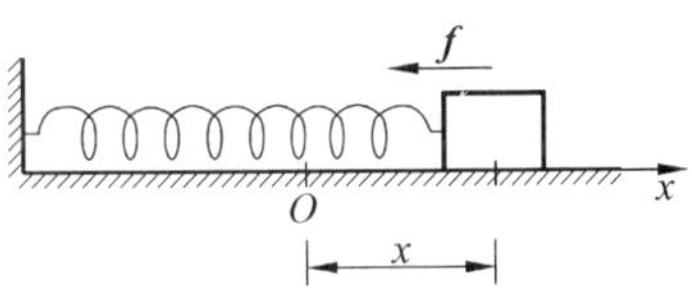

图 2-1

上式称为胡克定律，式中 k 称为弹簧的劲度系数。

3. 摩擦力

两个相互接触的物体，在接触面的切线方向产生的阻碍相对滑动的力，称为摩擦力。

滑动摩擦力：当两个物体间有相对滑动时，在接触面间产生的摩擦力称为滑动摩擦力。当相对滑动的速度不是太大或太小时，滑动摩擦力 f_k 的大小与滑动的速度及接触面的大小无关，而和正压力成正比

$$f_k = \mu_k N$$

式中，μ_k 称为滑动摩擦系数，它取决于物体的表面材料和表面状况（如粗糙程度、干湿程

度等)。

静摩擦力：当两个物体间没有相对滑动，而只有相对滑动趋势时，在两物体接触面间产生的摩擦力 f_s，称为静摩擦力。静摩擦力的方向与运动趋势的方向相反，静摩擦力的最大值 f_{smax} 叫做最大静摩擦力，它也与两物体之间的正压力成正比

$$f_{smax}=\mu_s N$$

式中 μ_s 称为静摩擦系数。静摩擦系数 μ_s 总是大于滑动摩擦系数 μ_k。当最大静摩擦系数和滑动摩擦系数差别不大时，两者可不加以区分，而用 μ 表示。

二、牛顿运动定律

1. 牛顿第一定律：任何物体都将保持静止或匀速直线运动状态，直到其他物体对它的作用力迫使它改变这种状态为止。即

$$\boldsymbol{f}=0\text{ 时}，\quad \boldsymbol{v}=\text{恒矢量}$$

牛顿第一定律说明，所受合力为零的物体保持其运动状态不变，这种特性称为惯性。所以牛顿第一定律也称为惯性定律。

2. 牛顿第二定律：物体所获得的加速度的大小与作用在物体上的合外力的大小成正比，与物体的质量成反比；加速度的方向与合外力的方向相同。即

$$\boldsymbol{f}=m\boldsymbol{a}$$

在应用牛顿第二定律时，应注意以下几点：

(1) 牛顿第二定律只适用于质点的运动。

(2) 牛顿第二定律表示的合外力与加速度之间的关系是瞬时关系。当合外力为零时，物体的加速度也为零，保持既有的运动状态不变。

(3) 在平面直角坐标系中，牛顿第二定律的分量式为

$$\begin{cases} f_x=ma_x \\ f_y=ma_y \end{cases}$$

在自然坐标系中的分量式为

$$f_t=ma_t=m\frac{dv}{dt}$$

$$f_n=ma_n=m\frac{v^2}{r}$$

a_t 和 a_n 分别表示切向加速度和法向加速度。

3. 牛顿第三定律：两个物体之间的作用力 $\boldsymbol{f}$ 和反作用力 $\boldsymbol{f}'$ 沿同一直线，大小相等，方向相反，即

$$\boldsymbol{f}=-\boldsymbol{f}'$$

应用牛顿第三定律时，应注意以下几点：

(1) 作用力和反作用力同时存在，也同时消失。

(2) 不管相互作用的两个物体是静止还是运动，作用力和反作用力的大小总是相等。

(3) 作用力和反作用力是分别施于两个不同物体上的，因此不能相互抵消。

(4) 作用力和反作用力是一对性质相同的力。

4. 牛顿运动定律解题方法

(1) 看清题意，明确已知条件和要求解的问题；

(2) 将问题中所涉及的每个物体从其他物体中隔离出来，并对每个物体画出示力图；

(3) 按照解题的方便选择适当的坐标系，由牛顿定律列出运动方程；

(4) 先求代数解，最后代入数值求数值解，并注意各物理量的单位要统一。

三、动量守恒定律

1. 动量：物体的质量 m 和速度 $\boldsymbol{v}$ 的乘积称为物体的动量，用 $\boldsymbol{p}$ 表示

$$\boldsymbol{p} = m\boldsymbol{v}$$

动量是一个矢量，其方向与速度的方向相同。上式对时间 t 求导，有

$$\boldsymbol{F} = \frac{\mathrm{d}\boldsymbol{p}}{\mathrm{d}t} = \frac{\mathrm{d}(m\boldsymbol{v})}{\mathrm{d}t}$$

说明作用在物体上的合外力等于物体动量的时间变化率，即物体动量变化的快慢及方向，反映了它所受合外力的大小和方向。

2. 动量定理：在一段时间内，质点动量的增量等于在这段时间内外力作用在该质点上的冲量。这个结论称为动量定理。

$$\boldsymbol{I} = \int_{t_1}^{t_2} \boldsymbol{F}\mathrm{d}t = \int_{p_1}^{p_2} \mathrm{d}\boldsymbol{p} = \boldsymbol{p}_2 - \boldsymbol{p}_1 = m\boldsymbol{v}_2 - m\boldsymbol{v}_1$$

上式中 $\boldsymbol{I} = \int_{t_1}^{t_2} \boldsymbol{F}\mathrm{d}t$ 称为作用力 $\boldsymbol{F}$ 在时间 $\Delta t = t_2 - t_1$ 内作用在质点上的冲量。

当力 $\boldsymbol{F}$ 随时间的变化关系较复杂时，可用平均力 $\overline{\boldsymbol{F}}$ 代替 $\boldsymbol{F}$，所以有

$$\overline{\boldsymbol{F}} = \frac{m\boldsymbol{v}_2 - m\boldsymbol{v}_1}{\Delta t}$$

动量定理在平面直角坐标系中的分量式为

$$\begin{cases} I_x = \int_{t_1}^{t_2} F_x \mathrm{d}t = \overline{F}_x (t_2 - t_1) = mv_{2x} - mv_{1x} \\ I_y = \int_{t_1}^{t_2} F_y \mathrm{d}t = \overline{F}_y (t_2 - t_1) = mv_{2y} - mv_{1y} \end{cases}$$

可见，冲量在某个方向的分量等于质点在该方向上动量分量的增量。即冲量在某一方向的分量只能改变该方向的动量分量，而不能改变与它相垂直的其他方向的动量分量。

对于有若干个质点组成的质点系，上述关于单个质点的动量定理可推广为

$$\boldsymbol{I} = \sum_{i=1}^{n} \boldsymbol{F}_{外}\ \Delta t = \boldsymbol{p} - \boldsymbol{p}_0$$

即作用于质点系的合外力的总冲量等于质点系总动量的增量，内力不改变质点系的总动量。这一结论称为质点系的动量定理。

3. 动量守恒定律：当质点系所受合外力为零时，系统的总动量保持不变，这一结论称为质点系的动量守恒定律。如下所述。

若质点系所受的合外力 $\sum_{i=1}^{n} \boldsymbol{F}_{外} = 0$，则

$$\boldsymbol{p} = \boldsymbol{p}_0 = 常矢量$$

或 $$\boldsymbol{p}=\sum_{i=1}^{n}m_i\boldsymbol{v}_i=m_1\boldsymbol{v}_1+m_2\boldsymbol{v}_2+\cdots+m_n\boldsymbol{v}_n=\text{常矢量}$$

动量守恒定律在平面直角坐标系中的分量式为

$$\text{当}\ F_x=0\ \text{时,}\quad p_x=\sum_{i=1}^{n}m_iv_{ix}=\text{常量}$$

$$\text{当}\ F_y=0\ \text{时,}\quad p_y=\sum_{i=1}^{n}m_iv_{iy}=\text{常量}$$

上式说明,如果质点系所受的合外力不为零,则此系统的总动量并不守恒,但只要合外力在某一方向上的分量为零,则系统在该方向上动量的分量仍然守恒,即动量守恒定律可以在某一方向上成立。

应用动量守恒定律分析和解决问题时,还需要注意如下两点:

(1) 系统的总动量保持不变时,系统内各质点的动量可以变化。

(2) 完全不受外力作用的系统是不存在的,但若外力与内力相比可以忽略不计时,可以认为系统近似满足守恒条件而应用动量守恒定律。

四、角动量守恒定律

1. 角动量:为了研究物体绕定点转动时的情况,引入角动量的概念。

质点的位矢 $\boldsymbol{r}$ 和动量 $\boldsymbol{p}$ 的矢积称为角动量,用 $\boldsymbol{L}$ 表示

$$\boldsymbol{L}=\boldsymbol{r}\times\boldsymbol{p}$$

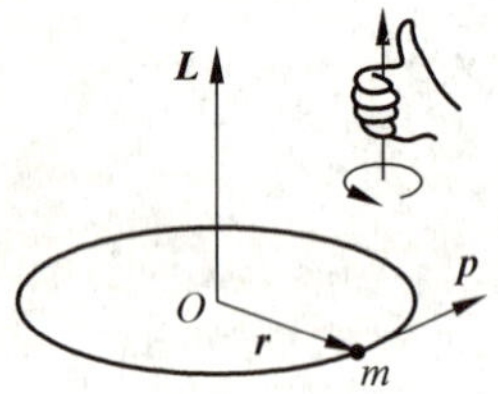

图 2-2

最简单的是质点作圆周运动时的情况。此时,矢径 $\boldsymbol{r}$ 与动量 $\boldsymbol{p}$ 垂直(图 2-2),角动量的大小为

$$L=pr=mvr$$

2. 角动量定理:相对于某定点 O,质点所受的合外力矩等于它对同一定点的角动量的时间变化率。这个结论称为质点的角动量定理。

$$\boldsymbol{M}=\frac{\mathrm{d}\boldsymbol{L}}{\mathrm{d}t}$$

式中 $\boldsymbol{M}=\boldsymbol{r}\times\boldsymbol{F}$ 称为力矩。

3. 角动量守恒定律:作用在某质点上的合外力矩为零时,该质点的角动量在运动过程中保持不变,这一结论称为角动量守恒定律。即

若质点所受合外力矩 $\boldsymbol{M}=0$,则

$$\frac{\mathrm{d}\boldsymbol{L}}{\mathrm{d}t}=0\quad\text{或}\quad\boldsymbol{L}=\text{常矢量}$$

五、机械能守恒定律

1. 功和功率

当物体在恒力 $\boldsymbol{F}$ 的作用下沿直线运动位移 $\boldsymbol{s}$ 时[图 2-3(a)],力对物体所做的功等于力沿运动方向的分量和物体位移大小的乘积,即

$$W=F\cos\theta s$$

或用矢量标积的形式表示

$$W = \boldsymbol{F} \cdot \boldsymbol{s}$$

如果物体在变力 $\boldsymbol{F}$ 的作用下沿曲线路径 AB 运动[图 2-3(b)]，可将曲线 AB 分成许多极小的位移(元位移)，力 $\boldsymbol{F}$ 对物体所做的元功为

$$\mathrm{d}W = \boldsymbol{F} \cdot \mathrm{d}\boldsymbol{r} = F\cos\theta \mathrm{d}s$$

而物体从 A 到 B 的过程中，力 $\boldsymbol{F}$ 做的总功为

$$W = \int_A^B \boldsymbol{F} \cdot \mathrm{d}\boldsymbol{r} = \int_A^B F\cos\theta \mathrm{d}s$$

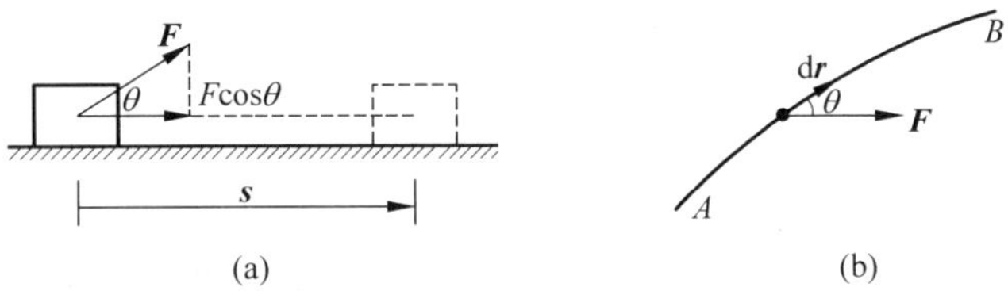

图　2-3

力在单位时间内对物体所做的功称为功率。如果力在 Δt 时间内做功 ΔW，则在这段时间内的平均功率是

$$\overline{N} = \frac{\Delta W}{\Delta t}$$

当 $\Delta t \to 0$ 时，平均功率 $\overline{N}$ 的极限称为瞬时功率，简称功率

$$N = \frac{\mathrm{d}W}{\mathrm{d}t} = \boldsymbol{F} \cdot \boldsymbol{v}$$

由瞬时功率的定义，当功率随时间的函数关系已知时，也可由功率求力在时间 $t_1 \to t_2$ 内做的功

$$W = \int_{t_1}^{t_2} N \mathrm{d}t$$

2．动能和势能

物体的动能 E_k 是速度的函数

$$E_\mathrm{k} = \frac{1}{2}mv^2$$

物体的势能 E_p 与物体在保守力场(重力场、弹性力场、引力场等)中的位置有关，是位置的函数：

重力势能：$$E_\mathrm{p} = mgh$$

弹性势能：$$E_\mathrm{p} = \frac{1}{2}kx^2$$

引力势能：$$E_\mathrm{p} = -G\frac{Mm}{r}$$

重力、弹性力和万有引力都是保守力，保守力做功与物体运动的具体路径无关，而与物体的始、末位置有关，并且保守力做功等于相应势能增量的负值，即

$$W_{\text{保守力}} = -(E_\mathrm{p} - E_{\mathrm{p}0}) = -\Delta E_\mathrm{p}$$

3．动能定理

作用在物体上的合外力对物体所做的功等于物体动能的增量

$$W = \frac{1}{2}mv^2 - \frac{1}{2}mv_0^2 = E_\mathrm{k} - E_{\mathrm{k}0}$$

合外力对物体做正功时，物体的动能增加；合外力对物体做负功时，物体的动能减小。

质点的动能定理可推广到质点系，即

$$W_{外} + W_{内} = E_k - E_{k0}$$

上式表明，所有外力和内力做功的代数和等于质点系动能的增量，称为质点系的动能定理。

4. 质点系的功能原理

把系统的内力分为保守内力 $W_{保内}$ 和非保守内力 $W_{非保内}$。这样，质点系的动能定理可表示为

$$W_{外} + W_{保内} + W_{非保内} = E_k - E_{k0}$$

因为

$$W_{保内} = -(E_p - E_{p0}) = -\Delta E_p$$

所以

$$W_{外} + W_{非保内} = (E_k + E_p) - (E_{k0} + E_{p0})$$

系统的动能和势能之和称为系统的机械能，用符号 E 表示，即

$$E = E_k + E_p$$

这样

$$W_{外} + W_{非保内} = E - E_0$$

上式说明，外力所做的功和系统内非保守内力所做的功之和等于质点系机械能的增量，这一结论称为质点系的功能原理。

5. 机械能守恒定律

由质点系的功能原理，如果没有外力和非保守内力的作用，或外力和非保守内力都不做功，或者做功但所做的总功为零，则系统的机械能不随时间改变，即

$$当\ W_{外} = 0、W_{非保内} = 0,\quad 则\ E = E_k + E_p = 常量$$

六、理想流体的伯努利方程

1. 理想流体的稳定流动

不可压缩(即流体的密度是个常量)和内部无摩擦力(即流体流动时没有能量损耗)的流体称做理想流体。

在流体流动的过程中，流体流过空间任一点的速度，通常要随时间而变化。如果流体中各点的流速不随时间而变，则称做稳定流动(或定常流动)。

2. 流体的连续性原理

沿流体流动方向的曲线称做流线。通过流体中一面元周边各点的流线形成流管(图 2-4)。单位时间内通过截面 ΔS_1 流入流管的流体体积，等于通过截面 ΔS_2 流出该流管的流体体积，即

$$v_1\Delta S_1 = v_2\Delta S_2 = 常量$$

或

$$\rho v_1\Delta S_1 = \rho v_2\Delta S_2 = 常量$$

上式称为流体的连续性原理。式中 $v\Delta S$ 称为体积流量，$\rho v\Delta S$ 称为质量流量。

3. 伯努利方程

作定常流动流体中任一流管(或流线)两端的压强、流速和高度间(图 2-5)有

$$\frac{1}{2}\rho v_1^2 + \rho g h_1 + p_1 = \frac{1}{2}\rho v_2^2 + \rho g h_2 + p_2$$

或
$$\frac{1}{2}\rho v^2+\rho gh+p=常量$$
上式称为伯努利方程。

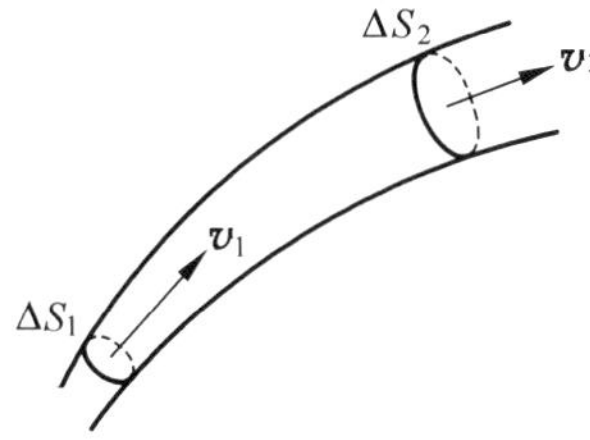

图　2-4

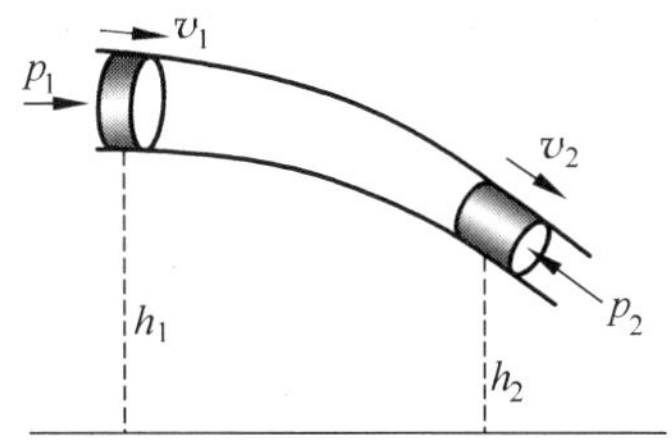

图　2-5

【例题解析】

质点动力学问题大致可分为三个类型。

第一类是只与质点的质量、加速度和质点受到的作用力有关，这类问题中各力学量之间的关系通常都是瞬时的，此类问题可用牛顿运动定律来求解。

第二类是与物体间的碰撞、打击、爆炸等有关的问题，此类问题通常涉及物体间相互作用的一个过程，过程持续的时间通常很短，并且物体间相互作用力的时间关系较复杂。解决此类问题可用动量定理或动量守恒定律，称为动量冲量法。

第三类是力所做的功与物体机械能有关的问题，这类问题通常也是一个过程，但过程通常与物体在空间运动的距离或路径相联系。解决此类问题可用到动能定理、功能原理或机械能守恒定律，称为功能法。

例 2-1　质量分别为 m_A 和 m_B 的滑块 A 和 B 叠放在光滑水平桌面上（图 2-6），A 和 B 之间的静摩擦系数为 μ_s，系统原来处于静止状态，现在滑块 A 上加一水平向右的拉力。求使 A、B 之间不发生相对滑动的最大水平力拉力 F 。

解　先画出滑块 A、B 的示力图（图 2-7）。滑块 A 在向右的拉力 F 和滑块 B 对滑块 A 向左的静摩擦力 f_{BA} 的作用下向右加速运动。而 A、B 间相互作用的摩擦力为一对作用力和反作用力，根据牛顿第三定律，它们的大小相等，方向相反。所以 B 受 A 向右的静摩擦力 f_{AB} 的作用也向右加速运动。随着拉力 F 的增大，A、B 的加速度也增大，但 B 的加速度受最大静摩擦力的限制，A、B 间的最大静摩擦力大小为
$$f_{smax}=\mu_s m_A g$$

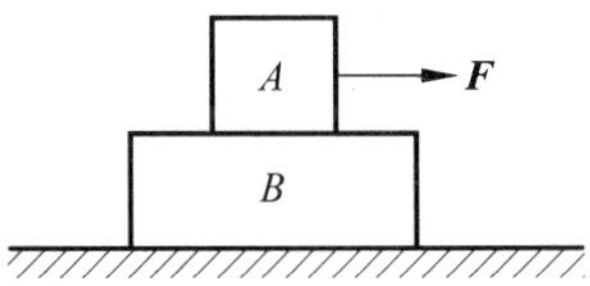

图　2-6

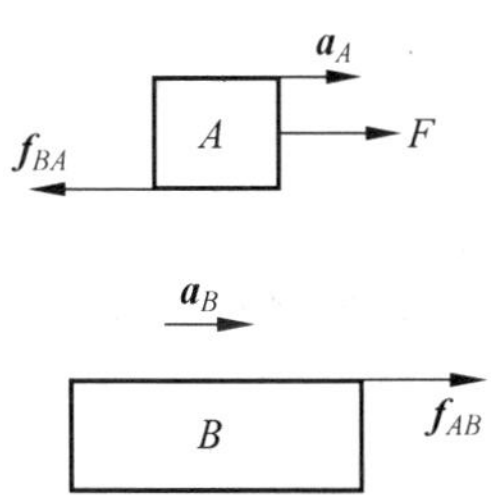

图　2-7

根据牛顿第二定律，滑块 B 可以获得的最大加速度为

$$a_{B\max}=\frac{\mu_s m_A g}{m_B}$$

当滑块 A 的加速度大于此值时，A、B 间将发生相对滑动。对滑块 A，取 $f_{AB}=f_{s\max}$，此时 A、B 间刚好没有相对滑动，由

$$F-\mu_s m_A g=m_A a_A=m_A a_{B\max}=m_A\frac{\mu_s m_A g}{m_B}$$

得到使 A、B 间不发生相对滑动的最大水平拉力为

$$F=\mu_s\left(1+\frac{m_A}{m_B}\right)m_A g$$

例 2-2 水平转台上放置一质量 $M=2$kg 的小物块，物块与转台间的静摩擦系数 $\mu_s=0.2$。一条光滑的绳子一端系在物块上，另一端则由转台中心处的小孔穿下并悬一质量 $m=0.8$kg 的物体。转台以角速度 $\omega=\pi$(rad/s)绕竖直中心轴转动。求：转台上的物块与转台相对静止时，物块转动半径的最大值 $r_{\max}$ 和最小值 $r_{\min}$。

解 质量为 M 的物块随转台一起作匀速圆周运动的向心力 F 由两个力组成：质量为 m 的物体对它的拉力 f 和它与转台间的静摩擦力 f_s。其中 $f=mg$ 为恒力，而 f_s 随转动半径的变化其大小和方向都可以改变。当物块 M 的转动半径为 r 时，由牛顿第二定律，物块 M 受到的向心力

$$F=f+f_s=Ma_n=M\frac{v^2}{r}$$

因 $v=r\omega$，所以上式可写为

$$F=Mr\omega^2$$

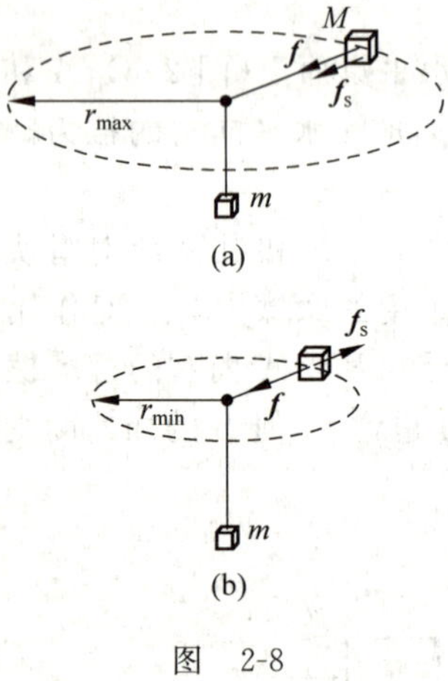

图 2-8

根据题意，角速度 ω 不变，所以向心力的大小 F 与圆周运动的半径 r 成正比。

因物块 M 与转台间的最大静摩擦力为

$$f_{s\max}=\mu_s Mg$$

所以当 $\boldsymbol{f}_s$ 与 $\boldsymbol{f}$ 的方向相同时[图 2-8(a)]，物块 M 获得的向心力最大，为

$$F_{\max}=f+f_{s\max}=mg+\mu_s Mg=Mr_{\max}\omega^2$$

因此，物块 M 转动的最大半径为

$$r_{\max}=\frac{mg+\mu_s Mg}{M\omega^2}=0.60\text{m}$$

当 $\boldsymbol{f}_s$ 与 $\boldsymbol{f}$ 的方向相反时[图 2-8(b)]，物块 M 获得的向心力最小，为

$$F_{\min}=f-f_{s\max}=mg-\mu_s Mg=Mr_{\min}\omega^2$$

所以，物块 M 转动的最小半径为

$$r_{\min}=\frac{mg-\mu_s Mg}{M\omega^2}=0.20\text{m}$$

例 2-3 一个质量 $m=140$g 的棒球以 $v_0=40$m/s 的速率沿水平向右方向飞向击球手，被击打后它又以相同的速率沿 $\theta=60°$的仰角飞出，设棒球受球棒击打的接触时间为 $\Delta t=$

1.2ms，求棒球所受到的平均击打力的大小和方向。

解　如图 2-9(a)所示，取水平向右为 x 轴正向，竖直向上为 y 轴正向。棒球原来只有水平方向的飞行速度 $\boldsymbol{v}_0$，其初动量为

$$\boldsymbol{p}_0 = mv_0\boldsymbol{i}$$

被击打后，棒球的速度为 $\boldsymbol{v}$，其动量为

$$\boldsymbol{p} = m\boldsymbol{v} = mv_x\boldsymbol{i} + mv_y\boldsymbol{j} = -mv\cos\theta\boldsymbol{i} + mv\sin\theta\boldsymbol{j}$$

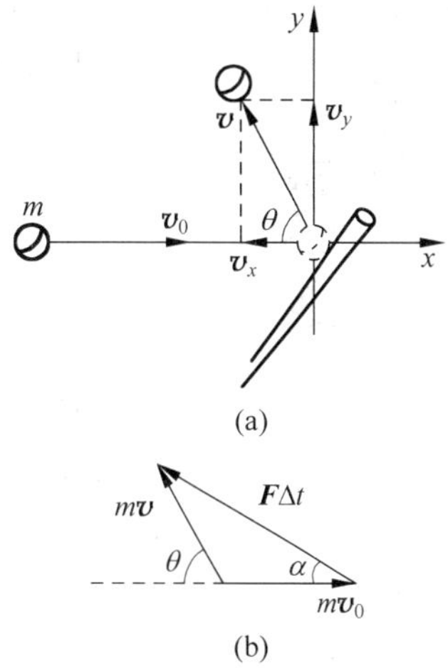

图　2-9

即棒球被击打前后，其沿 x 方向和 y 方向的动量都发生了改变。设棒球受球棒的平均击打力为 $\bar{\boldsymbol{F}}$，则根据动量定理的分量式，有

$$\begin{cases}\bar{F}_x\Delta t = -mv\cos\theta - mv_0\\ \bar{F}_y\Delta t = mv\sin\theta - 0\end{cases}$$

由此求得平均击打力的 x 分量为

$$\bar{F}_x = \frac{-mv\cos\theta - mv_0}{\Delta t} = -7.0\times10^3\,\mathrm{N}$$

$\bar{F}_x$ 沿 x 轴的反方向。平均击打力的 y 分量为

$$\bar{F}_y = \frac{mv\sin\theta}{\Delta t} = 4.0\times10^3\,\mathrm{N}$$

因此，棒球所受到的平均击打力的大小为

$$\bar{F} = \sqrt{\bar{F}_x^2 + \bar{F}_y^2} = 8.1\times10^3\,\mathrm{N}$$

此力相当于 827 千克力！可见棒对球的击打力之大。设 α 表示平均击打力与水平方向的夹角[图 2-9(b)]，则

$$\alpha = \arctan\frac{\bar{F}_y}{\bar{F}_x} \approx 30^\circ$$

例 2-4　静水中停着两只质量均为 M 的小船，第一只小船上站着一个质量为 m 的人，当此人以相对于地面的水平速度 v 跳上第二只船后，两只船的运动速度各为多大？（设水对船的阻力忽略不计）

解　因为忽略水对船的阻力，所以以第一只小船和人为系统，该系统在水平方向动量守恒，有

$$Mv_1 + mv = 0$$

第一只船的运动速度为

$$v_1 = -\frac{m}{M}v$$

式中的负号说明第一只小船的运动方向与人的运动方向相反。

同样，以第二只小船和人为系统，该系统在水平方向的动量也守恒，有

$$mv = (M+m)v_2$$

所以第二只小船的运动速度为

$$v_2 = \frac{m}{M+m}v$$

第二只小船的运动方向与人的运动方向相同。

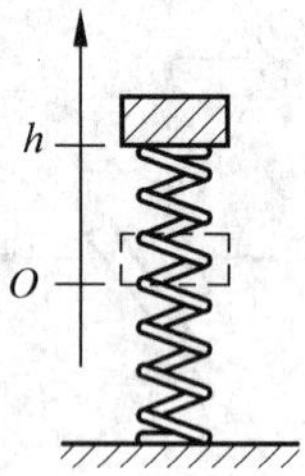

图 2-10

例 2-5 一轻弹簧的劲度系数 $k=200\text{N/m}$，竖直静止在桌面上(图 2-10)。今在其上端轻轻地放置一质量为 $m=2.0\text{kg}$ 的物体后松手。

(1) 求此物体下降的最大距离 h；

(2) 求物体下降 $\frac{1}{2}h$ 时的速度。

解 (1) 松手后，物体在重力作用下开始加速下降，同时弹簧被压缩而产生向上的弹性力。当物体受到的重力等于弹性力的瞬时，物体的加速度为零，但物体向下的速度不为零而继续向下运动，直到速度为零的瞬时，物体下降到最低位置。

取物体、弹簧和地球为系统，因系统只受保守内力(重力、弹性力)的作用，所以系统的机械能守恒。设物体下降到最低位置时的重力势能为零，则刚松手时，系统的重力势能为 mgh，弹性势能为零，动能为零。而当物体在最低位置时，重力势能为零，弹性势能为 $\frac{1}{2}kh^2$，动能为零。根据机械能守恒定律，有

$$mgh=\frac{1}{2}kh^2$$

得物体下降的最大距离为($h=0$ 的解不符合题意，舍去)

$$h=\frac{2mg}{k}$$

(2) 物体下降至 $\frac{1}{2}h$ 时，设其速度为 v，此时系统的重力势能为 $\frac{1}{2}mgh$，弹性势能为 $\frac{1}{2}k\left(\frac{h}{2}\right)^2$，动能为 $\frac{1}{2}mv^2$。由机械能守恒定律

$$mgh=\frac{1}{2}mgh+\frac{1}{2}k\left(\frac{h}{2}\right)^2+\frac{1}{2}mv^2$$

解上式得物体下降 $\frac{1}{2}h$ 时的速度为

$$v=\sqrt{\frac{m}{k}}g$$

例 2-6 质量 $M=20\text{kg}$ 的物体用轻绳竖直悬挂于 O 点，一质量 $m=5\text{kg}$ 的黏土在水平方向以 $v_0=10\text{m/s}$ 的速度与物体发生完全非弹性碰撞(图 2-11)。取重力加速度 $g=10\text{m/s}^2$，求：

(1) 黏土与物体碰撞后两者一起开始向上摆动的速度 v；

(2) 黏土与物体向上摆动的最大高度 h；

(3) 若将黏土改为质量为 m 的弹性球与物体发生完全弹性碰撞，碰撞后球被弹回，上述的其他条件不变，试讨论弹性球与物体碰撞后，物体向上摆动的高度与第(2)问中的 h 相比是增大还是减小？

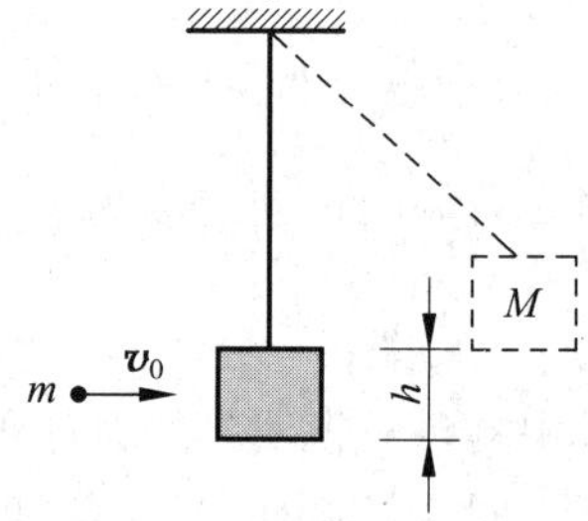

图 2-11

解 (1) 因为碰撞是完全非弹性的，所以碰撞后黏土和物体粘在一起以共同的速度 v 运动。以物体和黏土为系统，因该系统在水平方向不受外力的作用，所以水平方向的动量

守恒

$$mv_0 = (M+m)v$$

解得
$$v=\frac{mv_0}{M+m}=2\text{m/s}$$

(2) 取物体、黏土和地球为系统，因重力为系统的保守内力，轻绳对物体的作用力方向始终与物体的运动方向垂直，所以不做功，系统的机械能守恒

$$\frac{1}{2}(M+m)v^2 = (M+m)gh$$

得向上摆动的最大高度为
$$h=\frac{v^2}{2g}=0.2\text{m}$$

(3) 设碰撞后弹性球反弹的速率为 v_1，物体开始上摆的速率为 v'，由动量守恒定律

$$mv_0 = -mv_1 + Mv'$$

得物体开始上摆的速度为
$$v'=\frac{mv_0+mv_1}{M}$$

与(1)中结果比较，得 $v'>v$，再根据(2)中结果，有

$$h' = \frac{v'^2}{2g} > h$$

例 2-7 一个开口的圆柱形大水池，水深为 H，在水池侧面水面以下 h 处开一小孔(图 2-12)。

(1) 从小孔射出的水流到达地面后距池壁的距离(射程)R 是多少?

(2) 在池壁上多高处再开一个小孔，可使射出的水流与(1)中有相同的射程?

(3) 在什么高度开孔，可以使水流有最大的射程? 最大射程是多少?

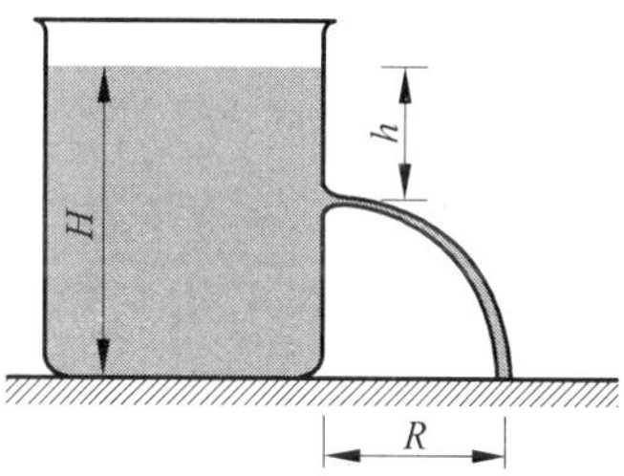

图 2-12

解 (1) 水面和小孔处大气压强相等，小孔的大小与水面开口相比很小，可以认为水面下降的速率很小，近似为零。设小孔处水的流速为 v，根据伯努利方程，对从水面到小孔处的流线两端，有

$$\rho gh = \frac{1}{2}\rho v^2$$

得小孔处流速为
$$v=\sqrt{2gh}$$

又根据平抛运动公式

$$H-h = \frac{1}{2}gt^2, \quad R = vt$$

求得射程
$$R=2\sqrt{h(H-h)}$$

(2) 设在水面下 h' 处再开一个小孔，使其水流的射程与(1)中相同，根据(1)的结果，应有

$$h'(H-h') = h(H-h)$$

解上式得
$$h'=H-h$$

此结果说明，在与 1/2 水高($H/2$)距离相等的两点处开两个小孔，其水流的射程相等。

(3) 为求射程最大时小孔的高度，令射程 R 对高度 h 的一阶导数为零，即

$$\frac{\mathrm{d}R}{\mathrm{d}h}=2\times\frac{1}{2}\frac{(H-h)-h}{\sqrt{h(H-h)}}=0$$

求得 $h=\frac{H}{2}$，即在池壁上水面高度一半处开一小孔，其水流的射程最大。将此结果代入(1)中的射程公式，得最大射程为

$$R=H$$

即最大射程等于水面高度。

【同步题解】

思考题

2-1 “物体所受摩擦力的方向必定与其运动方向相反。”这句话对吗？请举例说明。

答：这句话不对。比如在水平桌面上放一张纸，纸上面放一物体，沿桌面慢慢拉动纸时，纸上的物体能与纸一起运动，此时物体受到纸的摩擦力与物体运动方向相同。因此，正确说法是：“物体所受摩擦力的方向与相对运动或相对运动趋势的方向相反，而不一定与物体的运动方向相反。”

2-2 判断以下说法是否正确？并举例说明。

(1) 静止物体必定不受力作用，而运动物体必定受到不为零的合力作用；

(2) 物体受力越大，速度必定越大；

(3) 运动速率保持恒定的物体，所受合力必定为零。

答：(1) 不正确。静止物体可以受力，但根据牛顿第一定律，其所受的合外力为零。比如，放在水平桌面上的静止物体要受到重力和桌面支持力的作用，这两个力的大小相等、方向相反，故合力为零。

(2) 不正确。物体受力越大，只能说明其加速度越大。比如，赛车刚起动时，其速度为零，但发动机的驱动力很大，故其加速度很大。

(3) 不正确。速率保持恒定，但速度的方向改变时，物体依然有加速度，根据牛顿第二定律，物体所受合力不为零。比如，作匀速圆周运动的物体，速率不变，但有向心加速度，其所受的向心力不为零。

2-3 在一根水平绳的中间有一个弹簧秤，绳的两端都受到 60N 的拉力，问弹簧秤的读数是多大？

答：60N。

2-4 人推车时车也推人，为什么结果车向前行而人不向后退？有人说：“人推动了车是因为人推车的力大于车推人的力”，这种说法对不对？

答：人推车时，人对车的力和车对人的力是一对作用力和反作用力，根据牛顿第三定律，它们大小相等，方向相反。车之所以被推动，是因为人对车的推力大于地面对车的摩擦力，车所受合力不为零。

2-5　木箱质量为 10kg，与水平地面间的静摩擦系数 $\mu_s=0.5$，用一大小为 $f=60\text{N}$ 的力沿与水平方向成 30° 角的方向作用于木箱，木箱只能被拉动（图 2-13(a)），而不能被推动（图 2-13(b)），这是什么原因？

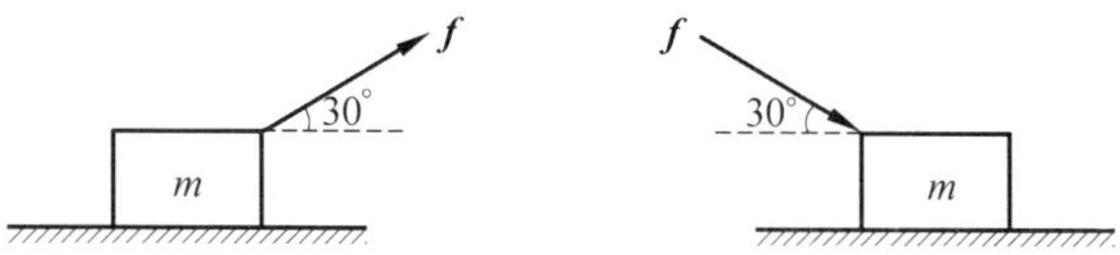

(a)　　(b)

图　2-13

答：图(a)中，拉力 $\boldsymbol{f}$ 斜向上，木箱所受的最大静摩擦力大小为 $f_s=\mu_s(mg-f\sin30^\circ)=34\text{N}$，而拉力 $\boldsymbol{f}$ 沿水平方向的分力为 $f\cos30^\circ=52\text{N}$，大于 f_s，所以木箱能被拉动。图(b)中，推力 $\boldsymbol{f}$ 斜向下，木箱所受的最大静摩擦力大小为 $f_s=\mu_s(mg+f\sin30^\circ)=64\text{N}$，而推力 $\boldsymbol{f}$ 沿水平方向的分力仍然为 $f\cos30^\circ=52\text{N}$，小于 f_s，所以木箱不能被推动。

2-6　两辆完全相同的卡车，一辆为空车，另一辆装满了货物。两车的发动机均未启动，从一斜坡上同一高度同时无初速地向下自由滑行。有人说："满载车的下滑力大，所以先到达坡底。"另一人说："满载车的惯性大，所以后到达坡底。"正确的答案是什么？试就无摩擦和有摩擦两种情形进行讨论。

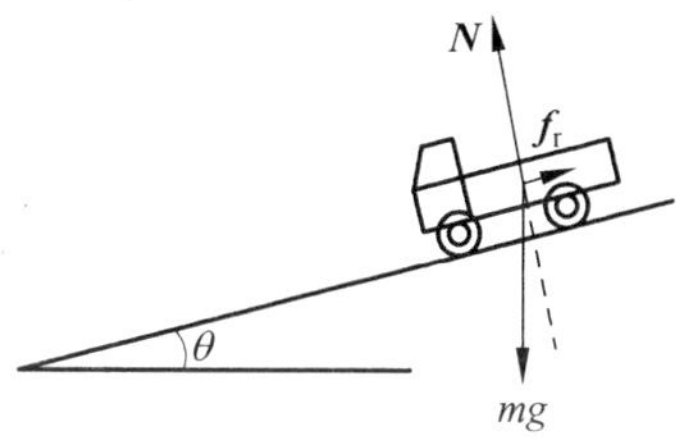

图　2-14

答：空车和满载车将同时到达坡底。如图 2-14 所示，卡车受到的摩擦力为

$$f_r=\mu mg\cos\theta$$

根据牛顿第二定律，卡车受到沿斜面的合力为

$$mg\sin\theta-\mu mg\cos\theta=ma$$

所以，卡车的加速度为

$$a=g\sin\theta-\mu g\cos\theta$$

若不考虑摩擦力，则

$$a=g\sin\theta$$

由上讨论可知，无论是否考虑摩擦力，卡车的加速度都与车的总质量无关，所以，空车和满载车将同时到达坡底。

2-7　一集装箱里有 30t 的货物，被吊车吊起而沿水平方向作匀速直线运动，货物对箱底的压力有多大？若吊缆突然断裂，集装箱自空中自由坠落，此时货物对箱底的压力又有多大？

答：吊车水平方向运动时，货物在竖直方向无运动，根据牛顿定律，货物对箱底的压力等于货物的重量，即压力等于 30t。若集装箱自由坠落，则货物和集装箱在竖直方向的加速度都为重力加速度 g，货物只受重力 mg 的作用，不受集装箱底的支持力，即此时货物对箱底的压力为零。

2-8　人从大船上容易跳上岸，而从小舟上不容易跳上岸，为什么？

答：设 v 为人对地的速度，v_{rel} 为人对船的速度（假设人每次跳跃相对船的速度一定），V 为船对地的速度。设起跳前人和船相对地面静止，水的阻力不计，则根据质点系的动量守恒定律，有

$$mv = m(v_{\mathrm{rel}} - V) = MV$$

或

$$mv_{\mathrm{rel}} = (m+M)V$$

可见，船的质量越大，则船速 V 越小，因此人对地的速度 $v=v_{\mathrm{rel}}-V$ 越大，人越容易跳上岸。

2-9 一个人站在静止的小船上，当他从船头走向船尾时，小船会向前运动，如果水的阻力可以忽略不计，当人停止走动后，小船能否借助惯性继续前进？

答：不能。以人和船为一个系统，人与船的相互作用力为系统的内力，不改变系统的总动量，当水的阻力忽略不计时，系统的动量守恒。人在静止的小船上走动时，小船会向相反的方向运动。但当人停止走动时，由于系统的初动量为零，所以小船也会停下来。

2-10 有一个小物体，置于光滑的水平桌面上，一绳的一端连接此物体，另一端穿过桌面中心的小孔，该物体原来以角速度 ω 在距小孔 R 的圆周上运动，现将绳从小孔缓慢往下拉，问物体的角动量和动量的大小是否改变，为什么？

答：物体的角动量大小不变，动量大小改变。因为绳作用于物体的力通过转动中心（小孔），因此力矩为零，物体的角动量守恒，所以物体的角动量大小不变。但绳往下拉时，由角动量 $L=mR^2\omega=mvR$ 可见，R 越小则 v 越大，所以物体的动量变大。

2-11 设某轮船航行时所受水的阻力与速度的平方成正比，当轮船的速度增加为原来的 2 倍时，发动机发出的功率是不是增加为原来的 4 倍？

答：不是。$f\propto v^2$，当 $v_2=2v_1$ 时，$f_2=4f_1$，所以 $P_2=f_2\times v_2=4f_1\times 2v_1=8P_1$，即当轮船的速度增加为原来的 2 倍时，发动机发出的功率为原来的 8 倍。

2-12 甲将弹簧由原长拉伸 0.3m，乙又继甲之后再将弹簧继续拉伸 0.2m，甲、乙两人谁做的功多些？

答：设 $x_1=0.3\mathrm{m}$，$x_2=x_1+0.2\mathrm{m}=0.5\mathrm{m}$。

甲做功 $W_1=\frac{1}{2}kx_1^2=0.045k$，乙做功 $W_2=\frac{1}{2}kx_2^2-\frac{1}{2}kx_1^2=0.08k$。

所以，乙做的功比甲多。

2-13 从同一高度处以同样的速率分别向上和向下抛出两个小球，忽略空气阻力，到达地面时，哪个小球的速度大？

答：速度相等。因为抛出点的高度 h 相同，速率 v_0 相等，从抛出到落地，机械能守恒，取地面的重力势能为零，设两个物体的质量分别为 m_1 和 m_2，则对两个物体分别有

$$\frac{1}{2}m_1v_0^2 + m_1gh = \frac{1}{2}m_1v_1^2, \quad \frac{1}{2}m_2v_0^2 + m_2gh = \frac{1}{2}m_2v_2^2$$

显然，$v_1=v_2$。

2-14 系统内力不影响系统的总动量，但影响系统的总动能，为什么？

答：根据牛顿第三定律，系统内任一对内力 $\boldsymbol{f}_{ij}$ 和 $\boldsymbol{f}_{ji}$ 大小相等、方向相反并且作用在同一直线上，所以一对内力的冲量和 $\boldsymbol{f}_{ij}\mathrm{d}t+\boldsymbol{f}_{ji}\mathrm{d}t=(\boldsymbol{f}_{ij}+\boldsymbol{f}_{ji})\mathrm{d}t=(\boldsymbol{f}_{ij}-\boldsymbol{f}_{ij})\mathrm{d}t=0$，即系统内力不改变系统的总动量。而一对内力在同一时间内的位移 $\mathrm{d}\boldsymbol{r}_i$ 和 $\mathrm{d}\boldsymbol{r}_j$ 一般不同，所以它们的功

之和 $\boldsymbol{f}_{ij}\cdot \mathrm{d}\boldsymbol{r}_i+\boldsymbol{f}_{ji}\cdot \mathrm{d}\boldsymbol{r}_j=\boldsymbol{f}_{ij}\cdot(\mathrm{d}\boldsymbol{r}_i-\mathrm{d}\boldsymbol{r}_j)\neq 0$，即系统内力可以改变系统的总动能。

2-15　自来水龙头流出的水流，水流往下是越来越粗还是越来越细？为什么？

答：水流往下越来越细。将水流看作一根流管，其上端面积为 S_1，流速为 v_1；下端面积为 S_2，流速为 v_2。因为水流向下流动时受重力做功而流速加快，即 $v_2>v_1$。由流体的连续性原理 $S_1v_1=S_2v_2$，得

$$S_2=\frac{v_1}{v_2}S_1<S_1$$

说明水流越往下越细。

习题

2-1　一质量为 0.5kg 的物体沿 y 轴运动，其运动方程为 $y=4.9t^2+3t-10$（式中各物理量取 SI 单位制），求该物体所受合外力的大小。

解　物体的速度为

$$v=\frac{\mathrm{d}y}{\mathrm{d}t}=9.8t+3\mathrm{m/s}$$

物体的加速度为

$$a=\frac{\mathrm{d}v}{\mathrm{d}t}=9.8\mathrm{m/s^2}$$

由牛顿第二定律，物体所受合外力的大小为

$$f=ma=4.9\mathrm{N}$$

2-2　一质量为 10kg 的物体在力 $f=3+4t\mathrm{N}$（t 以 s 为单位）的作用下沿 x 轴无摩擦地运动。设 $t=0$ 时，物体的速度为零，求 $t=3\mathrm{s}$ 时物体的加速度和速度的大小。

解　根据牛顿第二定律 $f=ma$，得 $t=3\mathrm{s}$ 时物体的加速度为

$$a|_{t=3\mathrm{s}}=\frac{f|_{t=3\mathrm{s}}}{m}=\frac{3+4\times 3}{10}=1.5\mathrm{m\cdot s^{-2}}$$

由 $a=\dfrac{\mathrm{d}v}{\mathrm{d}t}$，得 $\mathrm{d}v=a\mathrm{d}t$，两边积分

$$\int_0^v \mathrm{d}v=\int_0^t a\mathrm{d}t$$

得

$$v=at$$

当 $t=3\mathrm{s}$ 时物体的速度为

$$v|_{t=3\mathrm{s}}=1.5\times 3=4.5\mathrm{m\cdot s^{-1}}$$

2-3　一人质量 55kg，通过一定滑轮拉住 20kg 的重物使之静悬于空中（图 2-15），求此人对地面的压力大小。（滑轮摩擦不计，$g=9.8\mathrm{m/s^2}$。）

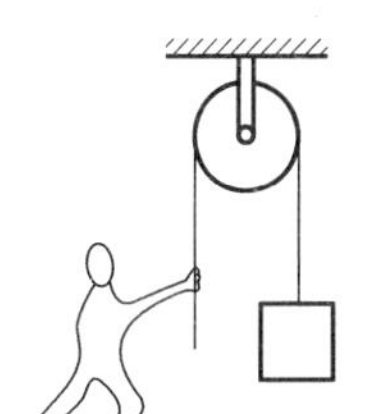

图　2-15

解　设人的质量为 M，重物的质量为 m，地面对人的支持力为 N。因为人和重物都静止，滑轮的摩擦力不计，取人为研究对象，地面对人的支持力为

$$N=Mg-mg=(55-20)\times 9.8=343\mathrm{N}$$

人对地面的压力是地面对人支持力的反作用力，所以人对地面的压力

大小等于 343N。

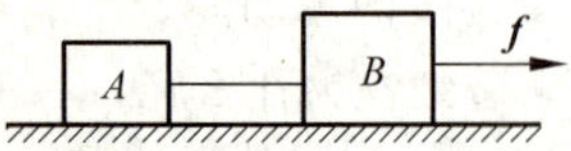

图 2-16

2-4 在一水平面上放有 A、B 两个物体(图 2-16),物体 A 的质量 $m_A=15\text{kg}$,物体 B 的质量 $m_B=30\text{kg}$,两者用水平的轻绳相连。一水平拉力 f 作用于物体 B,两物体与水平面间的摩擦系数 $\mu=0.30$。

(1) 求至少要用多大的水平拉力 f 才能拉动 A、B 两物体;

(2) 若 $f=200\text{N}$,求 A、B 两物体的加速度和轻绳中的张力。

解 (1) $f=\mu(m_A+m_B)g=132.3\text{N}$

(2) $f-\mu(m_A+m_B)g=(m_A+m_B)a$

得
$$a=\frac{f}{m_A+m_B}-\mu g=1.5\text{m/s}^2$$
此时
$$T-\mu m_A g=m_A a$$
所以
$$T=m_A(\mu g+a)=66.6\text{N}$$

2-5 质量 $m=3.0\text{t}$ 的卡车在圆弧形拱桥上驶过,拱桥的曲率半径 $R=80\text{m}$。如图 2-17 所示,当卡车行驶到桥面最高点时,其速率为 $v=30\text{km/h}$。求此时卡车对桥面的压力有多大?如果桥面是平的,压力又为多大?

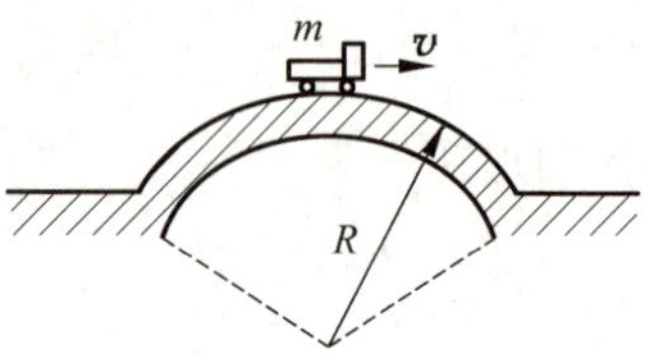

图 2-17

解 卡车沿圆形轨道运动,当卡车到达拱桥最高点时,其切向加速度为零,法向加速度 a_n 满足下式
$$mg-N=m\frac{v^2}{R}$$
所以
$$N=mg-m\frac{v^2}{R}=2.68\times10^4\text{N}$$
若桥面是平的,可将上式中 R 看作是无穷大,即 $R=\infty$,则
$$N=mg=2.94\times10^4\text{N}$$

2-6 如图 2-18 所示,固定斜面上放一质量为 $m=5\text{kg}$ 的物体,已知斜面倾角 $\theta=30°$,物体与斜面间的静摩擦系数 $\mu_s=0.4$。现以一水平力 f 推物体,要使物体在斜面上保持静止,求推力 f 的取值范围。($g=9.8\text{m/s}^2$)

解 取斜面上的物体为研究对象,画出物体的受力图(图 2-19),取图示的坐标系。先设摩擦力 $\boldsymbol{f}_s$ 沿 x 轴正方向,由牛顿第二定律的分量式
$$mg\sin\theta=f_s+f\cos\theta=\mu_s N+f\cos\theta \quad ①$$
$$N=mg\cos\theta+f\sin\theta \quad ②$$

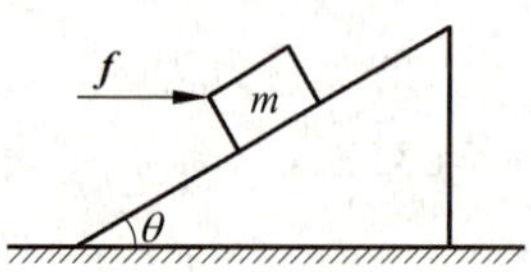

图 2-18

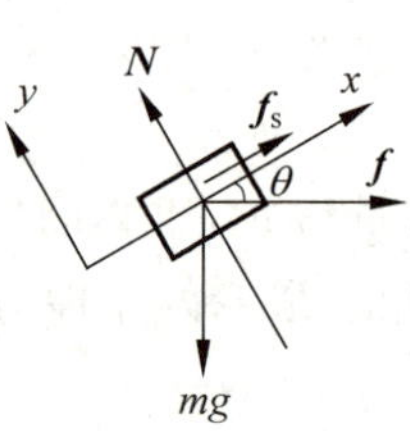

图 2-19

由①、②两式求得

$$f=\frac{\sin\theta-\mu_s\cos\theta}{\cos\theta+\mu_s\sin\theta}mg=7.1\text{N}$$

再设摩擦力 $\boldsymbol{f}_s$ 沿 x 轴负方向，由牛顿第二定律的分量式

$$mg\sin\theta+f_s=f\cos\theta \qquad ③$$

$$N=mg\cos\theta+f\sin\theta \qquad ④$$

由③、④两式求得

$$f=\frac{\sin\theta+\mu_s\cos\theta}{\cos\theta-\mu_s\sin\theta}mg=62.3\text{N}$$

所以，为使物体在斜面上保持静止，推力 $\boldsymbol{f}$ 的范围为 $7.1\text{N}<f<62.3\text{N}$。

2-7　桌上有一质量为 $m_B=1.50\text{kg}$ 的木板，板上放一质量为 $m_A=2.45\text{kg}$ 的另一物体，如图 2-20 所示。设物体与板、板与桌面之间的摩擦系数均为 $\mu=0.25$。问要将板从物体下面抽出，至少需要多大的水平力 f？

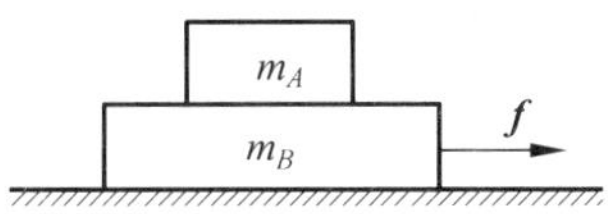

图　2-20

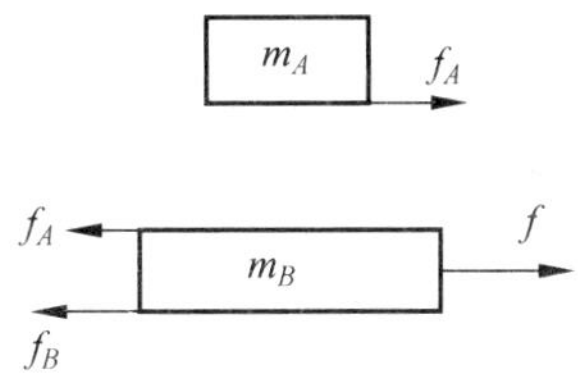

图　2-21

解　分别以物体 A 和 B 为研究对象（图 2-21），设物体 A、B 之间的最大静摩擦力为 f_A，物体 B 与桌面间的滑动摩擦力为 f_B，物体 A 可以获得的最大加速度为 a_A，物体 B 的加速度为 a_B。由牛顿第二定律

$$f_A=\mu m_A g=m_A a_A$$

$$f-f_A-f_B=f-\mu m_A g-\mu(m_A+m_B)g=m_B a_B$$

得

$$\begin{cases}a_A=\mu g\\ a_B=\dfrac{f-\mu(2m_A+m_B)g}{m_B}\end{cases}$$

要将板抽出，需满足 $a_B>a_A$，即

$$f-\mu(2m_A+m_B)g>\mu m_B g$$

或

$$f>2\mu(m_A+m_B)g=19.4\text{N}$$

2-8　一货车正在一与水平方向成 θ 角的山坡上向上行驶，车上的一个箱子与货车底板之间的静摩擦系数为 μ_s。

（1）以箱子为讨论对象，画出其示力图；

（2）为使箱子不在货车的底板上滑动，货车的最大加速度 a 为多少？

解　（1）以箱子为讨论对象，共受到三个力的作用，即重力 mg，方向竖直向下；支持力 $\boldsymbol{N}$，方向垂直于斜面向上；静摩擦力 $\boldsymbol{f}_s$，方向沿斜面向上，与货车加速度方向相同。示力图如图 2-22 所示。

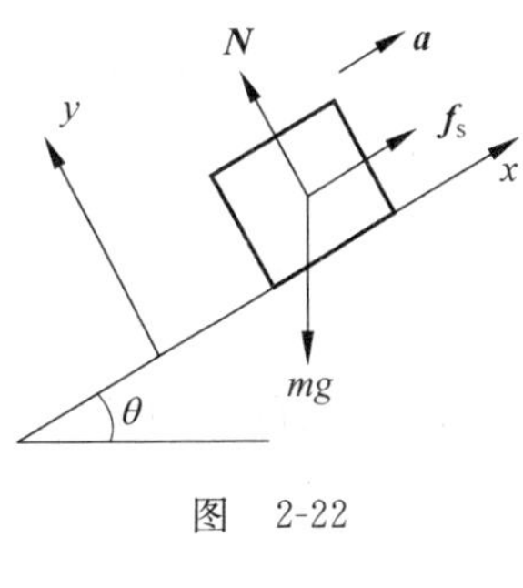

图　2-22

(2) 取沿山坡斜向上方向为 x 轴方向,垂直于山坡向上为 y 轴方向。当箱子受到的静摩擦力等于最大静摩擦力,即 $f_s = f_{smax}$ 时,箱子开始相对于货车底板滑动。在 x 方向和 y 方向,分别写出牛顿运动定律的分量式

$$f_{smax} - mg\sin\theta = ma_{max}$$
$$N - mg\cos\theta = 0$$

以及

$$f_{smax} = \mu_s N$$

联立求解以上三个方程,得

$$a_{max} = (\mu_s\cos\theta - \sin\theta)g$$

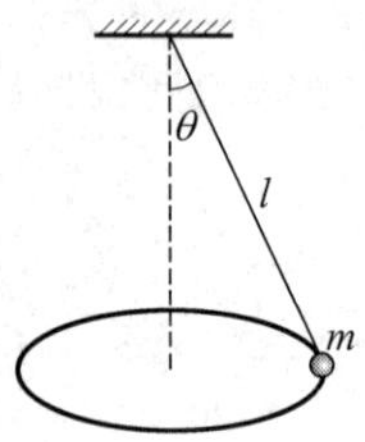

图 2-23

2-9 图 2-23 中一圆锥摆,摆绳长为 l,摆绳与竖直方向成 θ 角。绳下端有一质量为 m 的小球在水平面内作匀速率圆周运动。求:

(1) 摆绳中的张力 T;

(2) 小球动量的大小 p;

(3) 当小球沿圆轨道转过半周时,小球动量增量的大小 Δp。

解 (1) 小球在竖直方向受力平衡,即

$$T\cos\theta = mg$$

所以摆绳中的张力
$$T = \frac{mg}{\cos\theta}$$

(2) 水平方向利用牛顿第二定律

$$T\sin\theta = ma_n = m\frac{v^2}{l\sin\theta}$$

所以小球动量的大小
$$p = mv = m\sin\theta\sqrt{\frac{lg}{\cos\theta}}$$

(3) $\Delta p = mv - (-mv) = 2mv = 2m\sin\theta\sqrt{\dfrac{lg}{\cos\theta}}$

2-10 某物体受一方向固定、大小变化的力 F 的作用,F 随时间变化的关系如下:在 0.1s 内,F 均匀地由 0 增加到 20N,以后的 0.2s 内,F 保持不变,再经 0.1s,F 从 20N 均匀地减小到 0。

(1) 画出 F-t 图;

(2) 求这段时间内力的冲量及平均冲力;

(3) 如果物体的质量为 3kg,开始速度为 1m/s,方向与 F 方向一致,求 0.4s 后当 F 又变为 0 时物体速度的大小。

解 (1) F-t 图如图 2-24 所示。

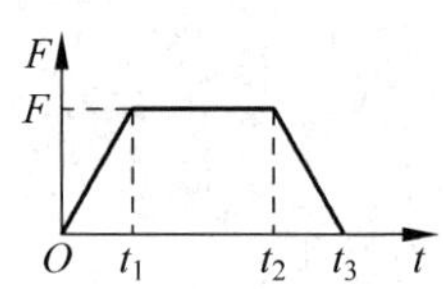

图 2-24

(2) $0 \to t_3$ 时间内的冲量

$$I = \frac{1}{2}F(t_1 - 0) + F(t_2 - t_1) + \frac{1}{2}F(t_3 - t_2)$$
$$= \frac{1}{2} \times 20 \times 0.1 + 20 \times 0.2 + \frac{1}{2} \times 20 \times 0.1 = 6\text{N} \cdot \text{s}$$

$0 \to t_3$ 时间内的平均冲力

$$\bar{F} = \frac{I}{t_3} = \frac{6}{0.4} = 15\text{N}$$

(3) 根据动量定理

$$I = mv - mv_0$$

得
$$v=\frac{I+mv_0}{m}=\frac{6+3\times1}{3}=3\text{m}\cdot\text{s}^{-1}$$

2-11 一股水流从水管中喷射到墙上,如果水流的速率为 5.0m/s,水管每秒喷出水量 300cm^3。

(1) 假定水喷到墙上不溅回来,试估计水流作用于墙上的平均作用力有多大?

(2) 若水喷到墙上后又以 3.0m/s 的速率溅回来,试估计水流作用于墙上的平均作用力有多大?

解 (1) 设每秒喷出的水的体积为 V,则每秒喷出的水的质量 $m=\rho V$。由动量定理,水受到墙的冲量

$$I = \frac{\bar{F}}{\Delta t} = 0 - mv = -\rho V v$$

这里 $\Delta t=1\text{s}$,水对墙的平均作用力 $\bar{F}'$ 是墙对水作用力 $\bar{F}$ 的反作用力,所以

$$\bar{F}' = \rho V v = 1000 \times 300 \times 10^{-6} \times 5.0 = 1.5\text{N}$$

(2) 设水溅回来的速率为 v',则

$$I = \frac{\bar{F}}{\Delta t} = - mv' - mv = - \rho V(v' + v)$$

所以
$$\bar{F}'=\rho V(v'+v)=1000\times300\times10^{-6}\times8.0=2.4\text{N}$$

2-12 氢分子的质量 $m=3.3\times10^{-27}\text{kg}$,它在碰撞容器壁前后的速度大小不变,均为 $v=1.6\times10^3\text{m}\cdot\text{s}^{-1}$,并且碰撞前后的运动方向和垂直于器壁的法线 x 成 $\alpha=60°$角,如图 2-25 所示,碰撞的时间是 10^{-13}s。求氢分子碰撞容器壁的平均作用力。

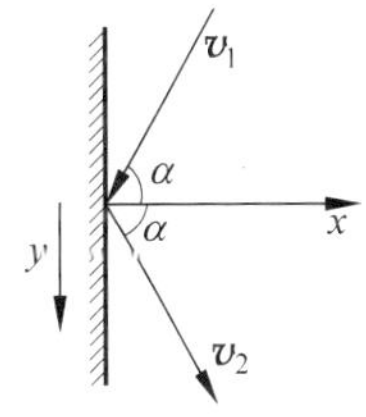

图 2-25

解 氢分子与器壁碰撞后速度大小不变,但方向改变了,所以动量矢量改变了,根据动量定理,氢分子受到器壁的冲量为

$$\boldsymbol{I} = \bar{\boldsymbol{F}}\Delta t = m\boldsymbol{v}_2 - m\boldsymbol{v}_1$$

取 x、y 轴的正向如图 2-25 所示,则上式的分量式为

$$\bar{F}_x\Delta t = mv_{2x} - mv_{1x} = mv\cos\alpha - (- mv\cos\alpha) = 2mv\cos\alpha$$

$$\bar{F}_y\Delta t = mv_{2y} - mv_{1y} - mv\sin\alpha - mv\sin\alpha = 0$$

所以

$$\bar{F}_x = \frac{2mv\cos\alpha}{\Delta t} = \frac{2 \times 3.3 \times 10^{-27} \times 1.6 \times 10^3 \times 0.5}{10^{-13}} = 5.28 \times 10^{-11}\text{N}$$

$$\bar{F}_y = 0$$

即器壁对氢分子的平均作用力的方向沿 x 轴正向,由牛顿第三定律,氢分子对器壁的平均作用力 $\bar{F}'_x$ 为 $\bar{F}_x$ 的反作用力,即

$$\bar{F}'_x=- \bar{F}_x =- 5.28 \times 10^{-11}\text{N}$$

可见,氢分子对器壁的作用力垂直指向器壁。

2-13 一团质量为 1kg,速率为 3m/s 的黏土,与前面一辆质量为 24kg、速率为 0.5m/s

并沿同一方向运动的小车相碰后黏合在一起。设小车与地面间的摩擦力可以忽略不计，求它们黏合后的运动速率。

解 以黏土和小车为系统，则系统的动量守恒，有

$$m_1v_1+m_2v_2=(m_1+m_2)v$$

所以，黏合后系统的速率为

$$v=\frac{m_1v_1+m_2v_2}{m_1+m_2}=\frac{1\times3+24\times0.5}{25}=0.6\text{m}\cdot\text{s}^{-1}$$

2-14 一质量为 8.0kg 的物体，在无外力影响下，以 3.0m/s 的速度运动。在某一时刻，该物体被炸成质量相等的两块，其中一块以 2.0m/s 的速度继续向前运动，求另一块的速度。

解 物体被炸开时，两块碎片间的相互作用为系统内力，所以动量守恒

$$m\boldsymbol{v}_1+m\boldsymbol{v}_2=M\boldsymbol{v}$$

因为$\boldsymbol{v}_1$与$\boldsymbol{v}$同向，所以$\boldsymbol{v}_1$、$\boldsymbol{v}_2$与$\boldsymbol{v}$在同一直线上，上式可用标量式表示为

$$mv_1+mv_2=Mv$$

得

$$v_2=\frac{Mv-mv_1}{m}=\frac{8.0\times3.0-4.0\times2.0}{4.0}=4.0\text{m}\cdot\text{s}^{-1}$$

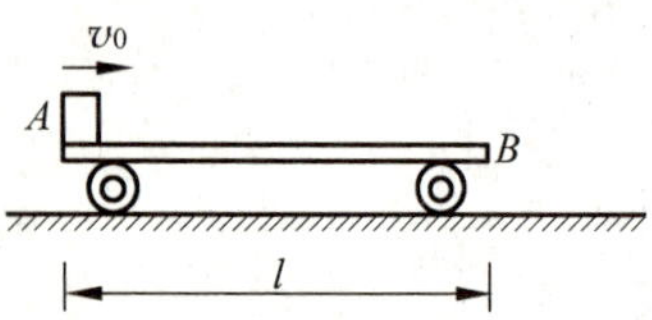

图 2-26

2-15 如图 2-26 所示，一质量为 m 的物体 A(大小不计)放置在质量为 M 的平板车 B 的左端，A、B 间的摩擦系数为μ，B 可在光滑的水平地面上运动。开始时 B 静止，而 A 以初速度 v_0 向右运动。要使 A 不会在 B 的右端滑出去，求平板车的长度 l 至少为多少?

解 以 A 和 B 为系统，A 和 B 受到的摩擦力为一对系统的内力，大小均为 $f=\mu mg=$常量，但方向相反，使 A 作匀减速直线运动，而 B 作匀加速直线运动。取水平向右为 x 轴正方向，由动量守恒定律

$$mv_0=(m+M)v$$

得

$$v=\frac{mv_0}{m+M} \qquad ①$$

由牛顿第二定律，物体 A 受到的摩擦力 $f_A=-\mu mg=ma_A$，平板车受到的摩擦力 $f_B=\mu mg=Ma_B$，所以物体和平板车的加速度分别为

$$a_A=-\mu g,\quad a_B=\frac{m}{M}\mu g$$

设 A、B 刚好以相同的速度$\boldsymbol{v}$运动时，A 的位移大小为 s_A，B 的位移大小为 s_B，则由匀变速运动公式得

$$v^2-v_0^2=2a_As_A=-2\mu gs_A,\quad v^2=2a_Bs_B=2\mu gs_B\frac{m}{M}$$

分别得

$$s_A=\frac{v_0^2-v^2}{2\mu g} \qquad ②$$

$$s_B=\frac{Mv^2}{2\mu gm} \qquad ③$$

由①、②、③三式，得平板车的最小长度为

$$l = s_A + s_B = \frac{Mv_0^2}{2\mu g(m+M)}$$

2-16 哈雷彗星绕太阳的轨道是以太阳为一个焦点的椭圆。它离太阳最近的距离是 $r_1=8.75\times10^{10}$m，此时它的速率是 $v_1=5.46\times10^4$m/s。它离太阳最远时的速率是 $v_2=9.08\times10^2$m/s，求这时它离太阳的距离 r_2 是多少。

解 哈雷彗星与太阳组成的系统角动量守恒。以太阳为原点，当彗星在近日点和远日点时，彗星的速度方向与其位置矢量垂直，所以有

$$mr_1v_1 = mr_2v_2$$

得

$$r_2=\frac{v_1}{v_2}r_1=5.26\times10^{12}\,\text{m}$$

2-17 两个滑冰运动员的质量都为 70kg，以 6.5m/s 的速率沿相反的方向滑行，滑行路线间的垂直距离为 10m，当他们彼此交错时，各抓住同一根 10m 长绳索的一端，然后相对旋转，求抓住绳索后各自对绳中心的角动量。

解 设绳长为 l，两个运动员都绕绳的中心作匀速圆周运动，所以每个运动员对转动中心的角动量

$$L = mv\cdot\frac{l}{2} = 2275\text{kg}\cdot\text{m}^2/\text{s}$$

2-18 在光滑的水平面上，一根长 $l=2$m 的轻绳，一端固定于 O 点，另一端系一质量 $m=0.5$kg 的物体。开始时，物体位于位置 A，OA 间距 $d=0.5$m，绳子处于松弛状态。现在使物体以初速度 $v_A=4$m/s 垂直于 OA 向右滑动，如图 2-27 所示。设某时刻物体运动到位置 B，此时物体速度的方向与绳垂直，求此时刻：

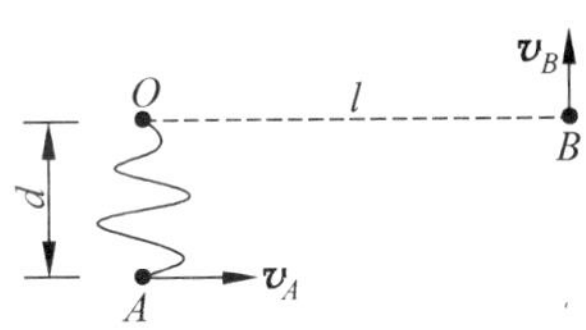

图 2-27

(1) 物体对 O 点的角动量 L_B 的大小；

(2) 物体在 B 点时速度 $\boldsymbol{v}_B$ 的大小。

解 (1) 系统对 O 点的角动量守恒

$$L = mv_Ad = mv_Bl$$

所以

$$L_B=mv_Ad=1\text{kg}\cdot\text{m}^2/\text{s}$$

(2) $v_B=\dfrac{d}{l}v_A=1\text{m/s}$

2-19 一升降机载有 10 人，每人质量均为 80kg，升降机质量为 1000kg，在 180s 内匀速上升 80m，求升降机做的功和功率。

解 设每个人的质量为 m，升降机的质量为 M，$h=80$m。升降机做的功

$$W = Fh = (M+nm)gh = 1.41\times10^6\,\text{J}$$

升降机的功率

$$P = \frac{W}{t} = 7.84\times10^3\,\text{W}$$

2-20 一质量为 4kg 的物体，沿一与水平面成 20°角的斜面向上运动，施于这物体上的作用力如下：一个 80N 的水平推力、一个 100N 的平行于斜面向上的推力、一个 10N 的摩擦力，物体在斜面上滑动 20m。求：

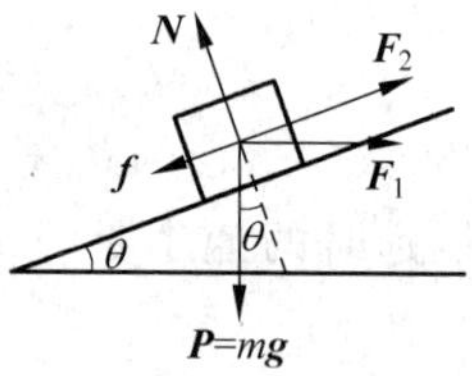

图 2-28

(1) 作用在物体上的合力做的总功；

(2) 每个力所做的功。

解 (1) 物体的示力图，如图 2-28 所示。物体在垂直于斜面方向无运动，所以合力沿斜面向上

$$F = F_2 + F_1\cos\theta - mg\sin\theta - f = 151.8\text{N}$$

所以，合力做功为

$$W = Fs = 3.04 \times 10^3\text{J}$$

(2) 推力 $\boldsymbol{F}_1$ 做功 $W_1 = F_1 s\cos\theta = 1.50 \times 10^3\text{J}$

推力 $\boldsymbol{F}_2$ 做功 $W_2 = F_2 s = 2.00 \times 10^3\text{J}$

摩擦力 $\boldsymbol{f}$ 做功 $W_f = -f \cdot s = -200\text{J}$

重力 $\boldsymbol{P}$ 做功 $W_P = -mgs\sin\theta = -268\text{J}$

支持力 $\boldsymbol{N}$ 垂直于物体的运动方向，故而不做功。

2-21 一颗速率为 700m/s 的子弹打穿一块木板后速率降低到 500m/s，若让它继续穿过与第一块完全相同的第二块木板，求穿过第二块木板后子弹的速率降低到多少？（假设木块对子弹的阻力与子弹速率无关。）

解 穿过第一块木板时，木板对子弹做功 $W_1 = \frac{1}{2}mv_1^2 - \frac{1}{2}mv_0^2$

穿过第二块木板时，木板对子弹做功 $W_2 = \frac{1}{2}mv_2^2 - \frac{1}{2}mv_1^2$

木板阻力与子弹速率无关，所以：$W_1 = W_2$

求得：$v_2 = \sqrt{2v_1^2 - v_0^2} = 100\text{m/s}$

2-22 一质量为 20kg 的物体，在作用力 $F=100t$（F、t 的单位分别为 N 和 s）的作用下沿 x 轴正方向作直线运动。在 $t=2$s 时，速度 $v_1=3$m/s，试求 $t=2$s 到 $t=10$s 的时间间隔内，F 给予物体的冲量和所做的功。

解 力 F 给予物体的冲量

$$I = \int_{t_1}^{t_2} F\text{d}t = \int_2^{10} 100t \cdot \text{d}t = 4.8 \times 10^3\text{N} \cdot \text{s}$$

当 $t=10$s 时，物体的速度为

$$v_2 = v_1 + \int_{t_1}^{t_2} a\text{d}t = v_1 + \int_2^{10} 5t \cdot \text{d}t = 243\text{m/s}$$

所以，根据动能定理，从 $t=2$s 到 $t=10$s 的时间间隔内，F 对物体所做的功为

$$W = \frac{1}{2}mv_2^2 - \frac{1}{2}mv_1^2 = 5.90 \times 10^5\text{J}$$

2-23 一质量为 m 的物体，系在细绳一端，绳的另一端固定，此物体在粗糙的水平桌面上作半径为 r 的圆周运动。设物体的初速度是 v_0，当它运动一周时，其速率为 $v_0/2$，求

(1) 摩擦力做的功；

(2) 摩擦因数；

(3) 物体在静止前运动的圈数。

解 (1) 根据动能定理，摩擦力做的功等于物体运动一周后动能的增量，即

$$W = \frac{1}{2}m\left(\frac{v_0}{2}\right)^2 - \frac{1}{2}mv_0^2 = -\frac{3}{8}mv_0^2$$

(2) 按照功的定义，有

$$W = \mu \cdot mg \cdot 2\pi r$$

所以
$$\mu = \frac{3v_0^2}{16\pi rg}$$

(3) 设物体停止前运动的圈数为 n，根据(1)的结果，有

$$\frac{1}{2}mv_0^2 = n \cdot \frac{3}{8}mv_0^2$$

得 $n=\frac{4}{3}$ 圈。

2-24 一根劲度系数为 k_1 的轻弹簧 A 的下端，悬挂另一根劲度系数为 k_2 的轻弹簧 B，B 的下端又挂一质量为 m 的物体 C，求

(1) 这一系统静止时两弹簧的伸长量之比和弹性势能之比；

(2) 如果将此物体用手托起，让两弹簧恢复原长，然后放手任其下落，弹簧可伸长多少？弹簧对物体 C 的最大作用力有多大？

解 (1) 两弹簧的弹性力相等 $k_1x_1=k_2x_2$，得

两弹簧的伸长量之比
$$\frac{x_1}{x_2}=\frac{k_2}{k_1}$$

两弹簧的弹性势能之比
$$\frac{E_{p1}}{E_{p2}}=\frac{\frac{1}{2}k_1x_1^2}{\frac{1}{2}k_2x_2^2}=\frac{k_2}{k_1}$$

(2) 设物体到达最低点时，两弹簧的伸长量分别为 x_1' 和 x_2'，则

$$mgx'_1=\frac{1}{2}k_1x_1'^2,\quad mgx'_2=\frac{1}{2}k_2x_2'^2$$

所以，最大伸长量
$$x=x_1'+x_2'=2mg\,\frac{k_1+k_2}{k_1k_2}$$

弹簧对物体的最大作用力
$$F_{max}=k_1x_1'=k_2x_2'=2mg$$

2-25 质量为 m 的地球卫星，在地球上空高度为 2 倍于地球半径的圆轨道上运动，试用卫星质量 m、地球半径 R、引力常量 G 和地球质量 M_E 来表示：

(1) 卫星的动能；

(2) 卫星的引力势能；

(3) 卫星的总能量。

解 (1) 由万有引力公式和牛顿第二定律，得卫星受到地球的引力

$$F = G\,\frac{mM_E}{(3R)^2} = m\,\frac{v^2}{3R}$$

得 $v^2=G\,\frac{M_E}{3R}$，所以卫星的动能

$$E_k = \frac{1}{2}mv^2 = \frac{GmM_E}{6R}$$

(2) 卫星的引力势能
$$E_p=-\frac{GmM_E}{3R}$$

(3) 卫星的总能量
$$E=E_k+E_p=-\frac{GmM_E}{6R}$$

2-26 如图 2-29 所示，质量 $m=1\text{kg}$ 的球以水平速度 $v_0=10\text{m/s}$ 与放在地面上的质量为 $M=3\text{kg}$ 的静止物块发生完全弹性碰撞。设碰撞后物块在水平地面上运动了 $s=10\text{m}$ 的距离后停下。求

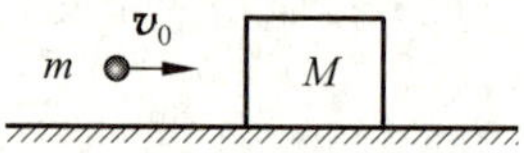

图 2-29

(1) 碰撞后球的速度 v 和物块的速度 V；

(2) 物块与地面间的摩擦系数 μ 为多少。（重力加速度 $g=10\text{m/s}^2$。）

解 (1) 碰撞时系统的动量和动能均守恒：

$$\begin{cases} mv_0 = mv + MV \\ \dfrac{1}{2}mv_0^2 = \dfrac{1}{2}mv^2 + \dfrac{1}{2}MV^2 \end{cases}$$

解得 $v=-5\text{m/s}$；$V=5\text{m/s}$。

(2) 对 M，由功能原理：$\dfrac{1}{2}MV^2=\mu Mg\cdot s$，得 $\mu=\dfrac{V^2}{2gs}=0.125$。

2-27 如图 2-30 所示，质量为 0.1kg 的木块，在一个水平面上和一个劲度系数 $k=20\text{N/m}$ 的轻弹簧碰撞，木块将弹簧由原长压缩了 0.4m。假设木块与水平面间的滑动摩擦系数 $\mu_k=0.25$，求在将要发生碰撞时木块的速率 v 为多少？

解 由功能原理：$-f_r x=\dfrac{1}{2}kx^2-\dfrac{1}{2}mv^2$，而 $f_r=\mu_k mg$，得木块开始碰撞弹簧时的速率为

$$v=\sqrt{2\mu_k gx+\frac{kx^2}{m}}=5.83\text{m}\cdot\text{s}^{-1}$$

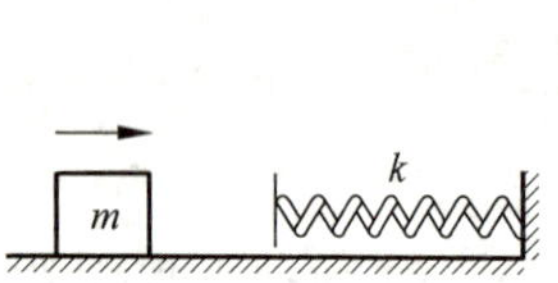

图 2-30

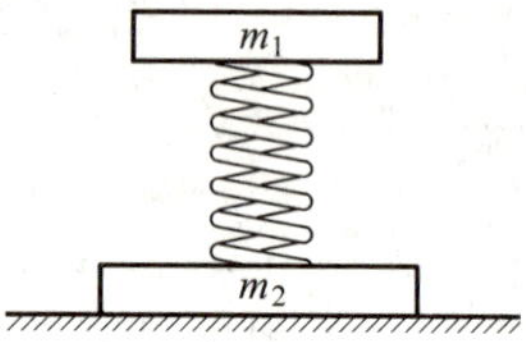

图 2-31

2-28 如图 2-31 所示，用一弹簧把质量分别为 m_1 和 m_2 的两块木板连起来，一起放在地面上，弹簧质量不计，$m_2>m_1$。

(1) 对上面的木板必须施加多大的正压力 $\boldsymbol{F}$，才能使 $\boldsymbol{F}$ 突然撤去后上面的木块跳起来，恰能使下面的木板提离地面？

(2) 如果两木板的位置交换，结果是否变化？

解 (1) 取上面木板受压力并静止时的位置为重力势能的零点，取弹簧自然伸长时为弹性势能的零点(图 2-32)。

上板受压时 $F+m_1g=kx_1$

上板跳至最高点时，下板所受地面支持力 $N=0$，有

$$m_2 g = kx_2$$

两式相减，得 $F+m_1g-m_2g=k(x_1-x_2)$ ①

由机械能守恒定律

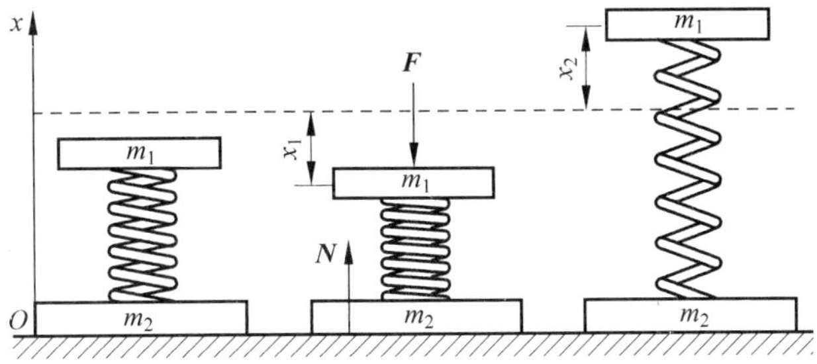

图 2-32

$$\frac{1}{2}kx_1^2 = \frac{1}{2}kx_2^2 + m_1 g(x_1 + x_2)$$

上式化简，得
$$k(x_1 - x_2) = 2m_1 g \quad ②$$

②式代入①式，得

$$F = (m_1 + m_2)g$$

(2) 由(1)的结果可见，若交换 m_1 和 m_2，结果不变。

2-29 如图 2-33 所示，一个质量 $M=10\text{kg}$ 的物体 A 放在光滑水平桌面上，与一水平轻弹簧相连。弹簧的劲度系数 $k=1000\text{N/m}$。有一质量为 $m=1\text{kg}$ 的小球 B，以水平速度 $v_0=4\text{m/s}$ 与物体 A 相撞后，又以 $v_1=2\text{m/s}$ 的速度弹回。求：

(1) A 被撞击后，弹簧将被压缩多少？

(2) 如果小球与 A 相撞后粘在一起，则弹簧将被压缩多少？

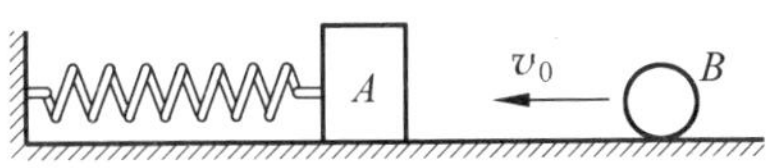

图 2-33

解 (1) 小球 B 与物体 A 的碰撞过程中动量守恒

$$mv_0 = Mv_A - mv_1$$

得
$$v_A = \frac{m(v_0 + v_1)}{M}$$

碰撞后物体 A 与弹簧组成的系统机械能守恒

$$\frac{1}{2}kx^2 = \frac{1}{2}Mv_A^2$$

由以上两式得
$$x = \frac{m(v_0 + v_1)}{\sqrt{kM}} = 0.06\text{m}$$

(2) 若碰撞后小球与物体粘在一起，则由动量守恒

$$mv_0 = (M + m)v_A$$

得
$$v_A = \frac{mv_0}{M + m}$$

再由机械能守恒

$$\frac{1}{2}kx^2 = \frac{1}{2}(m + M)v_A^2$$

得
$$x=\frac{mv_0}{\sqrt{k(m+M)}}=0.038\text{m}$$

2-30 一水平管子，其中一段的横截面积为 0.1m^2，另一段的横截面积为 0.05m^2，第一段中水的流速为 5m/s，第二段中水的压强为 $2\times10^5\text{Pa}$，求

(1) 第二段中水的流速和第一段中水的压强；

(2) 通过管子的流量。

解 (1) 由连续性方程 $S_1v_1=S_2v_2$，得第二段水中的流速为

$$v_2=\frac{S_1}{S_2}v_1=10\text{m}\cdot\text{s}^{-1}$$

由伯努利方程得第一段水中的压强为

$$p_1=p_2+\frac{1}{2}\rho(v_2^2-v_1^2)=2.37\times10^5\text{Pa}$$

(2) 通过管子的体积流量为

$$Q_V=S_1v_1=S_2v_2=0.5\text{m}^3\cdot\text{s}=30\text{m}^3\cdot\text{min}^{-1}$$

或质量流量为

$$Q_m=\rho Q_V=3\times10^4\text{kg}\cdot\text{min}^{-1}$$

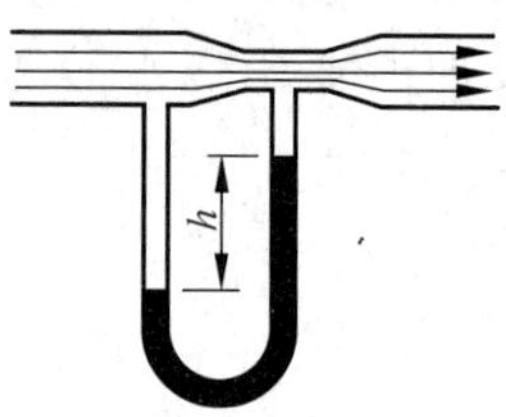

图 2-34

2-31 水管的横截面积在粗处为 40cm^2，细处为 10cm^2，如图 2-34 所示，流量为 $3000\text{cm}^3/\text{s}$，求：

(1) 粗处和细处水的流速；

(2) 粗处和细处的压强差；

(3) U 形管中水银柱的高度差。

解 (1) 按流量的定义，粗处和细处水的流速分别为

$$v_1=\frac{Q_V}{S_1}=75\text{cm}\cdot\text{s}^{-1}=0.75\text{m}\cdot\text{s}^{-1}$$

$$v_2=\frac{Q_V}{S_2}=300\text{cm}\cdot\text{s}^{-1}=3.0\text{m}\cdot\text{s}^{-1}$$

(2) 由伯努利方程，粗处和细处的压强差为

$$p_1-p_2=\frac{1}{2}\rho(v_2^2-v_1^2)=4.22\times10^3\text{Pa}$$

(3) 设水银的密度为 ρ'，水的密度为 ρ，则水银柱高度差 h 应满足

$$p_1-p_2=(\rho'-\rho)gh$$

所以有
$$h=\frac{p_1-p_2}{(\rho'-\rho)g}=0.0342\text{m}=3.42\text{cm}$$

【自测练习】

2-1 作用力 F 可使质量为 m_1 的物体产生 8.0m/s^2 的加速度，可使质量为 m_2 的物体产生 24m/s^2 的加速度。那么该力作用在捆在一起的这两个物体上产生的加速度是多大？________

A. 6.0m/s^2　　B. 12m/s^2　　C. 16m/s^2　　D. 32m/s^2

2-2 一竖直的空心圆筒，内半径为 R，可绕其竖直中心轴转动。一物块紧靠在圆筒的

内壁上与圆筒一起转动，物块与圆筒间的摩擦系数为 μ，要使物块不下落，圆筒转动的角速度 ω 至少应为________。

A. $\sqrt{\frac{\mu g}{R}}$　　B. $\sqrt{\mu g}$　　C. $\sqrt{\frac{g}{\mu R}}$　　D. $\sqrt{\frac{g}{R}}$

2-3　在升降机天花板上拴有轻绳，其下端系一重物，当升降机以加速度 a 上升时，绳中的张力正好等于绳子所能承受的最大张力的一半，问升降机以多大加速度上升时，绳子刚好被拉断？________。

A. $2a$　　B. $2(a+g)$　　C. $2a+g$　　D. $a+g$

2-4　质量为 20g 的子弹沿 x 轴正向以 500m/s 的速率射入一木块后，与木块一起仍沿 x 轴正向以 50m/s 的速率前进，在此过程中木块所受冲量的大小为________。

A. 9N·s　　B. −9N·s　　C. 10N·s　　D. −10N·s

2-5　已知地球的质量为 m，太阳的质量为 M，地心与日心的距离为 R，引力常数为 G，则地球绕太阳作圆周运动的轨道角动量为________。

A. $m\sqrt{GMR}$　　B. $\sqrt{\frac{GmM}{R}}$　　C. $mM\sqrt{\frac{G}{R}}$　　D. $\sqrt{\frac{GmM}{2R}}$

2-6　一质点作匀速率圆周运动时，________。

A. 它的动量不变，对圆心的角动量也不变

B. 它的动量不变，对圆心的角动量不断改变

C. 它的动量不断改变，对圆心的角动量不变

D. 它的动量不断改变，对圆心的角动量也不断改变

2-7　A、B 两木块质量分别为 m_A 和 m_B，且 $m_B=2m_A$，两者用一轻弹簧连接后静止于光滑水平面上(图 2-35)。若用外力压两木块使弹簧被压缩，然后撤去外力，则此后两木块运动的动能之比 E_{kA}/E_{kB} 为________。

A. $\frac{1}{2}$　　B. 2　　C. $\sqrt{2}$　　D. $\frac{\sqrt{2}}{2}$

2-8　一根粗细均匀的自来水管弯成如图 2-36 所示形状，最高处比最低处高出 $h=2.0$m。正常供水时管中水的流速处处相同，管道最低处水的压强为 2×10^5Pa，则管的最高处水的压强为(设水可视为理想流体，$g=10\text{m/s}^2$)________。

A. 2×10^5Pa　　B. 10^5Pa　　C. 1.8×10^5Pa　　D. 2.2×10^5Pa

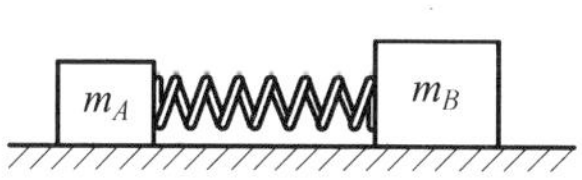

图　2-35

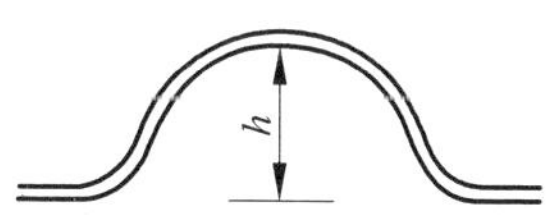

图　2-36

2-9　一物体质量为 M，置于光滑的水平地面上，今用一水平力 $\boldsymbol{F}$ 通过一质量为 m 的绳拉动物体前进(图 2-37)，则物体的加速度 $a=$________，绳作用于物体上的力 $T=$________。

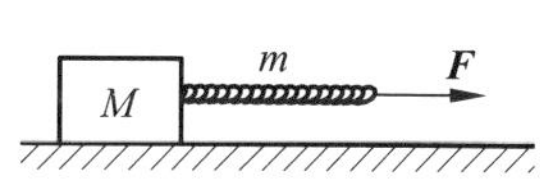

图　2-37

2-10　质量为 m 的质点，作半径为 r 的匀速圆周运动，速率

为 v，当它走过$\frac{1}{2}$圆周时，动量增量$|\Delta \boldsymbol{p}|=$________，角动量增量$|\Delta \boldsymbol{L}|=$________。

2-11　有两艘停在湖上的船，它们之间用一根很轻的绳子连接。设第一艘船和人的总质量为 250kg，第二艘船的总质量为 500kg。若站在第一艘船上的人用 50N 的水平力来拉绳子，则 5s 后第一艘船的速度大小为________；第二艘船的速度大小为________。（水的阻力不计）

2-12　如图 2-38 所示，两个钢球 A、B 质量相等，都被轻绳牵着以相同的角速度 $\omega_0=4\text{rad/s}$ 绕竖直轴转动，两球与轴的距离都为 $r_1=15\text{cm}$。现将轴环 C 向下移动，使两球离轴的距离减小为 $r_2=5\text{cm}$，则此时钢球角速度的大小为________。

2-13　以 45N 的力作用在一质量为 15kg 的物体上。物体最初处于静止状态。则在第一秒内力所做的功为________；第二秒内力所做的功为________；第三秒末的瞬时功率为________。

2-14　小球沿固定光滑的 1/4 圆弧从 A 点由静止开始下滑，圆弧半径为 R，如图 2-39 所示，则小球在 A 点的切向加速度 $a_t=$________，小球在 B 点的法向加速度 $a_n=$________。

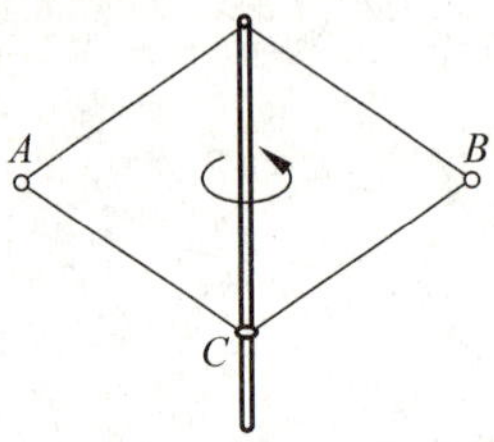

图　2-38

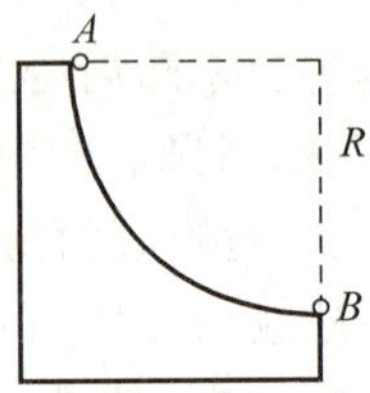

图　2-39

2-15　一个顶端开口的圆筒容器，高为 40cm，直径为 10cm，在圆筒底部中心开一面积为 1cm^2 的小圆孔，水从圆筒顶部以 $140\text{cm}^3/\text{s}$ 的流量由水管注入圆筒内，则圆筒中的水面可以上升到的最大高度为________。

2-16　一质量为 10kg 的物体沿 x 轴无摩擦地运动，设 $t=0$ 时，物体位于原点，速率为零。如果物体在作用力 $F=3+4t(\text{N})$ 的作用下运动，求 $t=3\text{s}$ 时物体的速度和加速度各为多少？

2-17　一升降机的地板上放有质量为 m_A 的物体 A，其上再放另一质量为 m_B 的物体 B。当升降机以加速度 a 向下运动时（$a<g$），求物体 A 对升降机地板的压力大小。

2-18　一段水平的公路路面，转弯处的半径为 R，汽车轮胎与路面间的摩擦系数为 μ。要使汽车不发生侧向打滑，求汽车在该处的最大行驶速度。

2-19　质量分别为 7kg 和 5kg 的两个物体用一质量为 4kg 的匀质绳连接，在上面的物体上施一向上的拉力 $F=200\text{N}$（图 2-40），求：

（1）整个系统的加速度是多少？

（2）绳子上端的张力是多少？

（3）绳子中点的张力是多少？

2-20　设作用在质量为 1kg 的物体上的力 $F=6t+3(\text{SI})$。如果物体在这一力的作用下，由静止开始沿直线运动，求在 0～2.0s 时间内，这个力作用在物体上的冲量大小。

2-21　如图 2-41 所示，质量为 m 的小球自高为 y_0 处沿水平方向以速率 v_0 抛出，与地面碰撞后跳起的最大高度为 $y_0/2$，水平速率为 $v_0/2$。求碰撞过程中地面对小球垂直冲量的大小和地面对小球水平冲量的大小。

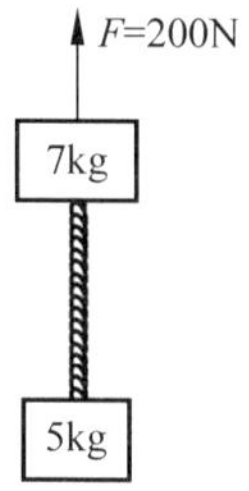

图　2-40

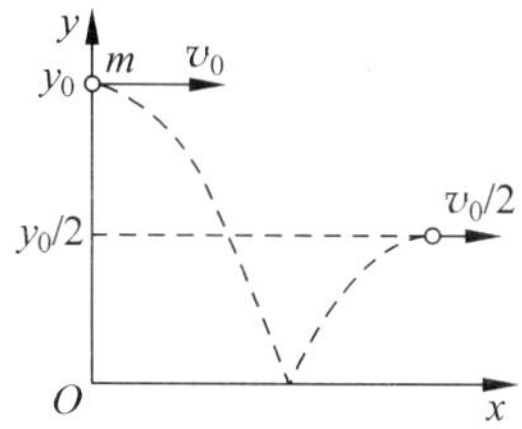

图　2-41

2-22　一个劲度系数为 k 的轻弹簧竖直悬挂，下端系一质量为 m 的物体。用手托住物体使弹簧处于原长，然后缓慢放下物体直至达到平衡位置为止。求在此过程中，系统重力势能的增量和弹性势能的增量。

2-23　一长为 l，质量均匀的链条，放在光滑的水平桌面上，若使其长度的一半悬于桌边下，然后由静止释放，任其滑动，求它全部离开桌面时的速率。

2-24　弹簧枪中弹簧的弹性系数是 $k=500\text{N/m}$，将弹簧压缩 $\Delta x=0.05\text{m}$，将一个质量为 $m=0.01\text{kg}$ 的小球放在枪筒内，紧贴弹簧。

(1) 如果不计摩擦，试计算松开弹簧后，小球离开枪筒时的最大速率；

(2) 如果有 $F=10\text{N}$ 的恒定阻力作用在小球上，试求小球的最大速率。

2-25　劲度系数为 k 的弹簧，一端固定在墙壁上，另一端连一质量为 m 的物体，物体静止在坐标原点 O，此时弹簧为原长(图 2-42)。物体与水平面间的摩擦系数为 μ。若物体在不变的外力 $\boldsymbol{F}$ 的作用下向右移动，求物体达到最远位置时系统的弹性势能。

2-26　质量 $M=1.5\text{kg}$ 的物体，用一根长 $l=1.25\text{m}$ 的细绳悬挂在天花板上，细绳可以承受的最大张力 $T_{max}=26.5\text{N}$。现有一质量为 $m=10\text{g}$ 的子弹以 $v_0=500\text{m/s}$ 的水平速度射穿物体(图 2-43)。设子弹刚穿出物体时，细绳刚好被拉断。求子弹穿出物体时的速度大小。

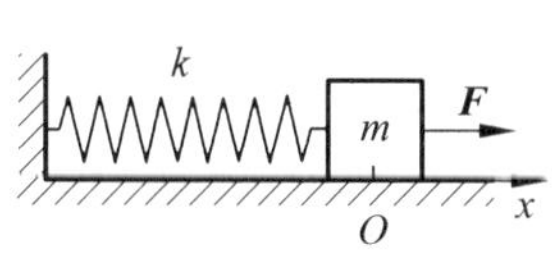

图　2-42

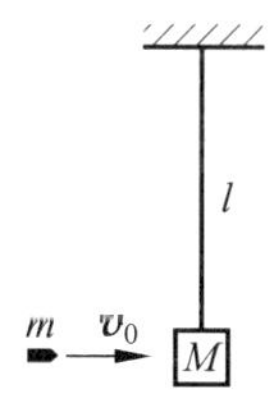

图　2-43

2-27　一质量 $m=1\text{kg}$ 的钢球，系在一长 $l=0.8\text{m}$ 的轻绳一端，绳的另一端固定。把绳拉至水平位置后将球由静止释放，球在最低点与光滑水平面上一质量 $M=5\text{kg}$ 的钢块作完全弹性碰撞(图 2-44)。求：

(1) 碰撞前瞬时，钢球的速度大小；

(2) 碰撞后瞬时，钢块和钢球的速度大小；

(3) 碰撞后钢球能升到多高？(取 $g=10\text{m/s}^2$)

2-28 一质量为 m 的子弹，水平射入悬挂着的静止沙袋中，如图 2-45 所示。沙袋质量为 M，摆长为 l 。为使沙袋能在竖直平面内完成整个圆周运动，子弹至少应以多大的速度射入？

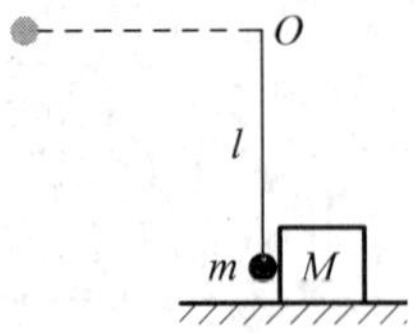

图 2-44

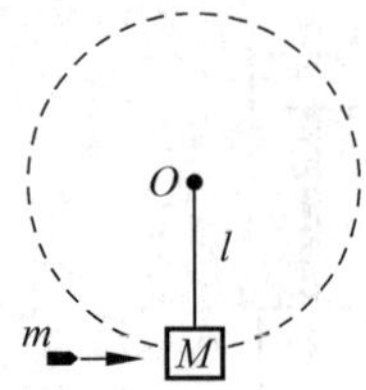

图 2-45

2-29 一流量计如图 2-46 所示。使用时把它水平地接在自来水管上。已知粗细不同的两段水管的横截面积分别为 S_1 和 S_2。当水流稳定后读得两铅直压强计管中水面高度差为 Δh。把水看成理想流体，求水流经截面 S_2 处的速度 v_2。

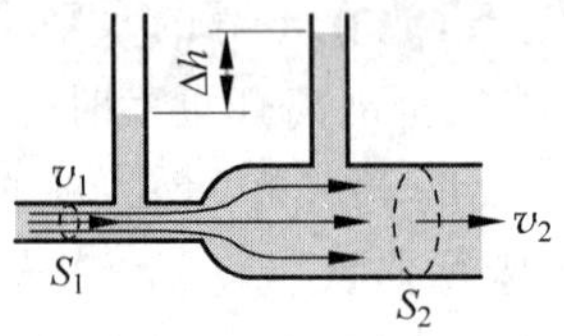

图 2-46

第3章

刚体的定轴转动

【内容提要】

物体的形状和大小在外力的作用下不发生改变，或物体内任意两个质点之间的距离在运动过程中保持不变，这样的物体称做刚体。

一、刚体的运动

1. 平动

当刚体内任意两个质点间连线的方向在运动过程中始终保持不变时，这种运动称为刚体的平动。作平动的刚体内任何一点的运动都可以代表整个刚体的运动，所以刚体的平动可以简化为质点来处理。

2. 定轴转动

如果刚体内所有质点都绕同一固定直线（转轴）作圆周运动，则称刚体作定轴转动。转轴可以是通过刚体的某条直线，也可以是在刚体之外的某条直线。用角量来描述刚体的定轴转动要简单和方便得多。

刚体定轴转动时，若角加速度 β 为一常量，则称刚体作匀变速转动。设 $t=0$ 时刚体的角位置为 θ_0，角速度为 ω_0，则任意时刻 t，刚体匀变速转动的运动学公式为

$$\omega = \omega_0 + \beta t$$

$$\theta = \theta_0 + \omega_0 t + \frac{1}{2}\beta t^2$$

$$\omega^2 - \omega_0^2 = 2\beta(\theta - \theta_0)$$

二、转动定理

1. 力矩

设刚体受垂直于转轴的外力 $\boldsymbol{f}$ 的作用，作用点 P 到转轴的距离是 r（图 3-1），则力对转轴的力矩大小为

$$M = rf\sin\varphi = fd$$

式中 $d=r\sin\varphi$ 称为力臂。

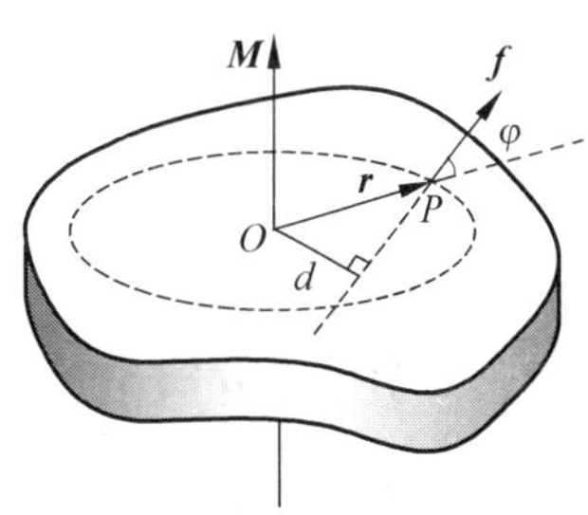

图 3-1

2. 转动惯量

转动惯量 I 是刚体作定轴转动时惯性大小的量度，它是

一个常量，其定义是

$$I = \sum_i \Delta m_i r_i^2$$

如果刚体的质量是连续分布的，则上式应由积分表示，即

$$I = \int r^2 \mathrm{d}m$$

转动惯量与刚体的质量、质量的分布以及转轴的位置都有关，刚体的质量越大、质量分布得离转轴越远，转动惯量就越大，即刚体的转动惯性越大。

下面两个定理可以帮助简化转动惯量的计算。

平行轴定理：若质量为 m 的刚体绕通过质心轴的转动惯量为 I_C，则此刚体绕相距此轴距离为 d 的另一平行轴的转动惯量 I 为(图 3-2)

$$I = I_C + md^2$$

正交轴定理：薄板型刚体对于板内两条正交转动轴的转动惯量之和等于刚体对于过两轴交点且垂直于板面的转轴的转动惯量(图 3-3)

$$I_z = I_x + I_y$$

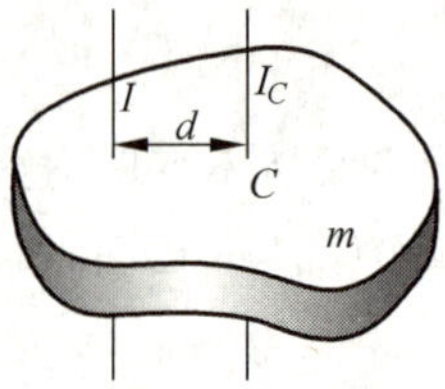

图 3-2

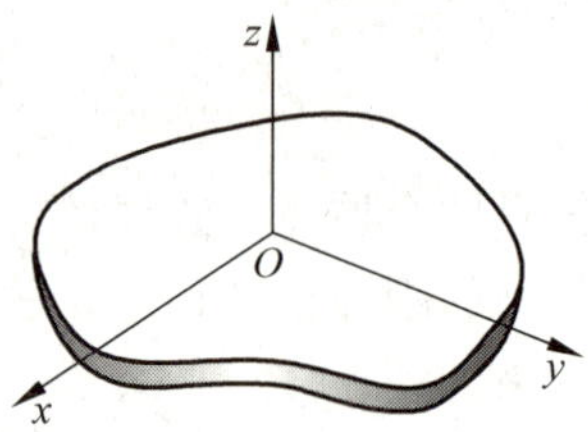

图 3-3

下面给出几个常见刚体的转动惯量表达式。

(1) 质量为 m，长度为 l 的匀质细棒绕通过其中心并垂直于该细棒的转轴的转动惯量为

$$I = \frac{1}{12}ml^2$$

通过上述细棒一端并垂直于该细棒的转轴的转动惯量为

$$I = \frac{1}{3}ml^2$$

(2) 质量为 m，半径为 r 的匀质圆盘(或圆柱体)绕其中心轴的转动惯量为

$$I = \frac{1}{2}mr^2$$

3. 转动定理

刚体获得的角加速度 β 与合外力矩 M 成正比，与转动惯量 I 成反比。这一关系，称为刚体绕定轴转动的转动定理，即

$$M = I\beta$$

三、角动量守恒

1. 刚体的角动量

刚体绕某定轴的转动惯量 I 与刚体绕该轴转动的角速度 ω 的乘积，称为刚体绕该轴的

角动量 L

$$L = I\omega$$

应该指出，上式中 L、I 和 ω 都是对同一定轴而言的。

2. 角动量定理

作用于定轴转动刚体上的合外力矩，等于刚体对同一转轴的角动量的时间变化率，即

$$M = \frac{\mathrm{d}L}{\mathrm{d}t}$$

上式是转动定理的另一表达式，也是刚体转动定理的普遍表达式，它对非刚体的定轴转动仍然成立。

设一个作定轴转动刚体在外力矩 M 的作用下，经时间 Δt，角速度由 ω_0 变为 ω，则有

$$\int_{t_0}^{t} M\mathrm{d}t = I\omega - I\omega_0$$

如果外力矩 M=常量，则上式也可写为

$$M\Delta t = I\omega - I\omega_0$$

式中$\int_{t_0}^{t} M\mathrm{d}t$ 和 $M\Delta t$ 都是合外力矩对时间的积累，称为合外力矩对给定轴的冲量矩。

3. 角动量守恒定律

如果刚体所受的合外力矩 $M=0$，则有

$$I\omega = 常量$$

上式说明，若刚体受到的合外力矩为零，或者不受外力矩的作用，则刚体的角动量保持不变。这个结论称为角动量守恒定律。

四、刚体的动能定理

1. 力矩的功

若定轴转动的刚体在合外力矩 M 的作用下由角位置 θ_0 转到角位置 θ，则力矩做的功为

$$W = \int_{\theta_0}^{\theta} M\mathrm{d}\theta$$

如果 M 是恒力矩，则

$$W = M(\theta - \theta_0)$$

2. 刚体的转动动能

刚体绕定轴以角速度 ω 转动时的转动动能等于刚体的转动惯量与角速度平方乘积的 1/2，即

$$E_\mathrm{k} = \frac{1}{2}I\omega^2$$

3. 刚体的动能定理

刚体在合外力矩 M 的作用下，角位置由 θ_0 变化到 θ，同时角速度由 ω_0 变化到 ω，则在该过程中合外力矩对刚体所做的功为

$$W = \int_{\theta_0}^{\theta} M\mathrm{d}\theta = \frac{1}{2}I\omega^2 - \frac{1}{2}I\omega_0^2$$

上式说明，合外力矩对一个绕定轴转动的刚体所做的功等于刚体转动动能的增量。这一结论称为刚体定轴转动的动能定理。

4. 刚体的重力势能

一个不太大的刚体的重力势能与将该刚体全部质量集中在其质心时所具有的重力势能一样，即

$$E_p = Mgh_C$$

【例题解析】

例 3-1 如图 3-4 所示，质量分别为 m 和 $2m$、半径分别为 r 和 $2r$ 的两个均匀圆盘，同轴地粘在一起，结合成一个组合圆盘，可以绕通过盘心且垂直盘面的水平光滑固定轴转动，大小圆盘边缘都绕有轻绳，绳的下端都挂有质量为 m 的重物。求

(1) 组合圆盘的转动惯量 I；

(2) 组合圆盘角加速度的大小 β；

(3) 两轻绳中的张力 T_1 和 T_2。

解 (1) 两个圆盘黏合在一起后，组合圆盘的转动惯量等于两个圆盘转动惯量之和，即

$$I = \frac{1}{2}mr^2 + \frac{1}{2}\cdot 2m\cdot(2r)^2 = \frac{9}{2}mr^2$$

(2) 分别画出组合圆盘和两个重物的示力图，如图 3-5 所示。对两个重物分别应用牛顿第二运动定律，有

$$T_1 - mg = ma_1 \quad ①$$

$$mg - T_2 = ma_2 \quad ②$$

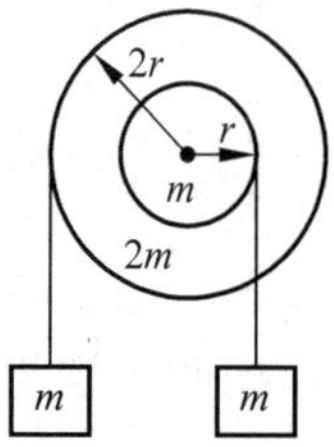

图 3-4

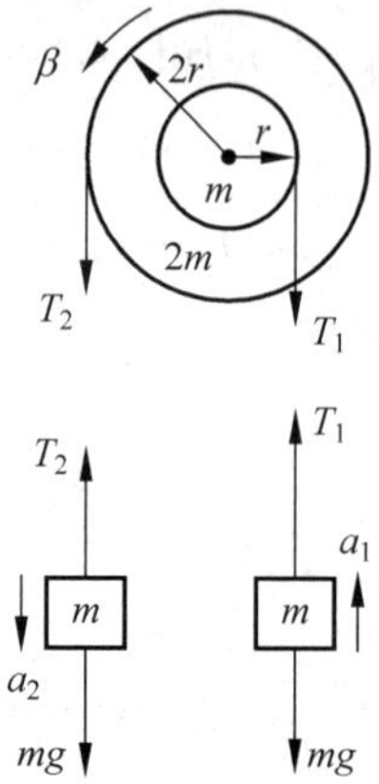

图 3-5

对组合圆盘应用转动定理，有

$$2T_2r - T_1r = \frac{9}{2}mr^2\cdot\beta \quad ③$$

应用运动学公式，两个重物的加速度与组合圆盘的角加速度之间的关系分别为

$$a_1 = r\beta \quad ④$$

$$a_2 = 2r\beta \quad ⑤$$

解以上方程组，得组合圆盘角加速度的大小为

$$\beta = \frac{2g}{19r}$$

(3) 由①、④两式

$$T_1 = m(a_1 + g) = m(r\beta + g) = \frac{21}{19}mg$$

由②、⑤两式

$$T_2 = m(g - a_2) = m(g - 2r\beta) = \frac{15}{19}mg$$

讨论：张力 T_1 和 T_2 对圆盘转轴产生的力矩方向相反，由(3)的结果，$T_1 > T_2$，但张力 T_2 对转轴产生的力矩

$$M_2 = 2rT_2 = \frac{30}{19}mgr$$

大于张力 T_1 对转轴产生的力矩

$$M_1 = rT_1 = \frac{21}{19}mgr$$

所以组合圆盘沿逆时针方向转动。

例 3-2 一质量均匀分布的圆盘，质量为 M，半径为 R，放在一粗糙水平面上，圆盘可绕通过其中心 O 的竖直固定轴转动(图 3-6)。开始时圆盘静止，一质量为 m 的子弹以水平速度 $\boldsymbol{v}_0$ 垂直于圆盘半径打入圆盘边缘并嵌在盘边上，求

(1) 子弹击中圆盘后，圆盘获得的角速度；

(2) 设圆盘受到的恒定摩擦阻力矩为 M_f，经过多少时间圆盘停止转动？

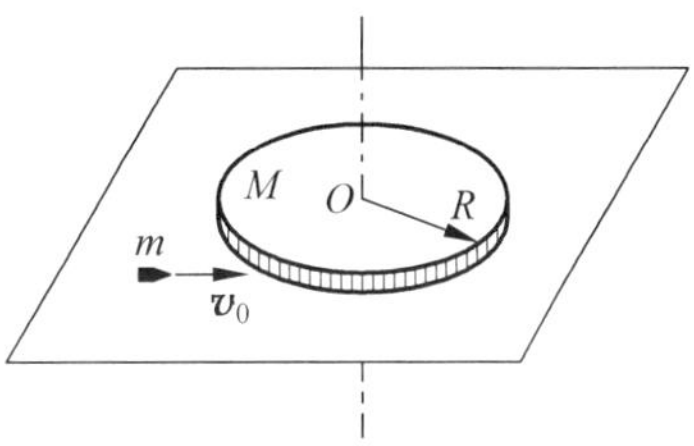

图 3-6

解 (1) 以圆盘和子弹为系统，子弹作用于圆盘的力矩为系统的内力矩，尽管圆盘受到粗糙水平面的摩擦阻力矩为系统的外力矩，但其大小远小于子弹对圆盘的力矩，所以当考虑子弹击中圆盘的短暂过程时，此外力矩可以忽略，系统的角动量守恒。

圆盘和子弹系统的转动惯量为

$$I = \frac{1}{2}MR^2 + mR^2$$

由角动量守恒定律，有

$$mv_0R = \left(\frac{1}{2}MR^2 + mR^2\right)\omega$$

求得圆盘的角速度为

$$\omega = \frac{2mv_0}{(M + 2m)R}$$

(2) 圆盘和子弹一起沿转轴转动的过程中，受到水平面摩擦阻力矩的作用，设圆盘被击中后到停止转动需要时间 t，在此时间内，圆盘受到的摩擦力矩的冲量矩为 $-M_ft$，根据角动量定理，有

$$-M_ft = 0 - I\omega = -\frac{1}{2}(M + 2m)R^2\omega$$

求得

$$t=\frac{(M+2m)R^2\omega}{2M_f}=\frac{mv_0R}{M_f}$$

例 3-3 一定滑轮可绕其光滑的水平中心轴转动，滑轮的质量 $M=2.00\text{kg}$，半径 $R=0.100\text{m}$。一根不可伸长的轻绳，绕在定滑轮上且与滑轮间无相对滑动，另一端系有一质量 $m=5.00\text{kg}$ 的物体(图 3-7)。已知定滑轮的初角速度 $\omega_0=10.0\text{rad/s}$，方向垂直纸面向里。求：

(1) 定滑轮的角加速度；

(2) 当定滑轮的角速度变化到 $\omega=0$ 时，物体上升的高度 h。

解 (1) 分别画出定滑轮和物体的示力图，如图 3-8 所示。对定滑轮应用转动定理，有

$$TR=I\beta=\frac{1}{2}MR^2\cdot\beta \qquad ①$$

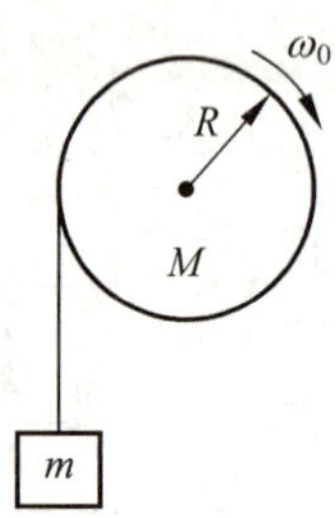

图 3-7

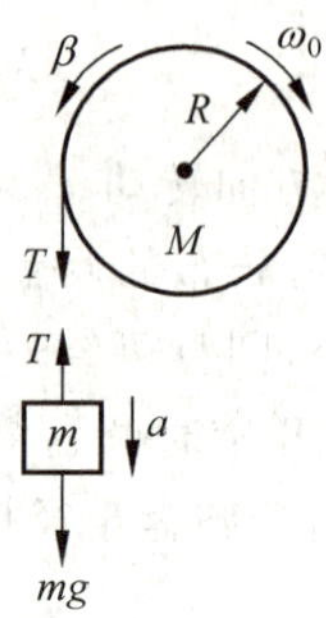

图 3-8

对物体应用牛顿第二定律，有

$$mg-T=ma \qquad ②$$

又

$$a=R\beta \qquad ③$$

联立求解①、②、③式，得

$$\beta=\frac{2mg}{(2m+M)R}=81.7\text{rad/s}^2$$

β 的方向垂直纸面向外。

(2) 定滑轮的角加速度 β 与初角速度 ω_0 方向相反，所以定滑轮作匀减速转动。根据刚体定轴转动的运动学公式

$$\omega=\omega_0-\beta t$$

当 $\omega=0$ 时，求得 $t=0.122\text{s}$，在此时间内定滑轮转过的角位移为

$$\theta=\omega_0 t-\frac{1}{2}\beta t^2=0.612\text{rad}$$

而此时间内物体上升的高度为

$$h=R\theta=6.12\times10^{-2}\text{m}$$

讨论：第(2)问也可由机械能守恒定律求解，以定滑轮、物体、地球为系统的机械能守恒。滑轮角速度为 ω_0 时，物体的速度 $v_0=R\omega_0$，取此时物体的重力势能为零，则当 $\omega=0$ 时，滑轮及物体的动能为零，物体的重力势能为 mgh。由机械能守恒定律

$$\frac{1}{2}mv_0^2+\frac{1}{2}I\omega_0^2=\frac{1}{2}mR^2\omega_0^2+\frac{1}{2}\cdot\frac{1}{2}MR^2\omega_0^2=mgh$$

解得

$$h=\frac{(2m+M)R^2\omega_0^2}{4mg}=6.12\times10^{-2}\,\text{m}$$

例 3-4 质量为 m，长度为 l 的匀质杆，可绕通过其下端的水平光滑固定轴 O 在竖直平面内转动(图 3-9)。如果让此杆从竖直位置由静止倒下，求当它与水平面成 θ 角时的角速度 ω 和角加速度 β。

解 匀质细棒绕其一端转动的转动惯量为

$$I=\frac{1}{3}ml^2$$

设细杆与水平面成 θ 角时，其质心所在高度的重力势能为零(图 3-10)，则细杆处于竖直位置时，其重力势能为

$$E_{p0}=mgh=mg\times\frac{1}{2}l(1-\sin\theta)$$

转动动能为 $E_{k0}=0$。而当细杆与水平面成 θ 角时，其重力势能 $E_p=0$，转动动能

$$E_k=\frac{1}{2}I\omega^2=\frac{1}{2}\times\frac{1}{3}ml^2\times\omega^2=\frac{1}{6}ml^2\omega^2$$

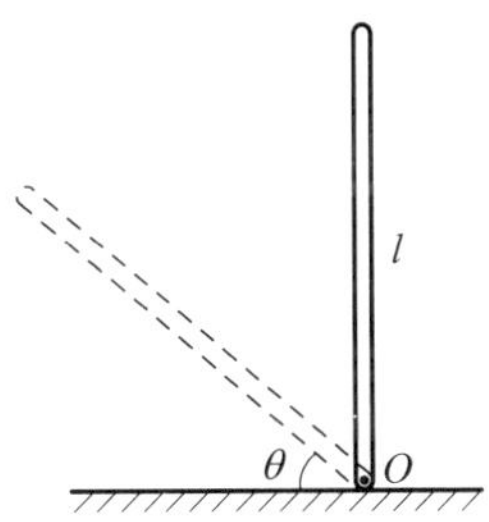

图 3-9

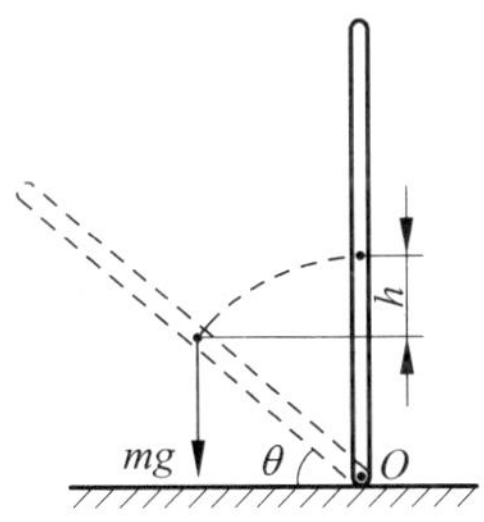

图 3-10

以细杆和地球为系统，因为重力为系统的保守内力，所以系统的机械能守恒，有

$$\frac{1}{2}mgl(1-\sin\theta)=\frac{1}{6}ml^2\omega^2$$

得细杆与水平面成 θ 角时的角速度为

$$\omega=\sqrt{\frac{3g(1-\sin\theta)}{l}}$$

细杆所受重力的作用点在其质心处，当细杆与水平面成 θ 角时，其所受的重力矩为

$$M=mg\times\frac{l}{2}\cos\theta$$

根据转动定理 $M=I\beta$，有

$$\frac{1}{2}mgl\cos\theta=\frac{1}{3}ml^2\beta$$

得

$$\beta=\frac{3g}{2l}\cos\theta$$

【同步题解】

思考题

3-1　当飞轮作加速转动时，在飞轮上半径不同的两个质点，切向加速度是否相同？法向加速度是否相同？

答：切向加速度和法向加速度都不同。因为 $a_t=r\beta$，刚体定轴转动时，其上每个质点的角加速度 β 相等，因此若两个质点的半径 r 不同时，它们的切向加速度不同。

由 $a_n=r\omega^2$，因为刚体上所有质点的角速度相等，所以对半径不同的两个质点，它们的法向加速度也不同。

3-2　计算一个刚体对于某转轴的转动惯量时，能不能把它的质量看做集中在其质心，然后计算这个质点对该转轴的转动惯量？

答：不能。刚体定轴转动的转动惯量，除了与其质量有关外，还与其质量的分布和转轴的位置有关。由平行轴定理 $I=I_C+md^2$，其中 I_C 为刚体对通过质心的轴的转动惯量，而 md^2 为将质量集中在质心时，该质点对转轴的转动惯量。因为 I_C 不可能等于零，因此 $I\neq md^2$。

3-3　设有两个圆盘用密度不同的金属制成，质量和厚度都相同。哪个圆盘绕其中心轴的转动惯量较大？

答：当两个圆盘的质量和厚度相同时，则密度小的圆盘的半径较大。由圆盘绕垂直中心轴的转动惯量 $\frac{1}{2}mr^2$ 可知，半径大的(或密度小的)圆盘的转动惯量较大。

3-4　一个水平圆盘以一定的角速度绕通过中心的竖直轴转动，今再放上另一个原来不动的圆盘，两盘的平面平行且同心。由于接触面之间的摩擦力，使两盘合二为一，以相同的角速度转动。问放置前后两盘的总动能是否相同？总角动量是否相同？为什么？

答：总动能不同。因为两盘间的摩擦力为系统的非保守内力，而系统的非保守内力做功将改变系统的机械能。

总角动量相同。因为系统内力矩的冲量矩不改变系统的总角动量。

3-5　把一根细杆的一端固定，并使它能绕固定点在竖直平面内自由转动。把杆拉到水平位置，挂上一重物，然后释放。第一次把重物挂在杆的中点，第二次把重物挂在杆的自由端，杆由水平位置转到竖直位置时哪种情况所用的时间较短？

答：两次系统的角位移相等，由刚体匀加速定轴转动的运动学公式

$$\theta=\frac{1}{2}\beta t^2$$

可知，β 大时，则 t 小。

设杆的质量为 m_1，重物的质量为 m_2，杆长为 l。则将重物挂在杆中点时

$$\beta_1=\frac{M_1}{I_1}=\frac{\frac{1}{2}m_1gl+\frac{1}{2}m_2gl}{\frac{1}{3}m_1l^2+\frac{1}{4}m_2l^2}$$

将重物挂在杆的自由端时

$$\beta_2 = \frac{M_2}{I_2} = \frac{\frac{1}{2}m_1 gl + m_2 gl}{\frac{1}{3}m_1 l^2 + m_2 l^2}$$

两式相除，并整理得

$$\frac{\beta_1}{\beta_2} = \frac{10m_1 + 18m_2}{10m_1 + 15m_2}$$

可见，$\beta_1 > \beta_2$，所以 $t_1 < t_2$，即第一次所用时间较短。

3-6 在一个系统中，如果角动量守恒，动量是否也一定守恒？反之，如果该系统的动量守恒，角动量是否也一定守恒？

答：一个系统所受的合外力矩为零时，所受的合力不一定为零，所以，系统角动量守恒时，动量不一定守恒。反之，一个系统所受的合外力为零时，所受的合外力矩不一定为零，所以，系统动量守恒时，角动量不一定守恒。

习题

3-1 一个以恒定角加速度转动的圆盘，如果在某一时刻的角速度为 $\omega_1 = 20\pi$ rad/s，再转 60 转后角速度为 $\omega_2 = 30\pi$ rad/s。求：

(1) 圆盘的角加速度；

(2) 转过上述 60 转所需要的时间。

解 由刚体的匀变速转动公式

$$\omega_2 = \omega_1 + \beta t$$

$$\theta = \omega_1 t + \frac{1}{2}\beta t^2$$

解以上两式，并考虑到 $\theta = 60 \times 2\pi$，得

(1) 圆盘的角加速度 $\beta = \frac{\omega_2^2 - \omega_1^2}{2\theta} = 6.54 \text{rad} \cdot \text{s}^{-2}$

(2) 转过 60 转需要时间 $t = \frac{2\theta}{\omega_1 + \omega_2} = 4.8\text{s}$

3-2 半径为 30cm 的飞轮，从静止开始以 0.50rad/s^2 的角加速度转动，求飞轮边缘上一点在飞轮转过 240°时的切向加速度 a_t 和法向加速度 a_n 的大小。

解

$$a_t = R\beta = 0.15\text{m/s}^2$$

由 $\omega^2 = \omega_0^2 + 2\beta\theta$，考虑到 $\omega_0 = 0$，及 $\theta = 240 \times \frac{\pi}{180}$rad，有

$$a_n = R\omega^2 = R \cdot 2\beta\theta = 1.26\text{m/s}^2$$

3-3 一根细杆长 L，在杆两端和中心各固定一相同质量 m 的小物体，转轴和棒垂直并通过距杆一端 $\frac{L}{4}$ 处。

(1) 如果不计杆的质量，求系统质心的位置和对轴的转动惯量；

(2) 如果杆的质量为 M，求系统质心的位置和对轴的转动惯量。

解 显然(1)和(2)中系统的质心都在细杆的中点，即质心离轴的距离都为 $L/4$。

(1) 不计细杆质量时，系统对转轴的转动惯量为

$$I_1 = 2m\left(\frac{L}{4}\right)^2 + m\left(\frac{3}{4}L\right)^2 = \frac{11}{16}mL^2$$

(2) 如果杆的质量为 M，系统对转轴的转动惯量为

$$I_2 = I_{杆} + I_1 = \left[I_{杆} + M\left(\frac{L}{4}\right)^2\right] + I_1 = \left(\frac{1}{12}ML^2 + \frac{1}{16}ML^2\right) + \frac{11}{16}mL^2$$

$$= \frac{7}{48}ML^2 + \frac{11}{16}mL^2$$

3-4 一个绕定轴转动的飞轮，在 20N·m 的总力矩作用下，在 10s 时间内转速由零均匀地增加到 8rad/s。求飞轮的转动惯量。

解 由转动定理

$$M = I\beta = I\frac{\omega}{t}$$

得

$$I = \frac{Mt}{\omega} = 25\text{kg}\cdot\text{m}^2$$

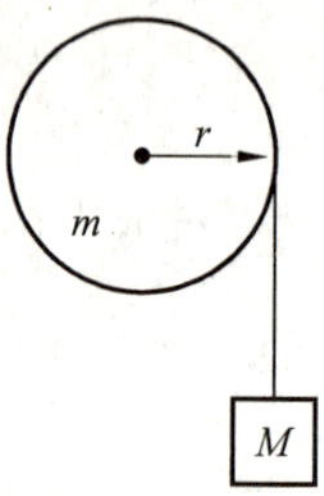

图 3-11

3-5 如图 3-11 所示，一轮子半径 $r=0.5$m，质量 $m=25$kg，能绕其水平中心轴转动，一细绳绕在轮子上，自由端挂一质量 $M=10$kg 的重物，试求

(1) 轮子的角加速度；

(2) 重物的加速度；

(3) 细绳的张力；

(4) 若用 98N 的向下拉力取代重物，上述轮子的角加速度是否改变？

解 设绳子中的张力为 T，重物的加速度为 a，轮子的角加速度为 β。对重物，应用牛顿第二定律，得

$$Mg - T = Ma$$

对轮子，应用刚体的转动定理，得

$$Tr = \frac{1}{2}mr^2 \cdot \beta$$

重物的加速度即为轮子边缘任一点的切向加速度，所以

$$a = r\beta$$

解以上三式，得

(1) 轮子的角加速度 $\beta = \dfrac{Mg}{\left(M+\frac{1}{2}m\right)r} = 8.71\text{rad}\cdot\text{s}^{-2}$

(2) 重物的加速度 $a = \dfrac{Mg}{M+\frac{1}{2}m} = 4.36\text{m}\cdot\text{s}^{-2}$

(3) 细绳中的张力 $T = \dfrac{mMg}{2M+m} = 54.5\text{N}$

(4) 当用 $F=98$N 的向下拉力取代重物时，对轮子应用转动定理，有

$$Fr = \frac{1}{2}mr^2 \cdot \beta$$

求得

$$\beta=\frac{2F}{mr}=15.7\text{rad}\cdot\text{s}^{-2}$$

可见，此时的角加速度较大。

3-6　如图 3-12 所示，滑轮半径 $R=0.10\text{m}$，质量 $M=15\text{kg}$，一轻绳跨过滑轮，可带动滑轮绕水平轴转动，重物 $m_1=50\text{kg}$，$m_2=200\text{kg}$。不考虑摩擦，求重物加速度和轻绳的张力。

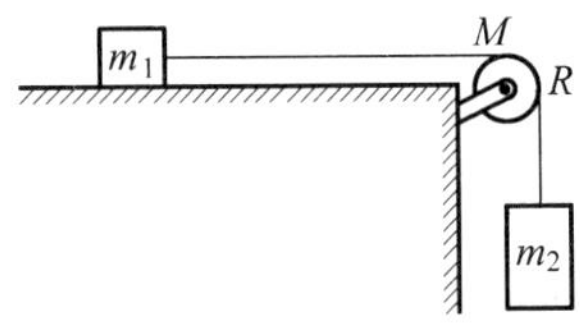

图　3-12

解　分别对重物 m_1 和 m_2 应用牛顿第二定律

$$T_1=m_1a$$

$$m_2g-T_2=m_2a$$

对滑轮应用转动定理

$$T_2R-T_1R=\frac{1}{2}MR^2\cdot\beta$$

又

$$a=R\beta$$

解以上四式，得

$$a=\frac{m_2g}{m_1+m_2+\frac{1}{2}M}=7.61\text{m}\cdot\text{s}^{-2}$$

$$T_1=m_1a=380.5\text{N}$$

$$T_2=m_2(g-a)=438.0\text{N}$$

3-7　如图 3-13 所示，一根长为 l、质量为 m 的均质细杆，两端各牢固地连接一个质量也为 m 的小球，整个系统可绕一过 O 点并垂直于杆的水平轴无摩擦地转动。当系统转过水平位置时，试求：

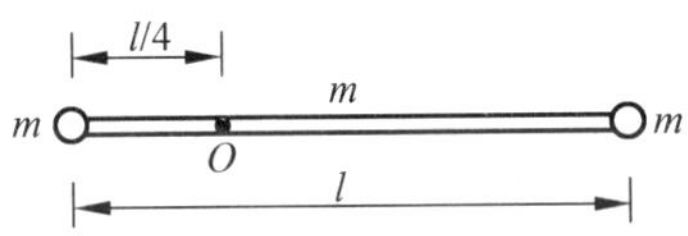

图　3-13

(1) 系统所受的合外力矩；

(2) 系统对转动轴的转动惯量；

(3) 系统的角加速度。

解　(1) 因为系统作定轴转动，所以系统所受的合外力矩等于两个小球和棒所受重力矩的代数和，其中，细杆所受的重力的作用点在细杆的中点上，距转轴的距离为 $l/4$。若设垂直纸面向里为正方向，则左边小球受到的力矩为负。所以合外力矩为

$$M=-mg\cdot\frac{l}{4}+mg\cdot\frac{3l}{4}+mg\cdot\frac{l}{4}=\frac{3}{4}mgl$$

(2) 系统对转轴的转动惯量

$$I=m\left(\frac{l}{4}\right)^2+m\left(\frac{3l}{4}\right)^2+\left[\frac{1}{12}ml^2+m\left(\frac{l}{4}\right)^2\right]=\frac{37}{48}ml^2$$

(3) 由转动定理，系统的角加速度为

$$\beta=\frac{M}{I}=\frac{36}{37}\cdot\frac{g}{l}$$

3-8　以 20N·m 的不变力矩作用在一转轮上，在 10s 内该轮的角速度由零增大到 100r/min，然后移去此力矩，转轮因受轴承的摩擦经 100s 后停止，试求：

(1) 转轮的转动惯量；

(2) 转轮所受的摩擦力矩；

（3）从开始转动到停止转动的总转数。

解 设外力矩为 M，转轮受到的摩擦力矩为 M_r，$\omega=100\text{r/min}=10\pi/3(\text{rad/s})$，$t_1=10\text{s}$，$t_2=100\text{s}$，则由转动定理，移去外力矩前，转轮在外力矩和摩擦力矩的共同作用下加速转动。

$$M-M_r=I\beta_1=I\frac{\omega}{t_1}$$

移去外力矩后，转轮仅在摩擦力矩的作用下减速转动。

$$-M_r=I\beta_2=-I\frac{\omega}{t_2}$$

解以上两式，得

（1）转轮的转动惯量 $I=\dfrac{M}{\omega\left(\dfrac{1}{t_1}+\dfrac{1}{t_2}\right)}=17.4\text{kg}\cdot\text{m}^2$

（2）摩擦力矩 $M_r=I\dfrac{\omega}{t_2}=1.82\text{N}\cdot\text{m}$

（3）设转轮从开始转动到停止，转过的角位移为 θ，则根据刚体匀变速定轴转动的运动学公式，有

$$\theta=\frac{1}{2}\beta_1t_1^2+\left(\omega t_2+\frac{1}{2}\beta_2t_2^2\right)=\frac{1}{2}\omega(t_1+t_2)$$

所以，转轮转过的总转数为

$$n=\frac{\theta}{2\pi}=\frac{\omega(t_1+t_2)}{4\pi}=91.6\text{ 转}$$

3-9 地球的自转角速度可以认为是恒定不变的。地球对于自转轴的转动惯量 $I=9.8\times10^{37}\text{kg}\cdot\text{m}^2$。求地球对自转轴的角动量。

解 $L=I\omega=I\cdot\dfrac{2\pi}{t}=7.1\times10^{33}\text{kg}\cdot\text{m}^2/\text{s}$

3-10 质量为 m、半径为 R 的一个圆盘，可以绕通过盘心、垂直于盘面的水平轴转动。如图 3-14 所示，一个小物体，质量也是 m，附在圆盘边缘上。当小物体所在半径处于水平时，将圆盘由静止释放。求小物体到达最低位置时圆盘的角速度。

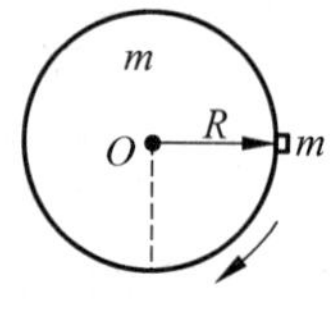

图 3-14

解 以圆盘、小物体和地球为系统，则系统的机械能守恒

$$mgR=\frac{1}{2}I\omega^2=\frac{1}{2}\left(\frac{1}{2}mR^2+mR^2\right)\omega^2=\frac{3}{4}mR^2\omega^2$$

得

$$\omega=\sqrt{\frac{4g}{3R}}$$

3-11 一个质量为 M、半径为 R 的圆柱体，可绕通过其中心轴线的光滑固定轴转动，开始时圆柱体静止，现有一质量为 m、速度为 v 的子弹，沿切线方向射入圆柱体边缘。求子弹嵌入圆柱体后的瞬间，圆柱体与子弹一起转动的角速度。

解 以圆柱体和子弹为系统，因子弹作用于圆柱体的力矩为系统的内力矩，所以系统的角动量守恒

$$mvR=\left(\frac{1}{2}MR^2+mR^2\right)\omega=\frac{1}{2}(M+2m)R^2\omega$$

得
$$\omega=\frac{2mv}{(M+2m)R}$$

3-12　如图 3-15 所示，A 和 B 两飞轮的轴杆在同一中心线上，设两轮的转动惯量分别为 $I_A=10\text{kg}\cdot\text{m}^2$ 和 $I_B=20\text{kg}\cdot\text{m}^2$。开始时，$A$ 轮转速为 $n_A=600\text{r/min}$，B 轮静止。C 为摩擦啮合器，其转动惯量可忽略不计。A、B 分别与 C 的左、右两个组件相连，当 C 的左右组件啮合时，B 轮加速而 A 轮减速，直到两轮的转速相等为止。设轴光滑，求

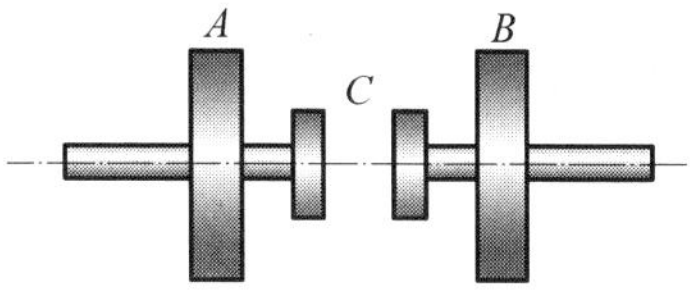

图　3-15

(1) 两轮啮合后的转速 n；

(2) 两轮各自所受的冲量矩。

解　(1) 选择 A、B 两轮为系统，啮合过程中只有内力矩作用，故系统角动量守恒
$$I_A\omega_A=(I_A+I_B)\omega$$
或
$$I_An_A=(I_A+I_B)n$$
得两轮啮合后的转速
$$n=\frac{I_An_A}{I_A+I_B}=200\text{r/min}$$

(2) A 轮受的冲量矩
$$\int M_A\text{d}t=I_A(\omega-\omega_A)=\frac{\pi}{30}I_A(n-n_A)=-4.19\times10^2\text{N}\cdot\text{m}\cdot\text{s}$$
负号表示与 ω_A 方向相反。

B 轮受的冲量矩
$$\int M_B\text{d}t=I_B(\omega-0)=\frac{\pi}{30}I_Bn=4.19\times10^2\text{N}\cdot\text{m}\cdot\text{s}$$
方向与 ω_A 相同。

3-13　一人坐在转椅上，双手各持一个哑铃，哑铃与转轴相距 $r_1=0.6\text{m}$。先让人和哑铃一起以 $\omega_0=5\text{rad/s}$ 的角速度随转椅旋转，然后，人将哑铃拉回至与转轴相距 $r_2=0.2\text{m}$ 处。假如人对转轴的转动惯量恒定为 $I_1=5\text{kg}\cdot\text{m}^2$，每个哑铃质量 $m=5\text{kg}$。设哑铃可视为质点，不计转动中的摩擦，问：

(1) 系统的初角动量是多少？

(2) 哑铃被拉回后，系统的角速度是多少？

(3) 哑铃拉回前后系统的动能各为多少？有无不同？试说明原因。

解　(1) 系统的初角动量为
$$L_0=(I_1+2mr_1^2)\omega_0=43\text{kg}\cdot\text{m}^2\cdot\text{s}^{-1}$$

(2) 系统不受外力矩作用，角动量守恒
$$L=L_0=(I_1+2mr_2^2)\omega=5.4\omega$$
所以，哑铃被拉回后，系统的角速度为
$$\omega=8.0\text{rad}\cdot\text{s}^{-1}$$

(3) 哑铃拉回前系统的总动能为
$$E_{\text{k0}}=\frac{1}{2}(I_1+2mr_1^2)\omega_1^2=108\text{J}$$
哑铃拉回后系统的总动能为

$$E_k = \frac{1}{2}(I_1 + 2mr_2^2)\omega_2^2 = 173\text{J}$$

可见过程中系统的总动能增加了65J，其原因是，人将哑铃拉回的力是系统的非保守内力，此非保守内力做功使系统的总动能增加。

3-14 一质量为M、半径为R的飞轮，以角速度ω绕通过中心的水平轴转动，如图3-16所示。在某瞬间，有一质量为m的碎片从轮缘脱落并向上飞出。

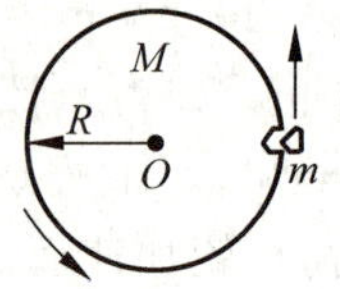

图 3-16

(1) 求碎片的飞行高度；

(2) 求碎片从飞轮上飞出的瞬间，缺损飞轮的角速度、角动量和转动动能。

解 (1) 碎片飞出时的线速度与飞轮边缘的线速度相等，即$v=R\omega$，由机械能守恒定律

$$\frac{1}{2}mv^2 = \frac{1}{2}m(R\omega)^2 = mgh$$

得
$$h=\frac{R^2\omega^2}{2g}$$

(2) 缺损飞轮的角速度不变，仍为ω。

缺损飞轮的角动量 $$L=\left(\frac{1}{2}MR^2-mR^2\right)\omega=\left(\frac{1}{2}M-m\right)\omega R^2$$

缺损飞轮的转动动能 $$E_k=\frac{1}{2}\left(\frac{1}{2}MR^2-mR^2\right)\omega^2=\frac{1}{4}(M-2m)\omega^2R^2$$

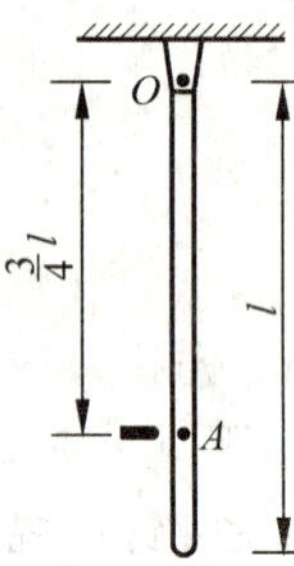

图 3-17

3-15 一长$l=0.40$m的均匀木棒，质量$M=1.00$kg，可绕水平轴O在竖直平面内转动，开始时木棒自然地竖直悬垂，如图3-17所示。现有质量$m=8$g的子弹以$v=200$m/s的速率从A点射入木棒中，A点与O点相距$\frac{3}{4}l$，求

(1) 木棒开始运动时的角速度；

(2) 木棒的最大偏转角。

解 (1) 以子弹和木棒为系统，碰撞时角动量守恒

$$mv\cdot\frac{3}{4}l = \left[\frac{1}{3}Ml^2 + m\left(\frac{3}{4}l\right)^2\right]\omega$$

所以，碰撞后瞬间，木棒和子弹一起运动的角速度为

$$\omega = \frac{3mv}{\left(\frac{4}{3}M+\frac{9}{4}m\right)l} = 8.88\text{rad}\cdot\text{s}^{-1}$$

(2) 碰撞结束后，木棒和子弹一起上摆过程中机械能守恒

$$\frac{1}{2}\left(\frac{1}{3}Ml^2 + m\frac{9}{16}l^2\right)\omega^2 = Mg\cdot\frac{l}{2}(1-\cos\theta) + mg\cdot\frac{3l}{4}(1-\cos\theta)$$

即
$$\cos\theta=1-\frac{\left(\frac{1}{3}M+\frac{9}{16}m\right)l\omega^2}{\left(M+\frac{3}{2}m\right)g}$$

解得
$$\theta=94°16'$$

【自测练习】

3-1　关于刚体对轴的转动惯量,下列说法中正确的是________。

A. 只取决于刚体的质量,与质量的空间分布和轴的位置无关

B. 取决于刚体的质量和质量的空间分布,与轴的位置无关

C. 取决于刚体的质量、质量的空间分布和轴的位置

D. 只取决于转轴的位置,与刚体的质量和质量的空间分布无关

3-2　一均匀细棒可绕通过其一端而与棒垂直的水平光滑固定轴转动。今使棒从水平位置开始自由下落,在棒摆动到竖直位置的过程中,下述说法哪一个是正确的? ________

A. 角速度从小到大,角加速度从大到小

B. 角速度从小到大,角加速度从小到大

C. 角速度从大到小,角加速度从大到小

D. 角速度从大到小,角加速度从小到大

3-3　几个力同时作用在一个具有固定转轴的刚体上,如果这几个力的矢量和为零,则此刚体________。

A. 必然不会转动　　B. 转速必然不变

C. 转速必然改变　　D. 转速可能不变,也可能改变

3-4　刚体角动量守恒的充分而必要的条件是________。

A. 刚体不受外力矩的作用

B. 刚体所受合外力矩为零

C. 刚体所受的合外力和合外力矩均为零

D. 刚体的转动惯量和角速度均保持不变

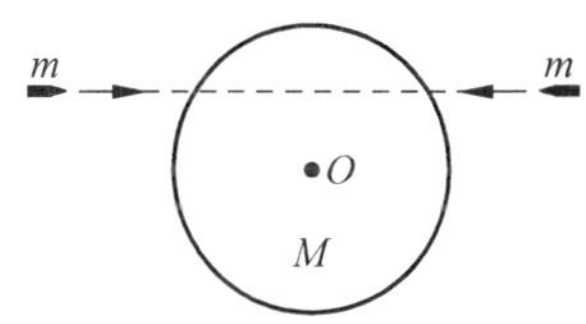

图　3-18

3-5　一圆盘正绕垂直于盘面的水平光滑固定轴 O 转动时,射来两颗质量相等,速率相等,方向相反并在一条直线上的子弹(图 3-18),子弹射入圆盘后留在盘内,则子弹射入圆盘后的瞬间,圆盘的角速度________。

A. 增大　　B. 不变　　C. 减小　　D. 不能确定

3-6　一飞轮的角速度在 5s 内由 $90\text{rad}\cdot\text{s}^{-1}$ 均匀地减到 $80\text{rad}\cdot\text{s}^{-1}$,那么飞轮的角加速度 $\beta=$________,在此 5s 内飞轮的角位移 $\Delta\theta=$________,再经________ s,飞轮将停止转动。

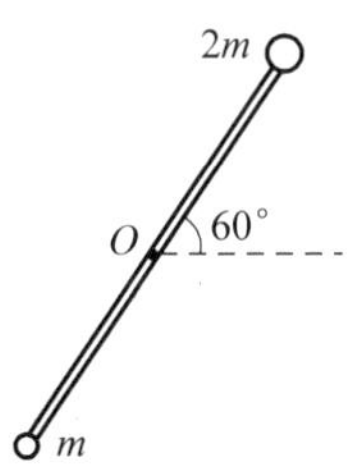

图　3-19

3-7　一飞轮以 600r/min 的转速旋转,转动惯量为 $2.5\text{kg}\cdot\text{m}^2$,现加一恒定的制动力矩使飞轮在 1s 内停止转动,则该恒定制动力矩的大小 $M=$________。

3-8　一长为 L 的轻质细杆,两端分别固定质量为 m 和 $2m$ 的小球,此系统在竖直平面内可绕过中点 O 且与杆垂直的水平光滑固定轴转动。开始时杆与水平成 60°角静止(图 3-19)。释放后,此刚体系统绕 O 轴转动。系统的转动惯量 $I=$________。当杆转到水平位置时,刚体受到的合外力矩 $M=$________和角加速度 $\beta=$________。

3-9　一飞轮以角速度 ω_0 绕轴旋转，飞轮对轴的转动惯量为 I；另一个转动惯量为 $2I$ 的静止飞轮突然被啮合到同一个轴上，啮合后整个系统的角速度 $\omega=$________。

3-10　一匀质砂轮半径为 r，质量为 m，绕固定轴转动的角速度为 ω。若此时砂轮的动能等于一质量为 m 的自由落体下落高度 h 时所具有的动能，那么 $h=$________。

3-11　一轻绳绕于半径 $r=0.2\text{m}$ 的飞轮边缘，现以恒力 $F=98\text{N}$ 拉绳的一端，使飞轮由静止开始转动，已知飞轮的转动惯量 $I=0.5\text{kg}\cdot\text{m}^2$，飞轮与轴承之间的摩擦不计。求：

(1) 飞轮的角加速度；

(2) 绳子下拉 5m 时，飞轮的角速度和飞轮获得的动能。

3-12　一质量 $M=15\text{kg}$、半径 $R=0.30\text{m}$ 的圆柱体，可绕其水平光滑的固定中心轴转动。现用一根不能伸长的轻绳绕于圆柱面上，而在绳的下端悬一质量 $m=8.0\text{kg}$ 的物体(图 3-20)。不计圆柱体与轴之间的摩擦，并假设绳足够长，而且绳不会在圆柱面上滑动。求：

(1) 物体由静止下落 5s 时下降的距离；

(2) 绳中的张力。

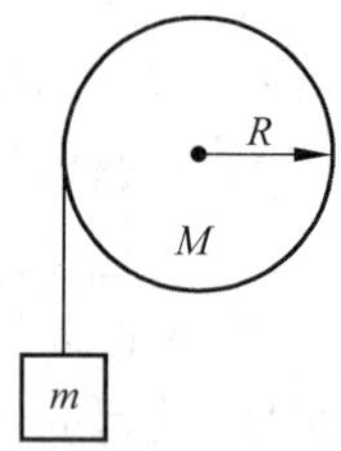

图　3-20

3-13　一质量为 m_0、边长为 l 的均质方形薄板，可以自由地绕通过其一边的竖直固定轴转动(图 3-21)。开始时薄板处于静止状态，若有一质量为 m，速度为 v 的小球垂直于板面撞在离轴最远的板的边缘上。设碰撞是完全弹性的，求碰撞结束后的瞬间，板的角速度和小球的速度各是多少。

3-14　如图 3-22 所示，长为 l 的轻杆，两端各固定质量分别为 m 和 $2m$ 的小球，杆可绕水平光滑轴在竖直面内转动，转轴 O 距两端分别为 $\frac{1}{3}l$ 和 $\frac{2}{3}l$，整个系统原来静止在竖直位置。现有一质量为 m 的小球，以水平速度 v_0 与杆下端质量为 m 的小球作对心碰撞，碰撞后小球以 $\frac{1}{2}v_0$ 的速度返回。求碰撞后轻杆所获得的角速度。

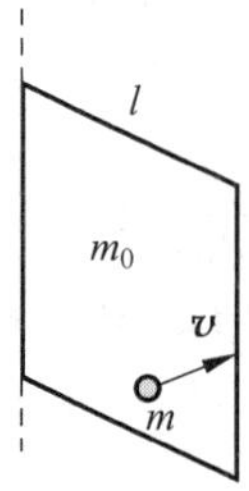

图　3-21

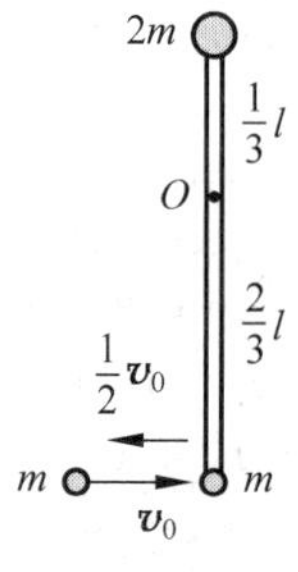

图　3-22

3-15　某冲床上的飞轮的转动惯量为 $4.0\times10^3\text{kg}\cdot\text{m}^2$，当它的转速达到 30r/min，它的转动动能是多少？每冲一次，其转速降为 10r/min。求每冲一次飞轮所做的功。

3-16　一根质量均匀的米尺，在 60cm 刻度处被钉到墙上，且可以在竖直平面内自由转动，先用手使米尺保持水平，然后释放。求刚释放时米尺的角加速度 β 和米尺转到竖直位置时的角速度 ω。

第4章

静　电　场

【内容提要】

一、电荷　库仑定律

1. 电荷：处于带电状态的物体称为带电体。物体带的电有两种：一种叫正电荷，一种叫负电荷。电荷是指带电体的一种属性。一个带电体所带电荷的数量用电量来表示。

2. 电荷的基本性质

(1) 电荷间的相互作用：同种电荷相斥，异种电荷相吸。

(2) 电荷的量子性：任何实际存在的带电体所带的电量只能是一个电子的整数倍，即

$$Q=\pm ne \quad (n=1,2,3,\cdots)$$

其中，$e=1.60217733\times10^{-19}$C。因此，带电体电量是不连续的，只能取一些分立的值，这种性质称为量子性。

(3) 电荷的守恒性，电荷守恒定律：事实表明，电荷既不能被创造，也不能被消灭，它们只能从一个物体转移到另一个物体，或者从物体的一部分转移到另一部分，也就是说，在任何物理过程中，电荷的代数和保持不变。

(4) 电荷的相对论不变性：在不同参考系内观测，同一带电粒子的电量与电荷的运动状态无关，电荷的这一性质称为电荷的相对论不变性。

3. 库仑定律：真空中两个静止的点电荷之间的相互作用力与这两个点电荷所带电量的乘积成正比，与它们之间的距离的平方成反比，作用力的方向沿着这两个点电荷的连线，即

$$\boldsymbol{F}=\frac{1}{4\pi\varepsilon_0}\frac{q_1q_2}{r^2}\boldsymbol{r}_0$$

式中，ε_0 为真空电容率，$\varepsilon_0=8.85\times10^{-12}\mathrm{C}^2/(\mathrm{N}\cdot\mathrm{m}^2)$。

静电力的叠加原理：一个电荷受到几个电荷的作用力等于它受各个电荷单独存在时的作用力的矢量和，即　$\boldsymbol{F}=\sum\boldsymbol{F}_i$

二、静电场及其描述　电场强度

1. 电场：电场是物质存在的一种形式，是带电体在周围空间激发的。相对于观察者静止的电荷在周围空间所激发的电场，称为静电场。

2. 电荷之间的相互作用通过电场来实现

$$\text{电荷} \Leftrightarrow \text{电场} \Leftrightarrow \text{电荷}$$

电场对处于其中的电荷的作用力称为电场力。

3. 电场强度：静电场中任一点的电场强度是一矢量，其大小等于单位电荷在该点所受的电场力的大小，其方向与正电荷在该点所受电场力的方向一致，即

$$\boldsymbol{E} = \frac{\boldsymbol{F}}{q_0}$$

4. 场强叠加原理：在一组点电荷所激发的电场中，任一点的电场强度等于各点电荷单独存在时所激发的电场在该点的场强的矢量和，即

$$\boldsymbol{E} = \boldsymbol{E}_1 + \boldsymbol{E}_2 + \cdots + \boldsymbol{E}_i = \sum_i \boldsymbol{E}_i$$

5. 场强的计算

(1) 点电荷电场的场强

$$\boldsymbol{E} = \frac{1}{4\pi\varepsilon_0} \frac{q}{r^2} \boldsymbol{r}_0$$

(2) 点电荷系电场的场强

$$\boldsymbol{E} = \sum_i \boldsymbol{E}_i = \sum_i \frac{1}{4\pi\varepsilon_0} \frac{q_i}{r_i^2} \boldsymbol{r}_{0_i}$$

(3) 电荷连续分布的带电体的电场的场强为

$$\boldsymbol{E} = \int \mathrm{d}\boldsymbol{E} = \int \frac{1}{4\pi\varepsilon_0} \frac{\mathrm{d}q}{r^2} \boldsymbol{r}_0$$

三、高斯定理

1. 电场线：电场线是人们用来形象地表示电场分布的曲线，曲线上每一点的切线方向都与该点的场强方向一致，并以曲线的疏密表示该点的场强的大小。

2. 电场线的基本性质：

(1) 电场线为非闭合曲线。

(2) 电场线始于正电荷(或来自于无穷远处)，终止于负电荷(或终止于无穷远处)，在无电荷处不中断。

(3) 任何两条电场线不相交。

(4) 电场线密集处场强大，电场线稀疏处场强小。

(5) 电场线由电势高的地方指向电势低的地方。

3. 电通量：在电场中，穿过任一曲面 S 的电场线条数称为通过该曲面的电通量。

(1) $\mathrm{d}\boldsymbol{\Phi}_e = \boldsymbol{E} \cdot \mathrm{d}\boldsymbol{S} = E\cos\theta \mathrm{d}S$ 为穿过面积元 $\mathrm{d}\boldsymbol{S}$ 的电通量。

(2) $\boldsymbol{\Phi}_e = \int_S \boldsymbol{E} \cdot \mathrm{d}\boldsymbol{S} = \int_S E\cos\theta \mathrm{d}S$ 为穿过面积 S 的电通量。

(3) $\boldsymbol{\Phi}_e = \oint_S \boldsymbol{E} \cdot \mathrm{d}\boldsymbol{S} = \oint_S E\cos\theta \mathrm{d}S$ 为穿过闭合曲面 S 的电通量。

注意：①电通量有正、负之分，这取决于场强 $\boldsymbol{E}$ 与面积元 $\mathrm{d}\boldsymbol{S}$ 的法线方向夹角 θ。②对于闭合曲面，规定外法线方向为正，于是电场线穿出闭合曲面时，由于 $\theta < \frac{\pi}{2}$，得到 $\boldsymbol{\Phi}_e$ 为正；当

电场线进入闭合曲面时，由于$\theta>\frac{\pi}{2}$，故$\boldsymbol{\Phi}_e$为负。

4. 高斯定理：真空中的任何静电场中，通过任一闭合曲面的电通量，在数值上等于该闭合曲面内所包围电荷电量的代数和乘以$\frac{1}{\varepsilon_0}$，即

$$\oint_S \boldsymbol{E}\cdot\mathrm{d}\boldsymbol{S}=\frac{\sum q_i}{\varepsilon_0}$$

它说明静电场是有源场。

注意：①高斯定理指出穿过闭合曲面的电通量的规律，而不是穿过非闭合曲面(或闭合曲面的一部分)电通量规律。②穿过高斯面的电通量只与高斯面所包围的电荷有关，与高斯面外部的电荷无关，与高斯面内部的电荷如何分布也无关。

四、静电场的环路定理　电势能　电势

1. 电场力的功：电荷q在静电场中从a点移动到b点的过程中，电场力对其所做的功为

$$A_{ab}=\int_a^b q\boldsymbol{E}\cdot\mathrm{d}\boldsymbol{l}$$

静电力做功只与该电荷的起点和终点位置有关，与所通过的路径无关。

2. 静电场的环路定理：在静电场中，电场强度沿任意闭合路径的环流为零，即

$$\oint_l q\boldsymbol{E}\cdot\mathrm{d}\boldsymbol{l}=0\quad\text{或}\quad\oint_l \boldsymbol{E}\cdot\mathrm{d}\boldsymbol{l}=0$$

说明静电力是保守力，静电场是保守场，也是无旋场。

3. 电势能：电荷在电场中的一定位置具有一定的电势能，电荷q在电场中两点间移动时电场力所做的功等于电荷的电势能的减少，即

$$A_{ab}=\int_a^b q\boldsymbol{E}\cdot\mathrm{d}\boldsymbol{l}=W_a-W_b$$

因而，电场中某一点的电势能为

$$W_a=q\int_a^{\text{参考零点}}\boldsymbol{E}\cdot\mathrm{d}\boldsymbol{l}$$

4. 电势：电场中某一点的电势等于单位正电荷在该点具有的电势能，即

$$U_p=\frac{W_p}{q}=\int_p^{\text{参考零点}}\boldsymbol{E}\cdot\mathrm{d}\boldsymbol{l}$$

5. 电势差：

$$U_{ab}=U_a-U_b=\int_a^b\boldsymbol{E}\cdot\mathrm{d}\boldsymbol{l}$$

注意：①电势是标量。②理论上。电势零点的选取是任意的。一般地说，对有限分布的带电体可取无穷远处为参考零点，电场中某点电势的值由电势零点的选取决定。对于无限分布的带电体，不能将参考零点选在无穷远处，只能选择在有限区域内的任意一点。在许多实际问题中，常常取地球的电势为零，其他带电体的电势都是相对于地球而言的。

6. 电场力的功、电势能、电势三者之间的关系

$$A_{ab}=W_a-W_b=q(U_a-U_b)$$

7. 电势叠加原理：静电场中任一点的电势等于每一个电荷单独存在时在该点的电势的代数和，即

$$U = U_1 + U_2 + \cdots + U_i = \sum_i U_i$$

8. 电势的计算

(1) 点电荷电场的电势

$$U = \frac{1}{4\pi\varepsilon_0}\frac{q}{r} \quad \text{（以无穷远处为电势零点）。}$$

(2) 电荷连续分布的带电体的电势

$$U = \int \frac{1}{4\pi\varepsilon_0}\frac{\mathrm{d}q}{r}$$

(3) 若已知场强分布，则可直接利用电势定义求电势，即

$$U = \int_a^{\text{参考零点}} \boldsymbol{E} \cdot \mathrm{d}\boldsymbol{l}$$

9. 电场强度与电势的关系

(1) 积分关系

$$U_p = \frac{W_p}{q} = \int_p^{\text{参考零点}} \boldsymbol{E} \cdot \mathrm{d}\boldsymbol{l}$$

(2) 微分关系

$$\boldsymbol{E} = -\left(\frac{\partial V}{\partial x}\boldsymbol{i} + \frac{\partial V}{\partial y}\boldsymbol{j} + \frac{\partial V}{\partial z}\boldsymbol{k}\right) = -\frac{\mathrm{d}V}{\mathrm{d}l_{\mathrm{n}}}\boldsymbol{e}_{\mathrm{n}}$$

10. 几种典型带电体系的场强和电势分布

(1) 均匀带电球体

$$\boldsymbol{E} = \frac{1}{4\pi\varepsilon_0}\frac{q}{R^3}\boldsymbol{r}_0, \quad U = \frac{1}{8\pi\varepsilon_0}\frac{q(3R^2 - r^2)}{R^3} \quad \text{（球体内）}$$

$$\boldsymbol{E} = \frac{1}{4\pi\varepsilon_0}\frac{q}{r^2}\boldsymbol{r}_0, \quad U = \frac{1}{4\pi\varepsilon_0}\frac{q}{r} \quad \text{（球体外）}$$

(2) 均匀带电球壳

$$\boldsymbol{E} = 0, \quad U = \frac{1}{4\pi\varepsilon_0}\frac{q}{R} \quad \text{（球体内）}$$

$$\boldsymbol{E} = \frac{1}{4\pi\varepsilon_0}\frac{q}{r^2}\boldsymbol{r}_0, \quad U = \frac{1}{4\pi\varepsilon_0}\frac{q}{r} \quad \text{（球体外）}$$

(3) 均匀带电直线（其中，线电荷密度 λ，直线长度为 l）

① 在直线的延长线上，与直线的端点距离为 d 的 P 点处：

$$\boldsymbol{E} = \frac{1}{4\pi\varepsilon_0}\left(\frac{1}{d} + \frac{1}{l+d}\right)\boldsymbol{i}, \quad U = \frac{1}{4\pi\varepsilon_0}\ln\frac{l+d}{d}$$

② 在直线的中垂线上，与直线的距离为 d 的 Q 点处：

$$\boldsymbol{E} = \frac{\lambda}{4\pi\varepsilon_0}\frac{2l}{d\sqrt{l^2 + 4d^2}}\boldsymbol{j}, \quad U = \frac{1}{4\pi\varepsilon_0}\ln\frac{l+d}{d}$$

③ 若带电直线为无限长时：

$$\boldsymbol{E} = \frac{\lambda}{2\pi\varepsilon_0 r} \text{方向垂直于带电直线}, \quad U = \frac{\lambda}{2\pi\varepsilon_0}\ln\frac{d_0}{d}$$

(4) 均匀带电圆环

$$\boldsymbol{E}=\frac{1}{4\pi\varepsilon_0}\frac{qx}{(x^2+R^2)^{\frac{3}{2}}}\boldsymbol{x}_0,\quad U=\frac{1}{4\pi\varepsilon_0}\frac{qx}{(x^2+R^2)^{\frac{1}{2}}}$$

(5) 电偶极子

① 在电偶极子的延长线上 x 处：

$$\boldsymbol{E}=\frac{1}{4\pi\varepsilon_0}\frac{2\boldsymbol{p}}{x^3},\quad U=\frac{\lambda}{4\pi\varepsilon_0}\frac{p}{x^2}$$

② 在电偶极子的中垂线上 y 处：

$$\boldsymbol{E}=\frac{1}{4\pi\varepsilon_0}\frac{\boldsymbol{p}}{y^3},\quad U=0$$

五、电场中的导体和电介质

1. 导体的静电平衡

导体的静电平衡是指导体内部和表面都没有电荷定向移动的状态。

2. 导体的静电平衡条件

导体内部场强处处为零，即 $\boldsymbol{E}_{内}=0$。

3. 静电平衡时导体的几点基本性质

(1) 导体是等势体，导体表面是等势面。

(2) 导体内部没有净电荷，静电荷只能分布在导体表面。

(3) 导体表面场强与表面垂直，场强大小为 $E=\frac{\sigma}{\varepsilon_0}$ 。当 $\sigma>0$ 时，$\boldsymbol{E}$ 垂直导体表面向外；当 $\sigma<0$ 时，$\boldsymbol{E}$ 垂直导体表面向内。

(4) 孤立导体上电荷面密度与导体表面曲率的关系是：曲率越大处(曲率半径越小处)，电荷面密度 $|\sigma|$ 也越大。

4. 静电屏蔽

(1) 导体空腔内无带电体时的特点：电荷只分布在导体外表面，内表面没有电荷分布，空腔内部场强为零。

(2) 导体空腔内有其他带电体时的特点：由于静电感应，空腔导体的内、外表面都将出现感应电荷，空腔内部场强不再为零。

(3) 静电屏蔽效应：空腔导体的腔内电场由腔内以及空腔内表面电荷决定，空腔导体外电场由外表面电荷以及外部电荷决定，因此，空腔内电场不受外部电场的影响，这就是静电屏蔽效应。

5. 静电场中的电介质

(1) 电阻率很大、导电能力很弱的物质为电介质，又称绝缘体。电介质内部的电荷为束缚电荷。

(2) 在外电场作用下电介质表面出现电荷的现象叫做电介质的极化现象，在电介质表面上出现的电荷叫做极化电荷。

(3) 按照电介质的分子内部的电结构的不同，可以把电介质分为两大类，一类是无极分子电介质，它在没有外电场时，分子的正、负电荷等效中心重合，电偶极矩 $\boldsymbol{p}=0$。其极化属于位移极化。另一类是有极分子电介质，它在没有外电场时，分子的正、负电荷等效中心不重合，$\boldsymbol{p}\neq 0$。其极化属于转向极化。

（4）这两类电介质在外电场中，其表面都会产生极化电荷，极化电荷会在电介质内部产生一个附加电场 $\boldsymbol{E}'$，$\boldsymbol{E}'$的方向与外电场 $\boldsymbol{E}_0$ 的方向相反，因此电介质内部的总电场 $\boldsymbol{E}=\boldsymbol{E}_0+\boldsymbol{E}'<\boldsymbol{E}_0$，所以电介质对外电场有削弱的影响。

6. 电场能量

（1）电容器的电容为 $C=\dfrac{Q}{U}$，其中 Q 为电容器的带电量，U 为两板间的电势差。电容器电容 C 仅与电容器的形状、大小及周围的介质有关。

（2）电容器的能量是以电场为承担物存在于电场中的，称为电场能量。电容器的电场能量 W_e 为

$$W_e = \frac{1}{2}CU^2$$

【例题解析】

例 4-1 两个可以看作点电荷的小球，质量均为 $m=1\text{g}$，每个小球带多大电量才能使电荷间的相互排斥力与按牛顿万有引力定律确定的两球间的引力相平衡？

解 由库仑定律及万有引力定律可知，当库仑斥力与万有引力平衡时，有

$$\frac{q^2}{4\pi\varepsilon_0 r} = G\frac{m^2}{r^2}$$

故

$$\begin{aligned} q &= 2m\sqrt{\pi\varepsilon_0 G} \\ &= 2\times 10^{-3}\sqrt{3.14\times 8.85\times 10^{-12}\times 6.67\times 10^{-11}} \\ &= 8.61\times 10^{-14}\text{C} \end{aligned}$$

例 4-2 一均匀带电直线长为 L，线电荷密度为 λ。求直线的延长线上距 L 中点为 $r(r>L/2)$处的场强。

解 如图 4-1 所示，电荷元 $\text{d}q=\lambda\text{d}x$ 在 P 点的场强为

$$\text{d}E = \frac{\lambda\text{d}x}{4\pi\varepsilon_0(r-x)^2}$$

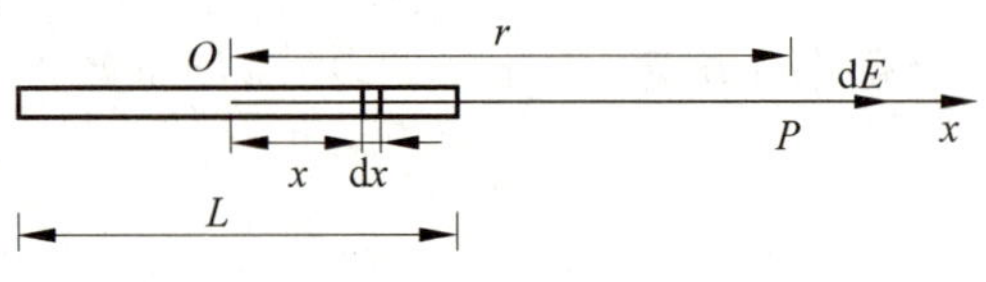

图 4-1

整个带电直线在 P 点的场强为

$$E = \int\text{d}E = \int_{-L/2}^{L/2}\frac{\lambda\text{d}x}{4\pi\varepsilon_0(r-x)^2} = \frac{\lambda L}{4\pi\varepsilon_0(r^2-L^2/4)}$$

方向沿 x 轴正向。

例 4-3 一个带电细塑料圆环，半径为 R，所带线电荷密度 λ 是随 θ 角变化的，满足 $\lambda=\lambda_0\sin\theta$，如图 4-2 所示。求该细带电圆环的圆心处产生的电场的电场强度。

解　如图 4-2 所示，电荷元 $\mathrm{d}q$ 为

$$\mathrm{d}q=\lambda\mathrm{d}l=\lambda R\mathrm{d}\theta=\lambda_0\sin\theta R\mathrm{d}\theta$$

$\mathrm{d}q$ 在圆心处产生的场强为

$$\mathrm{d}E=\frac{\mathrm{d}q}{4\pi\varepsilon_0R^2}=\frac{\lambda_0R\sin\theta\mathrm{d}\theta}{4\pi\varepsilon_0R^2}$$

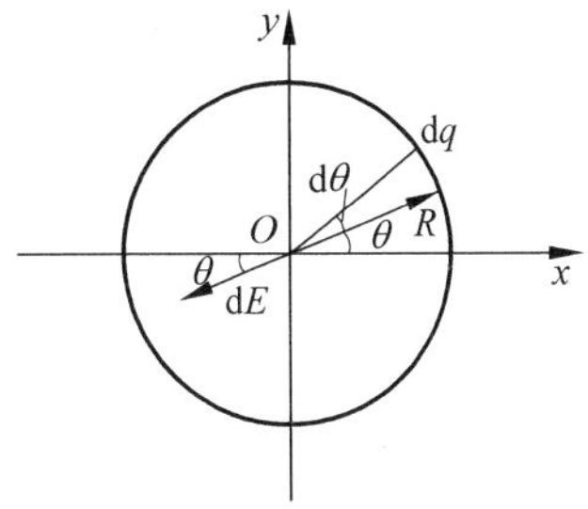

图　4-2

将 $\mathrm{d}E$ 沿 x，y 轴分解，其两个分量为

$$\mathrm{d}E_x=\mathrm{d}E\cos\theta=\frac{\lambda_0R\sin\theta\cos\theta}{4\pi\varepsilon_0R^2}\mathrm{d}\theta$$

$$\mathrm{d}E_y=-\mathrm{d}E\sin\theta=\frac{\lambda_0R\sin^2\theta}{4\pi\varepsilon_0R^2}\mathrm{d}\theta$$

求整个细圆环在圆心 O 点产生的场强，则对整个圆环积分，有

$$E_x=\int_0^{2\pi}\mathrm{d}E_x=\int_0^{2\pi}\frac{\lambda_0\sin\theta\cos\theta}{4\pi\varepsilon_0R}\mathrm{d}\theta=0$$

$$E_y=\int_0^{2\pi}\mathrm{d}E_y=-\int_0^{2\pi}\frac{\lambda_0\sin^2\theta}{4\pi\varepsilon_0R}\mathrm{d}\theta=-\frac{\lambda_0}{4\varepsilon_0R}$$

因此，O 点处总场强为

$$\boldsymbol{E}=E_x\boldsymbol{i}+E_y\boldsymbol{j}=-\frac{\lambda_0}{4\varepsilon_0R}\boldsymbol{j}$$

例 4-4　实验证明，地球表面上方电场不为 0，晴天大气电场的平均场强约为 120V/m，方向向下，这意味着地球表面上有多少过剩电荷？试以每平方厘米的额外电子数来表示。

解　设想地球表面为一均匀带电球面，总面积为 S，则它所带总电量为

$$q=\varepsilon_0\oint\boldsymbol{E}\cdot\mathrm{d}\boldsymbol{S}=\varepsilon_0ES$$

单位面积的带电量为

$$\sigma=\frac{q}{S}=\varepsilon_0E$$

单位面积上的额外电子数为

$$n=\frac{\sigma}{e}=\frac{\varepsilon_0E}{e}=\frac{8.85\times10^{-12}\times120}{1.6\times10^{-19}}\Big/\mathrm{m}^2$$

$$=6.64\times10^9/\mathrm{m}^2=6.64\times10^5/\mathrm{cm}^2$$

例 4-5　电荷 $\boldsymbol{Q}$ 均匀分布在半径为 R 的球体内，求离球心距离 $r(r<R)$ 处的电势。

解　设无穷远处为零电势点，有高斯定理

$$\oint\boldsymbol{E}\cdot\mathrm{d}\boldsymbol{S}=\frac{\sum q}{\varepsilon_0}$$

有

$$4\pi r^2E_1=\frac{\frac{4}{3}\pi r^3}{\varepsilon_0}\frac{\boldsymbol{Q}}{\frac{4}{3}\pi R^3}$$

$$E_1=\frac{\boldsymbol{Q}}{4\pi\varepsilon_0}\frac{r}{R^3}$$

方向沿径向。同理，可求得球外部的场强为

$$E_2 = \frac{Q}{4\pi\varepsilon_0}\frac{r}{r^2}$$

方向沿径向。由电势定义，距球心为 $r(r<R)$ 处的电势为

$$\begin{aligned} U_r &= \int_r^R E_1 \cdot dr + \int_R^\infty E_2 \cdot dr \\ &= \frac{Q}{4\pi\varepsilon_0 R^3}\int_r^R r\,dr + \frac{Q}{4\pi\varepsilon_0}\int_R^\infty \frac{dr}{r^2} \\ &= \frac{Q(3R^2 - r^2)}{8\pi\varepsilon_0 R^3} \end{aligned}$$

【同步题解】

思考题

4-1　在电场中某一点的场强大小定义为 $E=F/q_0$，若在该点未放试探点电荷 q_0，该点是否有场强？为什么？

答：有，因为该点场强与该点是否放试探电荷无关。

4-2　判断下列说法是否正确，并说明理由。

(1) 电荷在电场中某点受到的电场力很小，该点的场强也一定很小。

(2) 电场中某点场强的方向就是将点电荷放在该点处所受电场力的方向。

(3) 在以点电荷为中心，r 为半径的球面上，场强 $\boldsymbol{E}$ 处处相等。

答：(1)不正确，由 $F=Eq_0$ 可知，若电荷所带电量很小，即使该点场强不太小，其受力也很小。(2)不正确，场强方向为正电荷受力方向。(3)不正确，$\boldsymbol{E}$ 的大小处处相等，方向不同。

4-3　在地球表面上通常有一个竖直方向的电场，如果电子在此电场中受到一个向下的电场力，则场强的方向是向上还是向上？

答：向上。

4-4　若在两个点电荷连线的中点处的场强为零，你认为这两个点电荷的电荷量和符号存在怎样的关系？

答：两点电荷的带电量应等量同号。

4-5　若通过一个闭合曲面的电通量为零，在此闭合曲面上的场强是否一定处处为零？若通过一个闭合曲面的电通量不为零，在此闭合曲面上的场强是否一定处处不为零？

答：通过闭合曲面量为零，曲面上场强不一定为零，若通过闭合曲面电通量不为零，曲面上场强不一定不为零。

4-6　以下列说法是否正确？为什么？

(1) 如果高斯面内有电荷，则该面上 E 必处处不为零。

(2) 如果高斯面内无电荷，则该面上 E 必处处为零。

(3) 如果高斯面上 E 处处不为零，则该面内必有电荷。

(4) 如果高斯面上 E 处处为零，则该面内必无电荷。

答：(1)不正确，场强由空间中所有电荷决定。(2)不正确，场强由空间中所有电荷决定。(3)不正确，高斯面内是否有电荷，取决于电通量。(4)正确。

4-7　以下各种说法是否正确？为什么？

(1) 电势较高处，场强也一定较大；场强较大处，电势也一定较高。

(2) 电势为零处，场强也一定为零；场强为零处，电势也一定为零。

(3) 场强相等处，电势也相等；电势相等处，场强也相等。

(4) 带正电的物体，电势一定是正的；带负电的物体，电势一定是负的。

答：(1)不正确，应是等势面越密，场强越大。(2)不正确，场强是绝对的，电势是相对的。(3)不正确，例如匀强电场，场强相同，但电势顺着电力线下降。再例如，点电荷等距离远的地方，电势相等，场强方向却不同。(4)不正确，要看电势零点选在哪里。

4-8　将一不带电的导体置于静电场中，在导体上感应出来的正负电荷量是否一定相等？这时导体是否是等势体？导体内的场强为多大？

答：一定相等，整个导体是一个等势体，导体内场强处处为零。

4-9　将一平行板电容器充电后与电源断开，若使两极板间的距离 d 增大，则两极板间的电势差变大还是变小？极板间的场强如何变化？电容是增大还是减小？

答：因为 $C=\frac{\varepsilon_0 S}{d}$，$U=\frac{Q}{C}$，$d$ 增大，两极板间的电势差变大，电容是减小。极板间的场强不变。

4-10　以地球的电势作为量度电势的参考时，是否可以规定它的电势是＋100V 而不是零？这样规定对确定其他带电体的电势和电势差会有什么影响？是否可以选定其他物体作为电势零点？

答：可以规定它的电势是＋100V 而不是零，这样规定对电势有影响，对电势差没有影响，可以选其他物体作为电势零点。

习题

4-1　一均匀带正电的导线，电荷线密度为 λ，其单位长度上总共发出的电力线条数(即电场强度通量)是________。

解　$\phi=E\cdot 2\pi r\cdot l=\frac{\lambda}{\varepsilon_0}$

4-2　真空中，有一均匀带电细圆环，半径为 R，电荷线密度为 λ，其圆心处的电场强度 $E_0=$________，电势 $U_0=$________。(选无穷远处电势为零)

解　$E=\frac{qx}{4\pi\varepsilon_0\sqrt{(x^2+R^2)^3}}$，$U=\frac{q}{4\pi\varepsilon_0\sqrt{(x^2+R^2)}}$，$q=2\pi R\lambda$

当 $x=0$ 时，

$$E=0,\quad U=\frac{q}{4\pi\varepsilon_0 R}=\frac{\lambda}{2\varepsilon_0}$$

4-3　在点电荷 $+q$ 和 $-q$ 的静电场中，作出如图 4-3 所示的三个闭合面 S_1、S_2、S_3，则通过这些闭合面的电场强度通量分别是：$\phi_1=$________，$\phi_2=$________，$\phi_3=$________。

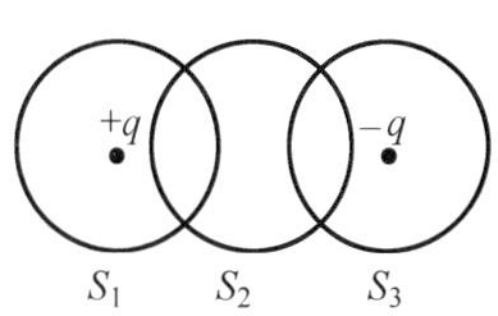

图　4-3

解　根据高斯定理，通过任一闭合曲面的电通量，在数值上等于该闭合曲面内所包围电荷电量的代数和乘以$\frac{1}{\varepsilon_0}$。三个闭合面

S_1、S_2、S_3 所包围的净电荷为 $+q$、0、$-q$，所以 $\phi_1=\frac{q}{\varepsilon_0}$，$\phi_2=0$，$\phi_3=-\frac{q}{\varepsilon_0}$。

4-4 在边长为 a 的正方形平面的中垂线上，距中心 O 点 $\frac{1}{2}a$ 处，有一电量为 q 的正电荷，则通过该平面的电场强度通量为________。

解 若电荷放在边长为 a 的立方体中，根据高斯定理，通过它的电通量为$\frac{q}{\varepsilon_0}$，任意一面占其$\frac{1}{6}$，故通过该平面的电场强度通量为$\frac{q}{6\varepsilon_0}$。

4-5 一半径为 R 的均匀带电球面，带电量为 Q，若规定该球面上电势为零，则球面外距球心 r 处的 P 点的电势 $U_P=$________。

解 $U_P=\int_r^R \frac{Q}{4\pi\varepsilon_0 r^2}\mathrm{d}r=\frac{Q}{4\pi\varepsilon_0}\left(\frac{1}{r}-\frac{1}{R}\right)$

4-6 电量相等的四个点电荷两正两负分别置于边长为 a 正方形的四个角上，如图 4-4 所示，以无穷远处为电势零点，正方形中心 O 处的电势和场强大小分别 $U_0=$________，$E_0=$________。

解 由题得，电荷正方形中心 O 处距离 $r=\frac{\sqrt{2}}{2}a$，则

$$U_0=4\frac{q}{4\pi\varepsilon_0 r}=-\frac{\sqrt{2}q}{\pi\varepsilon_0 a}$$

$$E_0=0$$

4-7 如图 4-5 所示，三个平行的"无限大"均匀带电平面，其电荷面密度都是 $+\sigma$，则 A、B、C、D 四个区域的电场强度分别为：$E_A=$________，$E_B=$________，$E_C=$________，$E_D=$________(设方向向右为正)。

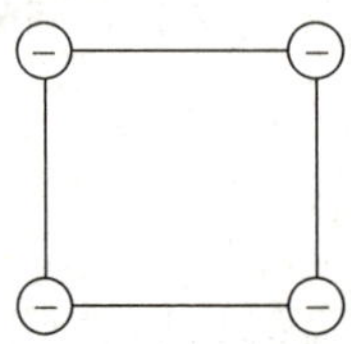

图 4-4

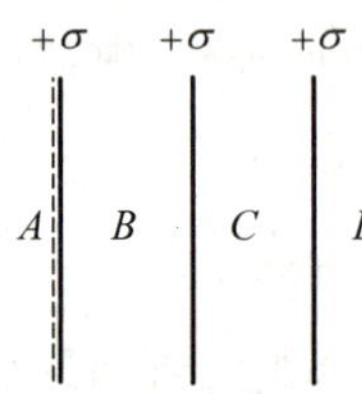

图 4-5

解 因为"无限大"均匀带电平面周围任意一点的强度为$\frac{\sigma}{2\varepsilon_0}$，所以各区电场强度为各面强度在给区的代数和，分别为

$$E_A=-\frac{\sigma}{2\varepsilon_0}+\left(-\frac{\sigma}{2\varepsilon_0}\right)+\left(-\frac{\sigma}{2\varepsilon_0}\right)=-\frac{3\sigma}{2\varepsilon_0}$$

$$E_B=\frac{\sigma}{2\varepsilon_0}+\left(-\frac{\sigma}{2\varepsilon_0}\right)+\left(-\frac{\sigma}{2\varepsilon_0}\right)=-\frac{\sigma}{2\varepsilon_0}$$

$$E_C=\frac{\sigma}{2\varepsilon_0}+\frac{\sigma}{2\varepsilon_0}+\left(-\frac{\sigma}{2\varepsilon_0}\right)=\frac{\sigma}{2\varepsilon_0}$$

$$E_D=\frac{\sigma}{2\varepsilon_0}+\frac{\sigma}{2\varepsilon_0}+\frac{\sigma}{2\varepsilon_0}=\frac{3\sigma}{2\varepsilon_0}\quad\text{(设方向向右为正)}$$

4-8　两个电容器的电容之比 $C_1 : C_2 = 1 : 2$，把它们串联起来接电源充电，它们的电场能量之比 $W_1 : W_2 =$ ________；如果是并联起来接电源充电，则它们的电场能量之比 $W_1 : W_2 =$ ________。

解　因为 $W=\frac{1}{2}\frac{Q^2}{C}=\frac{1}{2}CU^2$，$C_1 : C_2 = 1 : 2$，所以

当串联时，Q 相同，W 与 C 成反比，故 $W_1 : W_2 = 2 : 1$

当并联时，U 相同，W 与 C 成正比，故 $W_1 : W_2 = 1 : 2$

4-9　如图 4-6 所示，一点电荷 $q=10^{-9}$C，A、B、C 三点分别距离该点电荷 10cm、20cm、30cm。若选 B 点的电势为 0，则 A 点的电势为________，C 点的电势为________。（真空介电常量 $\varepsilon_0 = 8.85 \times 10^{-12} \mathrm{C^2 \cdot N^{-1} \cdot m^{-2}}$）

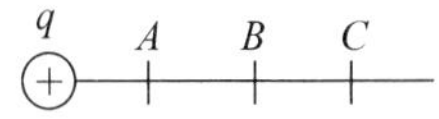

图　4-6

解　因为

$$U = \int_P^0 \frac{q}{4\pi\varepsilon_0 r^2}\mathrm{d}r$$

所以

$$U_A = \int_{0.1}^{0.2} \frac{q}{4\pi\varepsilon_0 r^2}\mathrm{d}r = 45\mathrm{V}$$

$$U_C = \int_{0.3}^{0.2} \frac{q}{4\pi\varepsilon_0 r^2}\mathrm{d}r = -15\mathrm{V}$$

4-10　点电荷 $+q$ 和 $-3q$ 相距 10cm，求它们连线上场强为零的位置。

解　$E_1 = \frac{-3q}{4\pi\varepsilon_0 x^2}$，$E_2 = \frac{q}{4\pi\varepsilon_0 (x+0.1)^2}$，

有

$$E = E_1 + E_2 = 0$$

则

$$\frac{-3q}{4\pi\varepsilon_0 x^2} + \frac{q}{4\pi\varepsilon_0 (x+0.1)^2} = 0$$

解得 $x = \frac{-0.3 \pm 0.1\sqrt{3}}{2}$，取负号符合题意，故 $x = \frac{-0.3 - 0.1\sqrt{3}}{2}$

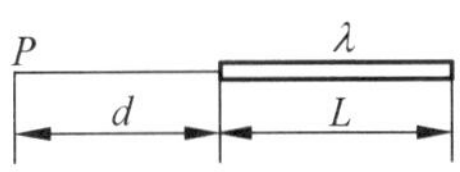

图　4-7

4-11　真空中一长为 L 的均匀带电细直杆，如图 4-7 电荷的线密度为 λ，试求在直杆延长线上距杆的一端距离为 d 的 P 点的电场强度。

解　选取杆的左端为坐标原点；

在 X 处取一电荷元：$\mathrm{d}q = \lambda \mathrm{d}x = q\mathrm{d}x/L$

它在 P 点的场强

$$\mathrm{d}E = \frac{\mathrm{d}q}{4\pi\varepsilon_0 (L+d-x)^2} = \frac{q\mathrm{d}x}{4\pi\varepsilon_0 L(L+d-x)^2}$$

总场强为

$$E = \frac{q}{4\pi L\varepsilon_0} = \int_0^L \frac{\mathrm{d}x}{(L+d-x)^2} = \frac{q}{4\pi\varepsilon_0 d(L+d)}$$

方向沿 x 轴，即杆的延长线方向。

4-12　若将 27 个具有相同半径并带相同电荷的球状小水滴聚集成一个球状的大水滴，此大水滴的电势将为小水滴电势的多少倍？（设电荷分布在水滴表面上，水滴聚集时总电荷无损失。）

解　设小水滴半径为 r、电荷 q；大水滴半径为 R、电荷为 $Q=27q$。27 个小水滴聚成大水滴，其体积相等

$$27\times(4/3)\pi r^3 = (4/3)\pi R^3$$

得 $$R=3r$$

小水滴电势 $$U_0=\frac{q}{4\pi\varepsilon_0 r}$$

大水滴电势 $$U=\frac{Q}{4\pi\varepsilon_0 R}=\frac{27q}{4\pi\varepsilon_0(3r)}=9\frac{q}{4\pi\varepsilon_0 r}=9U_0$$

4-13 一半径为 R 的均匀带电球面，电荷面密度为 σ，求球面内、外的场强分布。

解 由高斯定理得，$E\cdot 4\pi r^2 = \dfrac{\sum q_i}{\varepsilon_0}$

在球面外，$r\geqslant R$ 时，$E\cdot 4\pi r^2=\dfrac{4\pi R^2\sigma}{\varepsilon_0}$，$E=\dfrac{R^2\sigma}{r^2\varepsilon_0}$

在球面内，$r<R$ 时，$E\cdot 4\pi r^2=\dfrac{0}{\varepsilon_0}$，$E=0$

4-14 两半径均为 R 的非导体球壳，表面上均匀带电，带电量分别为 $+Q$ 和 $-Q$，两球心相距为 $d(d\gg 2R)$，求两球心间的电势差？

解 均匀带电球面内的电势等于球面上的电势。球面外的电势相当于电荷集中在球心上的点电荷的电势。由此，按电势叠加原理

球心 O_1 处的电势为 $$U_1=\frac{Q}{4\pi\varepsilon_0 R}-\frac{Q}{4\pi\varepsilon_0 d}$$

球心 O_2 处的电势为 $$U_2=\frac{Q}{4\pi\varepsilon_0 d}-\frac{Q}{4\pi\varepsilon_0 R}$$

则 O_1、O_2 间的电势差为 $$U_{12}=\frac{Q}{2\pi\varepsilon_0}\left(\frac{1}{R}-\frac{1}{d}\right)=\frac{Q(d-R)}{2\pi\varepsilon_0 Rd}$$

4-15 一半径为 R 的带电球体，其电荷体密度分布为

$$\rho = Ar(R\leqslant r)$$
$$\rho = 0(r>R)$$

A 为一常数，试求球体内外的场强分布。

解 在球内取半径为 r、厚为 $\mathrm{d}r$ 的薄球壳，该壳内所包含的电荷为

$$\mathrm{d}q = \rho\mathrm{d}V = Ar\cdot 4\pi r^2\mathrm{d}r$$

在半径为 r 的球面内包含的总电荷为

$$q=\int_V\rho\mathrm{d}V=\int_0^r 4\pi Ar^3\mathrm{d}r=\pi Ar^4\quad(r\leqslant R)$$

以该球面为高斯面，按高斯定理有 $E_1\cdot 4\pi r^2=\dfrac{\pi Ar^4}{\varepsilon_0}$，

得到 $E_1=\dfrac{Ar^2}{4\varepsilon_0}$，$(r\leqslant R)$方向沿径向，$A>0$ 时向外，$A<0$ 时向里。

在球体外作一半径为 r 的同心高斯球面，按高斯定理有 $E_2\cdot 4\pi r^2=\dfrac{\pi AR^4}{\varepsilon_0}$，

得到 $E_2=\dfrac{AR^4}{4\varepsilon_0 r^2}$，$(r>R)$方向沿径向，$A>0$ 时向外，$A<0$ 时向里。

4-16 有两个大小不相同的金属球，大球直径是小球的两倍，大球带电，小球不带电，两者相距很远。今用细长导线将两者相连，在忽略导线的影响下，求大球与小球的带电

之比。

解 设大球带电量为 q_1，半径为 r_1，小球带电量为 q_2，半径为 r_2，

因为 $C=4\pi\varepsilon_0 r, r_1 : r_2=2:1$

所以 $C_1 : C_2=2:1$

又因为 $C_1=\dfrac{q_1}{U}, C_2=\dfrac{q_2}{U}$，$U$ 相等

所以 $q_1 : q_2=2:1$

4-17 如图 4-8 所示，2 个均匀带电的金属同心球壳，内球壳（厚度不计）半径为 $R_1=5.0\text{cm}$，带电荷 $q_1=0.6\times10^{-8}\text{C}$；外球壳内半径 $R_2=7.5\text{cm}$，外半径 $R_3=9.0\text{cm}$，所带总电荷 $q_2=-2.0\times10^{-8}\text{C}$，求：(1)距离球心 3.0cm，6.0cm，8.0cm，10.0cm 各点处的场强和电势；(2)如果用导线把 2 个球壳连接起来，结果又如何。

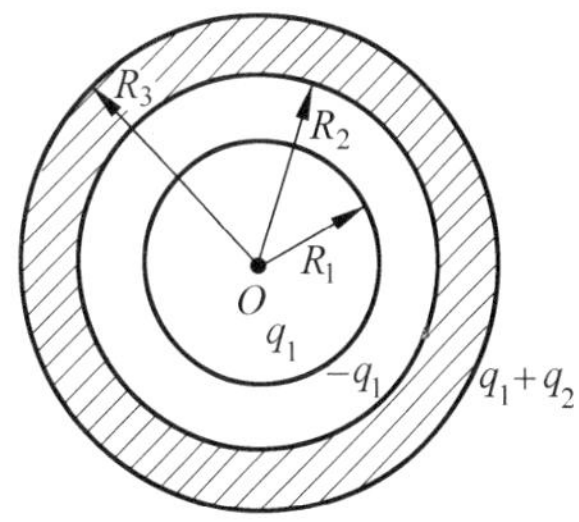

图 4-8

解 由于静电感应，外球壳内表面上均匀分布着电荷 $-q_1$，球壳外表面上均匀分布着电荷 q_1+q_2。

(1) 根据高斯定理，可求得不同空间的场强分布。

当 $r<R_1$ 时，
$$\oiint_s \boldsymbol{E}\cdot d\boldsymbol{S}=0$$

所以
$$E_1=0$$

当 $R_1<r<R_2$ 时，
$$\oiint_s \boldsymbol{E}\cdot d\boldsymbol{S}=\frac{q_1}{\varepsilon_0}$$

所以
$$E_2=\frac{q_1}{4\pi\varepsilon_0 r^2}$$

当 $R_2<r<R_3$ 时，
$$\oiint_s \boldsymbol{E}\cdot d\boldsymbol{S}=0$$

所以
$$E_3=0$$

当 $r<R_1$ 时，
$$\oiint_s \boldsymbol{E}\cdot d\boldsymbol{S}=0$$

当 $r>R_3$ 时，
$$\oiint_s \boldsymbol{E}\cdot d\boldsymbol{S}=\frac{q_1+q_2}{\varepsilon_0}$$

所以
$$E_4=\frac{q_1+q_2}{4\pi\varepsilon_0 r^2}$$

利用电势的定义，可求得不同空间的电势分布

当 $r<R_1$ 时，
$$U_1=\int_r^{\infty} E\cdot dr=\int_r^{R_1} E_1\cdot dr+\int_{R_1}^{R_2} E_2\cdot dr+\int_{R_2}^{R_3} E_3\cdot dr+\int_{R_3}^{\infty} E_4\cdot dr$$
$$=\frac{1}{4\pi\varepsilon_0}\frac{q_1}{R_1}-\frac{1}{4\pi\varepsilon_0}\frac{q_1}{R_2}+\frac{1}{4\pi\varepsilon_0}\frac{q_1+q_2}{R_3}$$

当 $R_1<r<R_2$ 时，
$$U_2=\int_r^{\infty} E\cdot dr=\int_r^{R_2} E_2\cdot dr+\int_{R_2}^{R_3} E_3\cdot dr+\int_{R_3}^{\infty} E_4\cdot dr$$
$$=\frac{1}{4\pi\varepsilon_0}\frac{q_1}{r}-\frac{1}{4\pi\varepsilon_0}\frac{q_1}{R_2}+\frac{1}{4\pi\varepsilon_0}\frac{q_1+q_2}{R_3}$$

当 $R_2<r<R_3$ 时，
$$U_3=\int_r^{\infty}E\cdot\mathrm{d}r=\int_r^{R_3}E_3\cdot\mathrm{d}r+\int_{R_3}^{\infty}E_4\cdot\mathrm{d}r=\frac{1}{4\pi\varepsilon_0}\frac{q_1+q_2}{R_3}$$

当 $r>R_3$ 时，
$$U_4=\int_r^{\infty}E\cdot\mathrm{d}r=\int_r^{\infty}E_4\cdot\mathrm{d}r=\frac{1}{4\pi\varepsilon_0}\frac{q_1+q_2}{r}$$

代入相应的数据：

$r=0.03\mathrm{m}(r<R_1)$时，$E=0$，$U=\frac{1}{4\pi\varepsilon_0}\frac{q_1}{R_1}-\frac{1}{4\pi\varepsilon_0}\frac{q_1}{R_2}+\frac{1}{4\pi\varepsilon_0}\frac{q_1+q_2}{R_3}=-1.04\times10^3\mathrm{V}$

$r=0.06\mathrm{m}(R_1<r<R_2)$时，$E=\frac{q_1}{4\pi\varepsilon_0 r^2}=1.5\times10^4\mathrm{V\cdot m^{-2}}$，

$$U=\frac{1}{4\pi\varepsilon_0}\frac{q_1}{r}-\frac{1}{4\pi\varepsilon_0}\frac{q_1}{R_2}+\frac{1}{4\pi\varepsilon_0}\frac{q_1+q_2}{R_3}=-1.22\times10^4\mathrm{V}$$

$r=0.08\mathrm{m}(R_2<r<R_3)$时，$E=0$，$U=\frac{1}{4\pi\varepsilon_0}\frac{q_1+q_2}{R_3}=-1.44\times10^4\mathrm{V}$

$r=0.10\mathrm{m}(r>R_3)$时，$E=\frac{q_1+q_2}{4\pi\varepsilon_0 r^2}=-1.26\times10^4\mathrm{V\cdot m^{-2}}$

$$U=\frac{1}{4\pi\varepsilon_0}\frac{q_1+q_2}{r}=-1.26\times10^3\mathrm{V}$$

(2) 如果用导线把两球壳连接起来，整个系统成为一个空腔导体，净电荷只能分布在外表面上，并且对称分布，整个带电系统成为一个等势体。

电荷分布：只有外球壳外表面上分布有电荷 q_1+q_2，其余地方没有电荷分布。

场强分布：由高斯定理可得

$$当\ r\leqslant R_3\ 时，\quad E=0$$

$$当\ r>R_3\ 时，\quad E=\frac{q_1+q_2}{4\pi\varepsilon_0 r^2}$$

电势：此时内外两球连接成一个等势体，

$$U_{内}=U_{外}=\int_r^{\infty}E\cdot\mathrm{d}r=\int_{R_3}^{\infty}\frac{q_1+q_2}{4\pi\varepsilon_0 r^2}\mathrm{d}r=\frac{q_1+q_2}{4\pi\varepsilon_0 R_3}$$

【自测练习】

4-1 如图 4-9 所示，两个同心的均匀带电球面，内球面带电荷 Q_1，外球面带电荷 Q_2，则在两球面之间、距离球心为 r 处的 P 点的场强大小 E 为________。

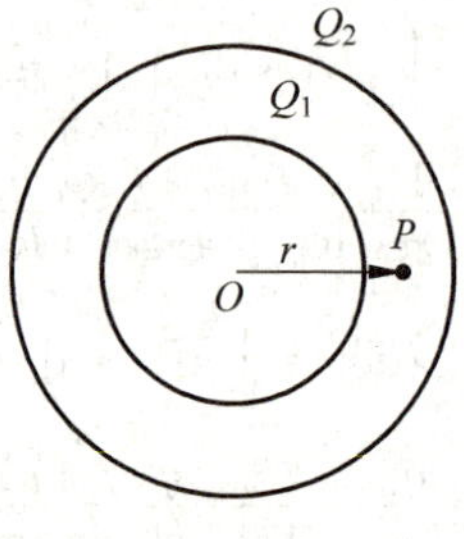

图 4-9

A. $\frac{Q_1+Q_2}{4\pi\varepsilon_0 r^2}$ B. $\frac{Q_2}{4\pi\varepsilon_0 r^2}$ C. $\frac{Q_2-Q_1}{4\pi\varepsilon_0 r^2}$ D. $\frac{Q_1}{4\pi\varepsilon_0 r^2}$

4-2 半径为 R 的均匀带电球面，若其电荷面密度为 σ，则在距离球面 R 处的电场强度大小为________。

A. $\frac{\sigma}{2\varepsilon_0}$ B. $\frac{\sigma}{4\varepsilon_0}$ C. $\frac{\sigma}{8\varepsilon_0}$ D. $\frac{\sigma}{\varepsilon_0}$

4-3 下列哪种说法是正确的？________

A. 高斯定理反映静电场是一有源场

B. 高斯定理反映静电场是一有势场

C. 在静电场中，若电场不均匀或不具有对称分布，则高斯定理不成立

D. 在静电场中，只有均匀或具有对称分布的电场，高斯定理才是成立的

4-4 一电量为 q 的点电荷在边长为 a 的正立方体的中心，则通过该立方体任一面的电场强度磁通量为________。

A. $\frac{q}{6\varepsilon_0}$ B. $\frac{q}{4\varepsilon_0}$ C. $\frac{q}{2\varepsilon_0}$ D. $\frac{q}{\varepsilon_0}$

4-5 有两块面积为 S 的相同的金属板，两板间距离为 d，与板的大小相比很小，其中一块金属板带电荷为 q，另一块金属板带电 $2q$，则两板间的电势差为________。

A. $\frac{Sq}{2\varepsilon_0 d}$ B. $\frac{qd}{2\varepsilon_0 S}$ C. $\frac{2qd}{\varepsilon_0 S}$ D. $\frac{qd}{\varepsilon_0 S}$

4-6 将一个带正电的导体 A 移近一个不带电的绝缘导体 B，则导体 B 的电势________。

A. 不变 B. 降低 C. 升高 D. 无法确定

4-7 在“无限大”的均匀带电屏蔽附近，有一点电荷 q，沿电场线方向移动距离 d 时，电场力做的功为 A，则此平板上的电荷面密度 $\sigma=$________。

4-8 选无穷远处的为电势零点，半径为 R 的导体球带电后，其电势为 V_0，则球外离球心距离为 r 处的电场强度的大小为________。

4-9 两个半径为 a 和 b 的金属球，用一细导线相连，它们的间距比它们的线度大得多，给它们带上电荷 Q，半径为 a 的金属球上的电量为________。

4-10 内、外半径为 R_1、R_2 的均匀带电厚球壳，电荷体密度为 ρ。则在 $r<R_1$ 的区域内场强大小为________，在 $R_1<r<R_2$ 的区域内场强大小为________，在 $r>R_2$ 的区域内场强大小为________。

4-11 一个半径为 R 的均匀带电的薄圆盘，电荷面密度为 $\sigma(>0)$，在圆盘上挖去一个半径为 r 的同心圆盘，则圆心处的电势将________。（填“变小”或“变大”）

4-12 在介电常数为 ε 的无限大均匀介质中，有一半径为 R 的导体球带电荷 Q，则电场能量为________。

4-13 一个正 π 介子由一个 u 夸克和一个反 d 夸克组成。u 夸克带电量为 $\frac{2}{3}e$，反 d 夸克带电量为 $\frac{1}{3}e$。将夸克作为经典粒子处理，试计算正 π 介子中夸克间的电力（设它们之间的距离为 1.0×10^{-15} m）。

4-14 电荷以相同的面密度 σ 分布在半径为 $r_1=10\text{cm}$ 和 $r_1=20\text{cm}$ 的两个同心球面上，设无限远处电势为零，球心处的电势为 $V_0=300\text{V}$。

(1) 求电荷面密度 σ。

(2) 若要使球心处的电势也为零，外球面上应放掉多少电荷？

4-15 如图 4-10 所示，一无限大均匀带电薄平板，电荷面密度为 σ，在平板中部有一个半径为 a 的小圆孔，求圆孔中心轴线上与平板相距为 x 的一点 P 的电场强度。

4-16 如图 4-11 所示，半径 $R=50\text{cm}$ 的圆弧形细塑料棒，两端空隙 $d=2\text{cm}$，总电荷量为$3.2\times10^{-9}\text{C}$ 的正电荷均匀地分布在棒上。求圆心 O 处场强的大小和方向。

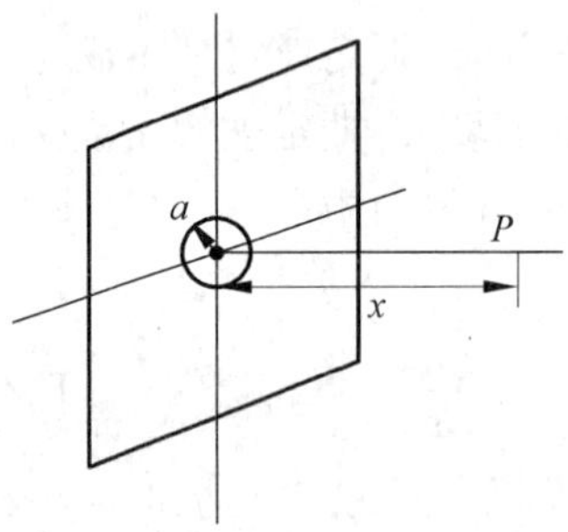

图 4-10

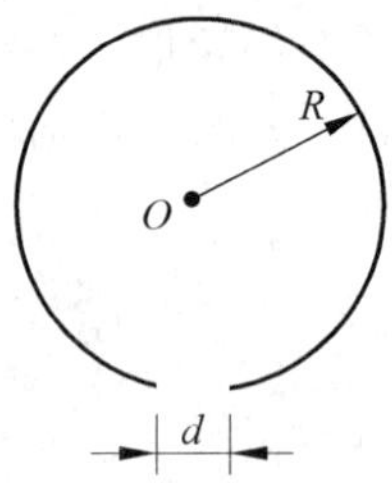

图 4-11

4-17 一均匀带电细杆，长为 $l=15.0\text{cm}$，线电荷密度为 $\lambda=2.0\times10^{-7}\text{C/m}$，求：

(1) 细杆延长线上与杆的一端相距 $a=5.0\text{cm}$ 处的电势。

(2) 细杆中垂线上与细杆相距 $b=5.0\text{cm}$ 处的电势。

4-18 两个平行无限大的均匀带电平面，面电荷密度分别为 $\sigma_1=4\times10^{-11}\text{C/m}^2$ 和 $\sigma_2=-2\times10^{-11}\text{C/m}^2$。求此系统的电场分布。

4-19 如图 4-12 所示，一个细玻璃棒被弯成半径为 R 的半圆形，沿其上半部分均匀分布有电荷 $+Q$，沿其下半部分均匀分布有电荷 $-Q$，试求圆心 O 处的电场强度。

4-20 一长为 l、电荷密度为 λ_1 的均匀带电直线，与一无限长线电荷密度为 λ_2 的均匀带电直线在同一平面内且相互垂直，两者之间的最近距离为 d，求无限长带电直线所受的电场力。

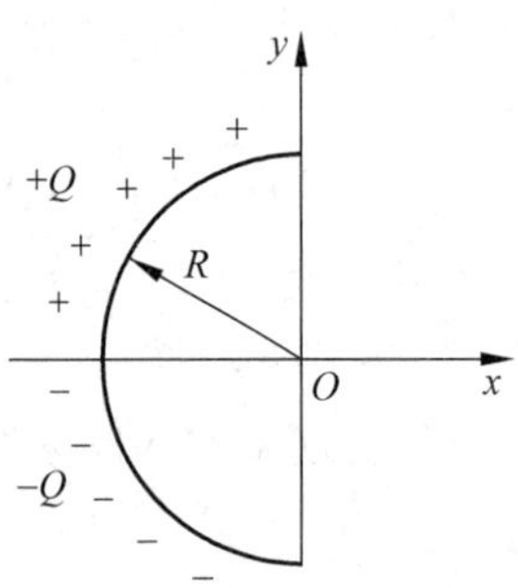

图 4-12

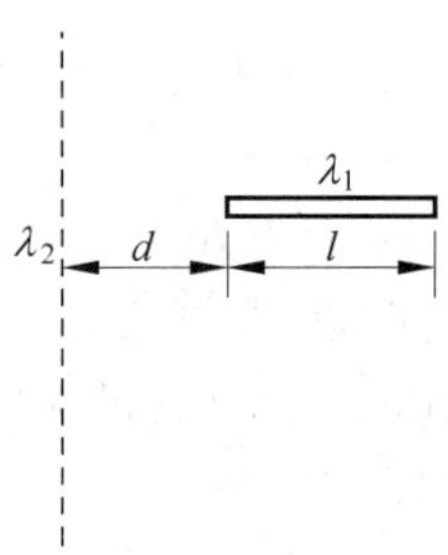

图 4-13

第5章

恒稳磁场

【内容提要】

一、稳恒电流和磁场及其描述

1. 稳恒电流

导体中的电荷在电场作用下作宏观定向运动形成电流，其强弱用电流强度来表示，即 $i=\dfrac{dq}{dt}$，当它不随时间发生改变的时候，则称为稳恒电流。

2. 磁场

磁场是电流所激发的场，任何电流都会在周围空间激发磁场。

3. 磁场感应强度

其大小 $B=\dfrac{F_{\max}}{q_0 v}$，方向为小磁针 N 的方向，单位 T(特[斯拉])。

二、毕奥-萨伐尔定律　运动电荷的磁场

1. 毕奥-萨伐尔定律

电流元 $I\mathrm{d}\boldsymbol{l}$ 在空间点产生的磁场强度为

$$\mathrm{d}\boldsymbol{B}=\frac{\mu_0}{4\pi}\frac{I\mathrm{d}l\times\boldsymbol{r}_0}{r^2}$$

式中，$\mu_0=4\pi\times10^{7}(\mathrm{N/A^2})$，为真空磁导率，$r$ 表示从电流元到该点的距离，$\boldsymbol{r}$ 为电流元指向该点的矢量，$\boldsymbol{r}_0$ 为从电流元到该点的单位矢量。$\mathrm{d}\boldsymbol{B}$ 的大小为$\dfrac{\mu_0}{4\pi}\dfrac{I\mathrm{d}l\times\sin\theta}{r^2}$。方向沿 $I\mathrm{d}\boldsymbol{l}\times\boldsymbol{r}$ 的方向，符合右手螺旋定则。

磁场中任一点的磁感应强度等于空间所有电流在该点的磁感应强度的矢量和，即

$$\boldsymbol{B}=\boldsymbol{B}_1+\boldsymbol{B}_2+\cdots+\boldsymbol{B}_i=\sum_i\boldsymbol{B}_i$$

根据电流元的磁感应强度公式和磁场叠加原理，原则上就可以求出任意电流的磁场分布，即

$$\boldsymbol{B}=\int\mathrm{d}\boldsymbol{B}=\frac{\mu_0}{4\pi}\int\frac{I\mathrm{d}\boldsymbol{l}\times r_0}{\boldsymbol{r}^2}$$

2. 运动电荷的磁场

单个运动电荷产生磁场为

$$\boldsymbol{B}=\frac{\mathrm{d}\boldsymbol{B}}{\mathrm{d}N}=\frac{\mu_0}{4\pi}\frac{q\boldsymbol{v}\times\boldsymbol{r}_0}{r^2}$$

三、磁场中的高斯定理和安培环路定理

1. 磁场的高斯定理

(1) 磁感线($\boldsymbol{B}$ 线)是磁场中假想作出的一些反映磁场分布的有向线段，其上每一点的切线方向代表该点的磁感应强度方向，其疏密反映磁场的强弱。

(2) 磁感应线的基本性质：①任何两条磁感应线不会相交；②磁感应线是与激发磁场的电流互相套连的无头无尾的闭合曲线；③磁感应线的绕行方向与电流方向之间遵从右手螺旋定则。

(3) 磁通量：在磁场中，穿过任一曲面 S 的磁感应线条数称为通过该曲面的磁通量，单位为 Wb(韦伯)。

穿过面元 $\mathrm{d}S$ 的磁通量为 $\mathrm{d}\phi_{\mathrm{m}}=\boldsymbol{B}\cdot\mathrm{d}\boldsymbol{S}$

穿过曲面 S 的磁通量为 $\phi_{\mathrm{m}}=\int_{S}\boldsymbol{B}\cdot\mathrm{d}\boldsymbol{S}$

穿过闭合曲面 S 的磁通量为 $\phi_{\mathrm{m}}=\oiint_{S}\boldsymbol{B}\cdot\mathrm{d}\boldsymbol{S}$

注意：①对于闭合曲面，规定曲面的外法线方向为其正方向。②磁通量的正负，根据磁感应强度 $\boldsymbol{B}$ 和面元 $\mathrm{d}\boldsymbol{S}$ 的法线的夹角来判断。

(4) 磁场的高斯定理：通过磁场中任意闭合曲面的磁通量恒等于零，即

$$\oiint_{S}\boldsymbol{B}\cdot\mathrm{d}\boldsymbol{S}=0$$

它反映了磁场是无源场，不存在磁单极。

2. 磁场的安培环路定理

在稳恒磁场中，磁感应强度 $\boldsymbol{B}$ 沿任意闭合环路的线积分等于穿过该环路的所有电流强度代数和的 μ_0 倍，即

$$\oint_{L}\boldsymbol{B}\cdot\mathrm{d}\boldsymbol{l}=\sum_{i=1}^{n}\mu_0 I_i$$

注意：① $\sum I_i$ 是穿过闭合环路的所有电流强度的代数和，不包括没有穿过环路的电流。规定与环路绕行方向符合右手螺旋系统的 I 为正，反之为负。②定理表达式中的 $\boldsymbol{B}$ 是闭合环路上的各点的总磁感应强度，是由空间所有电流激发的，包括穿过环路的电流和没有穿过环路的电流。③安培环路定理表明，稳恒磁场中 $\boldsymbol{B}$ 的环路积分一般不等于零。由此可知，稳恒磁场与静电场是不同性质的场，静电场是保守力场，是无旋场；磁场是非保守力场，是涡旋场。

四、电流和运动电荷与磁场的相互作用

1. 磁场对载流导线的作用

磁场对载流导线的作用力称为安培力。电流元在磁场中受到的安培力为 $\mathrm{d}\boldsymbol{F}=I\mathrm{d}\boldsymbol{l}\times\boldsymbol{B}$，其大小为 $\mathrm{d}F=I\mathrm{d}lB\sin\theta$，方向由 $I\mathrm{d}\boldsymbol{l}\times\boldsymbol{B}$ 决定，符合右手螺旋定则。一段任意导线在磁场中受到的安培力为 $F=IBL\sin\theta$。

2. 磁场对载流线圈的作用

(1) 载流线圈的磁矩 $\boldsymbol{P}_m$ 是一个只取决于任意形状载流平面线圈本身性质的矢量，其大小等于电流强度 I 乘以线圈平面的面积 S，方向也与线圈平面的正法线方向一致，即

$$\boldsymbol{P}_m = IS\boldsymbol{n}_0$$

(2) 任意形状的平面载流线圈在磁场中所受的磁力矩为 $\boldsymbol{M}=\boldsymbol{P}_m\times\boldsymbol{B}$，其中，磁力矩的大小为 $M=P_m\cdot B\sin\theta$，方向由 $\boldsymbol{P}_m\times\boldsymbol{B}$ 决定，符合右手螺旋定则。

注意：①如果线圈有 N 匝，则 $\boldsymbol{P}_m=NIS\boldsymbol{n}_0$。②当 $\boldsymbol{P}_m//\boldsymbol{B}$ 时，$\boldsymbol{M}=0$，这时线圈所受合外力及合外力距为零，线圈保持平衡。其中若 $\theta=\pi$，则是一种非稳定平衡。③当 $\boldsymbol{P}_m\perp\boldsymbol{B}$ 时，磁力矩最大 $M_{max}=P_m\cdot B=ISB$。④任意形状的载流平面线圈作为整体，在均匀外磁场中所受合力为零，却受到一个力矩的作用，这个力矩总是力图使这个线圈的磁矩 $\boldsymbol{P}_m$ 转到磁感应强度 $\boldsymbol{B}$ 的方向。若平面线圈在非均匀磁场中，一般情况下，$\sum\boldsymbol{F}\neq0$，$\sum\boldsymbol{M}\neq0$。

3. 磁场对运动电荷的作用

(1) 运动的电荷在磁场中受到了洛伦兹力的作用，安培力是洛伦兹力的集体(宏观)表现。洛伦兹力公式 $\boldsymbol{f}=q\boldsymbol{v}\times\boldsymbol{B}$，其大小为 $f=qvB\sin\theta$，当 $q<0$ 时，$\boldsymbol{f}$ 与 $\boldsymbol{v}\times\boldsymbol{B}$ 同向，当 $q>0$，$\boldsymbol{f}$ 与 $\boldsymbol{v}\times\boldsymbol{B}$ 反向。

(2) 带电粒子进入磁场后的几种运动：

① 带电粒子的 $\boldsymbol{v}//\boldsymbol{B}$ 时，$\boldsymbol{f}=0$，则电荷作匀速直线运动。

② 带电粒子的 $\boldsymbol{v}\perp\boldsymbol{B}$ 时，$f_{max}=qv\times B$，则电荷在垂直于 $\boldsymbol{B}$ 的平面内作匀速圆周运动，其回旋半径 $R=\dfrac{mv}{qB}$，回旋周期 $T=\dfrac{2\pi m}{qB}$，回旋频率 $\nu=\dfrac{qB}{2\pi m}$，回旋频率与电荷的速度以及回旋半径无关，这一结论是回旋加速器的基本原理。

③ 当带电粒子的 $\boldsymbol{v}$ 与 $\boldsymbol{B}$ 成任一夹角时，电荷的运动轨迹为螺旋线，其半径 $R=\dfrac{mv\sin\theta}{qB}$，回旋周期 $T=\dfrac{2\pi m}{qB}$，回旋螺距 $h=v_{//}\cdot T=v\cos\theta\cdot\dfrac{2\pi m}{qB}$，这一结论也是磁聚焦的基本理论。

4. 霍尔效应

把导体放在磁场中，并在导体中通有纵向电流，此时在导体横向两侧会产生一定的电势差，这一现象称为霍尔效应，产生的电势差 U_H 称霍尔电压，其值为

$$U_H = R_H\frac{IB}{d}$$

其中，$R_H=\dfrac{1}{qn}$为霍尔系数，n 为载流子数密度，d 为导体的厚度。如果撤去磁场，或者是导体内的电流，霍尔电压也就会随之消失。

五、物质的磁性

1. 三类磁介质

一切能够被磁化的物质叫做磁介质。某点磁场为 $\boldsymbol{B}_0$，放入磁介质后产生了附加磁场 $\boldsymbol{B}'$，则该点磁场为 $\boldsymbol{B}=\boldsymbol{B}_0+\boldsymbol{B}'$。相对磁导率 $\mu_r=\dfrac{B}{B_0}=\dfrac{\mu}{\mu_0}$，$\mu$ 为磁介质的磁导率，μ_0 为真空磁导率，μ_r 是磁介质分类的依据。当 $\mu_r>1$ 时，为顺磁质；$\mu_r<1$ 时，为抗磁质；当 $\mu_r\gg1$ 时，为

铁磁质,磁介质放入磁场后,磁场大大增强。

2. 磁介质的磁化

抗磁质和顺磁质的磁化之所以不同,是由于分子的电结构不同的缘故,分子内各个电子绕核的轨道运动、电子的自旋、质子的自旋等,这些运动都能产生磁效应,影响了磁化效果。

【例题解析】

例 5-1 设有一载流导线,弯成如图 5-1 所示的形状,电流强度为 I,圆弧的半径为 R,假设两直线部分是很长的,求在圆心处所产生的磁感应强度。

解 圆弧部分在 O 处产生的磁感应强度的大小为

$$B_1 = \frac{3}{4}\frac{\mu_0 I}{2R} = \frac{3\mu_0 I}{8R}$$

方向垂直纸面向内,直导线①部分在 O 处产生的 $\boldsymbol{B}$ 为 0;直导线②部分在 O 处产生的磁感应强度的大小为

$$B_2 = \frac{1}{2}\frac{\mu_0 I}{2\pi R} = \frac{\mu_0 I}{4\pi R}$$

方向垂直纸面向内,所以 O 处的磁感应强度的大小为

$$B = B_1 + B_2 = \frac{3\mu_0 I}{8R} + \frac{\mu_0 I}{4\pi R}$$

方向垂直纸面向内。

例 5-2 如图 5-2(a)所示,在半径 R=1cm 的无限长半圆柱金属薄片中,通有电流 I=5A,自下而上通过,试求圆柱轴线上一点 P 的磁感应强度。

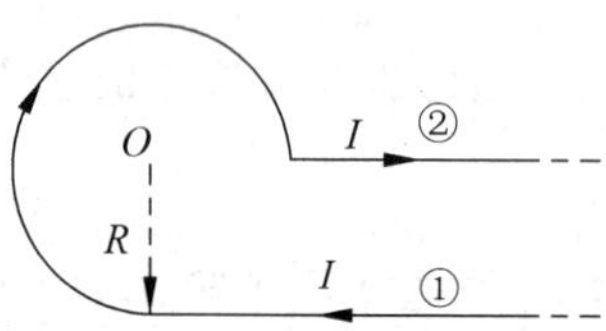

图 5-1

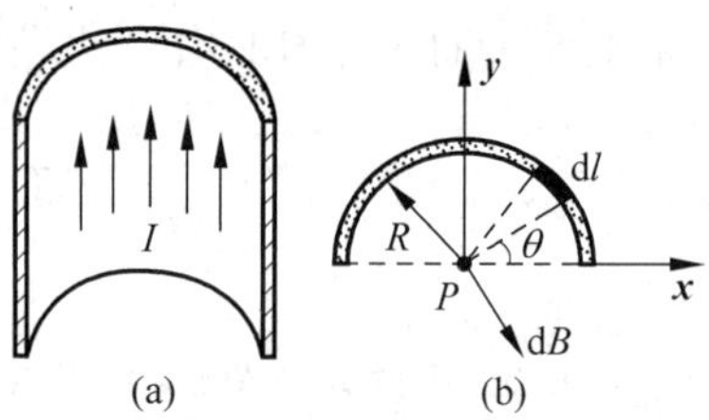

图 5-2

解 建立图 5-2(b)所示坐标系,图示狭长条金属片中电流为

$$\mathrm{d}I = \frac{1}{\pi}\mathrm{d}\theta$$

$\mathrm{d}I$ 电流在 P 点产生的磁场为

$$\mathrm{d}B = \frac{\mu_0 \mathrm{d}I}{2\pi R} = \frac{\mu_0 I}{2\pi R^2}\mathrm{d}\theta$$

方向如图 5-2(b)所示。

由于对称性,B_x=0,由

$$\mathrm{d}B_x = \mathrm{d}B\sin\theta = \frac{\mu_0 I}{2\pi^2 R}\sin\theta\mathrm{d}\theta$$

所以

$$B = B_x = \int dB_x = \frac{\mu_0 I}{2\pi^2 R}\int_0^{\pi} \sin\theta d\theta$$

$$= \frac{\mu_0 I}{\pi^2 R} = \frac{4\pi \times 10^{-7} \times 5}{\pi^2 \times 0.01} = 6.37 \times 10^{-5}(\text{T})$$

例 5-3　在无限长载流导线 ab 的一侧，放置一有限长载流直导线 cd，它们分别通有电流 I_1 和 I_2，c 点距 ab 的垂直距离为 l_1，cd 长为 l_2。求当 cd 垂直 ab 时，导线 cd 所受的作用力。

解　建立如图 5-3 所示的坐标系，在直导线 cd 上距 ab 为 x 处，I_1 所产生的磁场为

$$B = \frac{\mu_0 I_1}{2\pi x}$$

$\boldsymbol{B}$ 的方向为⊗，则电流元 $I_2 d\boldsymbol{l}$ 所受安培力的大小为

$$dF = I_2 B dl = I_2 B dx = \frac{\mu_0 I_1 I_2}{2\pi x} dx$$

$d\boldsymbol{F}$ 的方向如图 5-3 所示，由于导线 cd 上所有的电流元受力方向均相同，所以导线 cd 所受的作用力为

$$F = \int dF = \int_{l_1}^{l_1+l_2} \frac{\mu_0 I_1 I_2}{2\pi x} dx = \frac{\mu_0 I_1 I_2}{2\pi} \ln \frac{l_1 + l_2}{l_1}$$

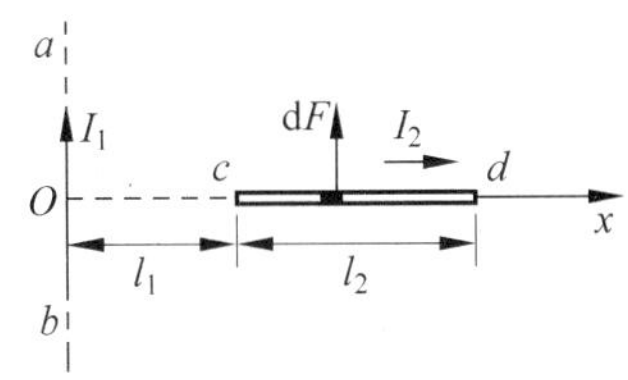

图　5-3

例 5-4　带电粒子以速度 v 在均匀磁场中作匀速圆周运动。已知磁感应强度为 B，圆周半径为 R，粒子的总能量为 W。求粒子所带的电量。

解　带电粒子在磁场中作匀速圆周运动，向心力为洛伦兹力，即

$$m\frac{v^2}{R} = qvB, \quad mv^2 = qvBR$$

粒子的能量

$$W = \frac{1}{2}mv^2 = \frac{1}{2}qvBR$$

则有

$$q - \frac{2W}{vBR}$$

【同步题解】

思考题

5-1　磁石、磁铁及载流导线产生磁现象的原因都是什么？

答：运动电荷在其周围空间产生磁场。

5-2　磁 N 极、磁 S 极是否可以像正、负电荷一样单独存在？为什么？

答：不可能，因为磁力线是闭合的。

5-3　在与电流元中心等距离的球面上磁感应强度大小是否相同？怎样分布？

答：磁感应强度大小不相同，分布不均匀。

5-4　是否可以用安培环路定理求一段有限长载流直导线的磁场？为什么？

答：不可以，因为有限长导线周围空间磁场不具有高度对称性。

5-5　电动机通过什么力做功将电能转换为机械能的？

答：安培力。

5-6 能否利用磁场对带电粒子的作用力来增大粒子的动能？为什么？

答：不能，因为带点粒子所受洛伦兹力只能改变速度方向，不能改变大小。

5-7 一个弯曲的载流导线在均匀磁场中应该如何放置才不受磁场力的作用？

答：弯曲导线起点和终点的连线平行于磁场放置。

5-8 顺磁质处在外磁场中时，分子磁矩怎样运动？产生的宏观效果如何？

答：顺磁质在外磁场中，分子磁矩整齐转向外磁场方向，宏观上总磁感应强度比原来略大。

5-9 永久磁铁是顺磁质吗？它的磁性是怎样产生的？怎样做会使它的磁性减弱甚至消除？

答：不是，它的磁性在外磁场中产生。把外磁场方向增大，会使它的磁性减弱甚至消除。

习题

5-1 有一个圆形回路1及一个正方形回路2，圆直径和正方形的边长相等，二者中通有大小相等的电流，求它们在各自中心产生的磁感应强度的大小之比 B_1/B_2 为________。

解 $B_1=\dfrac{\mu_0 I}{2\cdot\dfrac{a}{2}}=\dfrac{\mu_0 I}{a}$，$B_2=4\dfrac{\mu_0 I}{4\pi\cdot\dfrac{a}{2}}\left(\cos\dfrac{\pi}{4}-\cos\dfrac{3\pi}{4}\right)=\dfrac{2\sqrt{2}\mu_0 I}{\pi a}$

$$B_1:B_2=1.11$$

5-2 边长为 $2a$ 的等边三角形线圈，通有电流为 I，则线圈中心处的磁感应强度的大小为________。

解

$$B=3\frac{\mu_0 I}{4\pi\dfrac{\sqrt{3}a}{3}}\left(\cos\frac{\pi}{6}-\cos\frac{5\pi}{6}\right)=\frac{9\mu_0 I}{4\pi a}$$

5-3 在 $B=0.2\text{T}$ 的均匀磁场中，放置一根长 $l=2\text{m}$ 的直载流导线，已知载流导线中的电流 $I=5\text{A}$，导线与磁场的夹角为 $30°$，则该载流导线所受磁场力的大小是________。

解 $F=IBl\sin30°=5\times0.2\times2\times\dfrac{1}{2}=1\text{N}$

5-4 在匀强磁场中，有两个平面线圈，其面积 $A_1=2A_2$，通有电流 $I_1=2I_2$，它们所受的最大磁力矩之比 M_1/M_2 等于________。

解 因为 $M=IBS$，

所以 $M_1=I_1BA_1=2I_2B2A_2=4I_2BA_2$，$M_2=I_2BA_2$

则 $M_1:M_2=4:1$

5-5 有两根导线，分别长 2m 和 3m，将它们弯成闭合的圆，且分别通以电流 I_1 和 I_2，已知两个圆电流在圆心处的磁感强度大小相等。则圆电流的比值 $I_1/I_2=$________。

解 因为 $l=2\pi r$，所以 $r_1:r_2=2:3$

又因为 $B=\dfrac{\mu_0 I}{2r}$，$B_1=B_2$

所以 $I_1:I_2=r_1:r_2=2:3$

5-6 若电子在垂直于磁场的平面内运动，均匀磁场作用于电子上的力为 F，轨道的曲率半径为 R，则磁感应强度的大小应为________。

解　由 $R=\frac{mv}{qB}$，得 $v=\frac{qRB}{m}$

$$F=qvB=q\frac{qRB}{m}\cdot B=q^2\frac{RB^2}{m}$$

则 $B=\sqrt{\frac{Fm}{q^2R}}$。

5-7　两个带电粒子，以相同的速度垂直磁力线飞入匀强磁场，它们的质量之比是 1∶4，电量之比是 1∶2，它们所受的磁力之比是________，运动轨迹半径之比是________。

解　$F=qvB$，则 $F_1:F_2=q_1:q_2=1:2$

$R=\frac{mv}{qB}$，则 $R_1:R_2=1:2$

5-8　磁介质有三种，分别为________、________、________。

答：顺磁质；抗磁质；铁磁质。

5-9　一根无限长导线弯成如图 5-4 所示形状，设各线段都在同一平面内（纸面内），其中第二段是半径为 R 的圆，其余为直线。导线中通有电流 I，求图 5-4 中 O 点处的磁感强度。

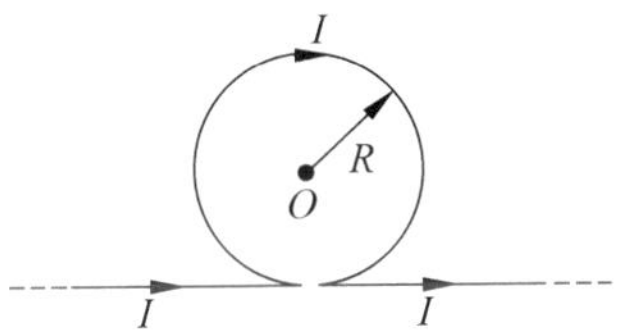

图　5-4

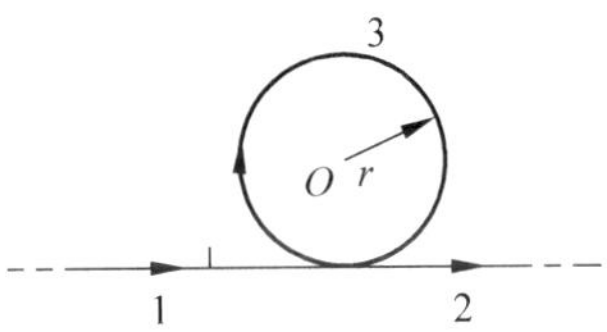

图　5-5

解　将导线分成图 5-5 所示 1、2、3 三部分，各部分在 O 点产生的磁感强度设为 B_1、B_2、B_3。根据叠加原理，O 点的磁感强度为

$$\boldsymbol{B}=\boldsymbol{B}_1+\boldsymbol{B}_2+\boldsymbol{B}_3$$

$$B_2=\frac{\mu_0 I}{2r}\quad 方向\otimes$$

$$B_1=B_3=\frac{\mu_0 I}{4\pi r}\quad 方向\odot$$

则

$$B=\frac{\mu_0 I}{2r}-\frac{\mu_0 I}{2\pi r}=\frac{\mu_0 I}{2r}\left(1-\frac{1}{\pi}\right)\quad 方向\otimes$$

5-10　平面闭合回路由半径为 R_1、R_2（$R_1>R_2$）的两个同心半圆弧和两段直导线组成，如图 5-6 所示，两段直导线位于圆弧半径，若闭合载流回路在 O 点处的总磁感应强度是小圆弧电流单独在 O 点产生的磁感应场度的 1/2，求 R_1 与 R_2 之比。

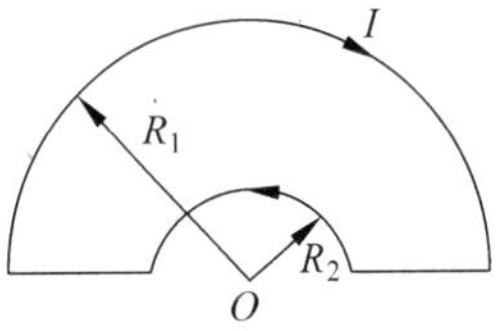

图　5-6

解　大圆弧在 O 点处磁场$\frac{\mu_0 I}{4R_1}$

小圆弧在 O 点处磁场$\frac{\mu_0 I}{4R_2}$

总磁感应强度 $$B=\frac{\mu_0 I}{4R_1}-\frac{\mu_0 I}{4R_2}$$

根据题意 $$B=\frac{\mu_0 I}{8R_2}$$

即 $$B=\frac{\mu_0 I}{4R_1}-\frac{\mu_0 I}{4R_2}=\frac{\mu_0 I}{8R_2}$$

解得 $$\frac{R_1}{R_2}=\frac{1}{2}$$

5-11 如图 5-7 所示，一通有电流 I_1 的长直导线，旁边有一个与它共面通有电流 I_2 每边长为 a 的正方形线圈，线圈的一对边和长直导线平行，线圈的中心与长直导线间的距离为 $3a/2$，在维持它们的电流不变和保证共面的条件下，将它们的距离从 $3a/2$ 变到 $5a/2$，求磁场对正方形线圈所做的功。

解 如图 5-8 所示位置，线圈所受安培力的合力为

$$F = aI_2\left[\frac{\mu_0 I_1}{2\pi x}-\frac{\mu_0 I_1}{2\pi(x+a)}\right]$$

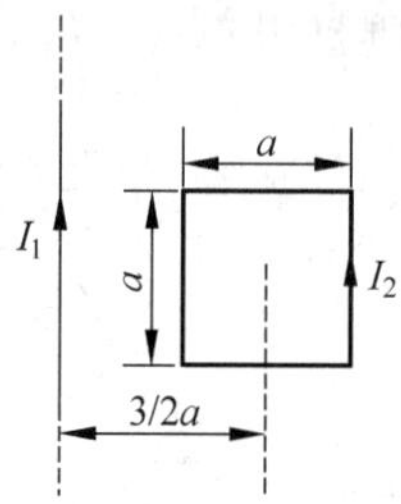

图 5-7

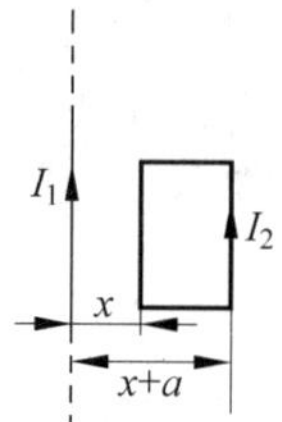

图 5-8

方向向右，从 $x=a$ 到 $x=2a$ 磁场所做的功为

$$A=\int_a^{2a}\frac{\mu_0 aI_1I_2}{2\pi}\left(\frac{1}{x}-\frac{1}{x+a}\right)\mathrm{d}x$$

$$=\frac{\mu_0 aI_1I_2}{2\pi}(2\ln 2-\ln 3)$$

5-12 如图 5-9 所示，在通有电流 $I=5.0\text{A}$ 的无限长直导线旁，有一与导线处于同一平面内的单匝矩形线圈，边长分别为 $a=4.0\text{cm}$，$b=3.0\text{cm}$，线圈的左边与载流直导线相距 $d=1.0\text{cm}$。求通过矩形线圈的磁通量。

解 $B=\frac{\mu_0 I}{2\pi x}$

$$\mathrm{d}\varphi = B\cdot \mathrm{d}S=\frac{\mu_0 I}{2\pi x}\cdot a\cdot \mathrm{d}x$$

$$\varphi=\int \mathrm{d}\varphi=\int_a^{d+a}\frac{\mu_0 I}{2\pi x}\cdot a\cdot \mathrm{d}x=\frac{\mu_0 Ia}{2\pi}\ln\frac{d+a}{a}$$

5-13 一半径 $R=0.10\text{m}$ 的半圆形闭合线圈，载有电流 $I=10\text{A}$，放在 $B=0.50\text{T}$ 的匀强磁场中，磁场方向与线圈平面平行，如图 5-10 所示，求线圈所受磁力矩的大小和方向。

解 $M=BIS\sin\theta$

$=0.5\times 10\times \pi\times (0.1)^2\sin 90^\circ$

$=0.157$

方向向下。

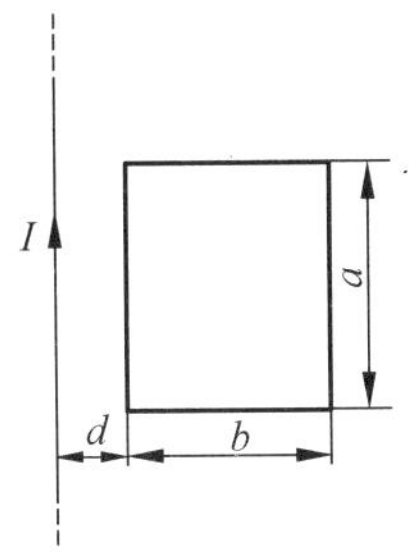

图 5-9

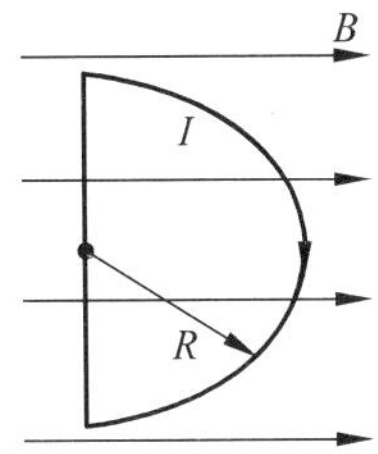

图 5-10

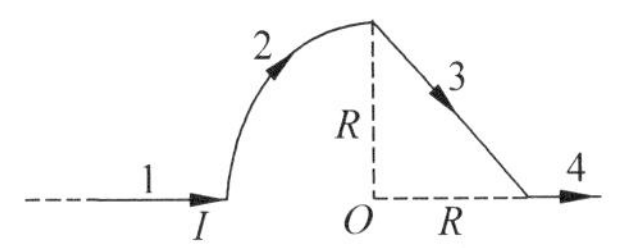

图 5-11

5-14 一根无限长导线弯成如图 5-11 所示，设各线段都在同一平面内（纸面内），其中第二段是半径为 R 的 1/4 圆弧，其余为直线。导线中通有电流 I，求图中 O 点处的磁感强度。

解 将导线分成 1、2、3、4 四部分，各部分在 O 点产生的磁感强度设为 B_1、B_2、B_3、B_4。根据叠加原理 O 点的磁感强度为

$$\boldsymbol{B}=\boldsymbol{B}_1+\boldsymbol{B}_2+\boldsymbol{B}_3+\boldsymbol{B}_4$$

因为 $\boldsymbol{B}_1$、$\boldsymbol{B}_4$ 均为 0，故 $\boldsymbol{B}=\boldsymbol{B}_2+\boldsymbol{B}_3$，

$$B_2=\frac{1}{4}\left(\frac{\mu_0 I}{2R}\right)\quad \text{方向}\otimes$$

$$B_3=\frac{\mu_0 I}{4\pi a}(\cos\theta_1-\cos\theta_2)=\frac{\sqrt{2}\mu_0 I}{4\pi R}\sqrt{2}$$

$$=\mu_0 I/(2\pi R)\quad \text{方向}\otimes$$

所以

$$B=\frac{\mu_0 I}{8R}+\frac{\mu_0 I}{2\pi R}=\frac{\mu_0 I}{2R}\left(\frac{1}{4}+\frac{1}{\pi}\right)\quad \text{方向}\otimes$$

【自测练习】

5-1 一“探测线圈”有 50 匝导线组成，截面积 $S=4\text{cm}^2$，电阻 $R=25\Omega$。若把探测线圈在磁场中迅速翻转 90°，测得通过线圈的电荷量为 $\Delta q=4\times10^{-5}\text{C}$，则磁感应强度 B 的大小为________。

A. 0.01T　　B. 0.05T　　C. 0.1T　　D. 0.5T

5-2 如图 5-12 所示，四条皆垂直于纸面“无限长”载流直导线，每条中的电流皆为 I，这四条导线被纸面截得的断面，它们组成了边长为 $2a$ 的正方形的四个角顶，每条导线中电流流向也如图 5-12 所示，则在图中正方形中心点 O 的磁感强度的大小为________。

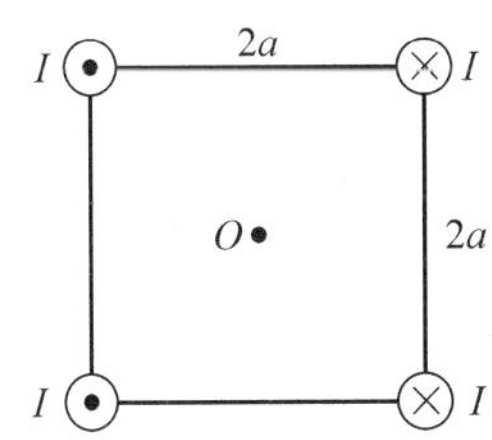

图 5-12

A. $B=\dfrac{2\mu_0 I}{\pi a}$　　B. $B=\dfrac{\sqrt{2}\mu_0 I}{2\pi a}$

C. $B=0$　　D. $B=\dfrac{\mu_0 I}{\pi a}$

5-3 下列关于磁感应线的描述，正确的是________。

A. 条形磁铁的磁感应线是从 N 极到 S 极的

B. 条形磁铁的磁感应线是从S极到N极的

C. 磁感应线是从N极出发终止于S极的曲线

D. 磁感应线是无头无尾的闭合曲线

5-4 竖直向下的匀强磁场中,用细线悬挂一条水平导线。若匀强磁场磁感应强度大小为B,导线质量为m,导线在磁场中的长度为L,当水平导线内通有电流I时,细线的张力大小为________。

A. $\sqrt{(BIL)^2+(mg)^2}$　　B. $\sqrt{(BIL)^2-(mg)^2}$

C. $\sqrt{(0.1BIL)^2+(mg)^2}$　　D. $(BIL)^2+(mg)^2$

5-5 无限长直圆柱体,半径为R,沿轴向均匀有电流,若柱体内部($r<R$)磁场为$B_{内}$,体外($r>R$)磁场为$B_{外}$,则有________。

A. $B_{内}$,$B_{外}$ 均与r成正比　　B. $B_{内}$,$B_{外}$ 均与r成反比

C. $B_{内}$,$B_{外}$ 均与r无关　　D. $B_{内}$ 与r成正比,$B_{外}$ 均与r成反比

5-6 两根长直导线通有电流I,图5-13所示有三种环路;求下列每种情况下,$\oint \boldsymbol{B}\cdot \mathrm{d}\boldsymbol{l}$的值。(1)对环路$a$;(2)对环路$b$;(3)对环路$c$。

5-7 半径为R的载流圆环,通有I电流。则距环上各点距离皆为r的一点的磁感应强度$B=$________。

5-8 真空中一载有电流I的长直螺旋管,单位长度的线圈匝数为n,管内中段部分的磁感应强度为________,端点部分的磁感应强度为________。

5-9 均匀磁场的磁感应强度$\boldsymbol{B}$与半径R的圆形平面的法线$\boldsymbol{n}$的夹角为α,今以圆周为边界,作一个半球面S,S与圆形平面组成封闭面如图5-14所示,则通过S面的磁通量φ为________。

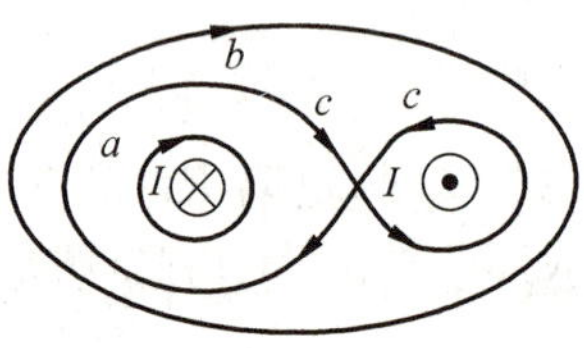

图 5-13

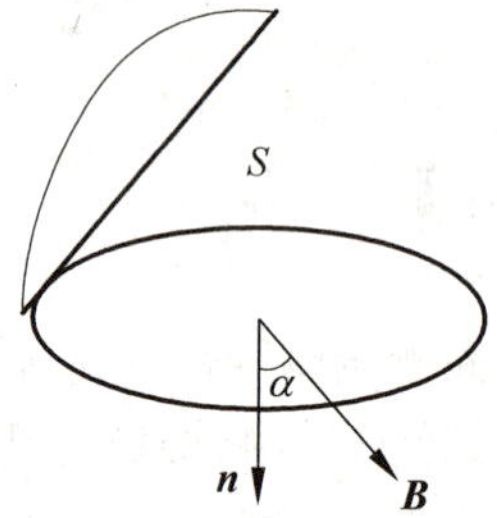

图 5-14

5-10 有一载流为I的平面正三角形线圈,边长为l,置于均匀外磁场$\boldsymbol{B}$中。若线圈的磁矩方向平行于外磁场$\boldsymbol{B}$方向,那么线圈所受磁力矩为________。

5-11 一载流为I的细导线绕在半径为R的长直筒上形成密绕螺线管,管内磁感应强度为B_1。若密绕在另一圆筒上,已知半径为r,且$r=R/2$,管内磁感应强度为B_2,则两磁感应强度大小关系为________。

5-12 如图5-15所示,$ABCD$是无限长导线,通以电流I,BC段被弯成半径为R的半圆环,CD段垂直于半圆环所在的平面,AB的延长线通过圆心O和C点。则圆心O处的磁感应强度大小为________,方向为________。

5-13 两平行放置的长直载流导线相距为d,分别通有同向的电流I和$2I$,坐标系的选取如图5-16所示。

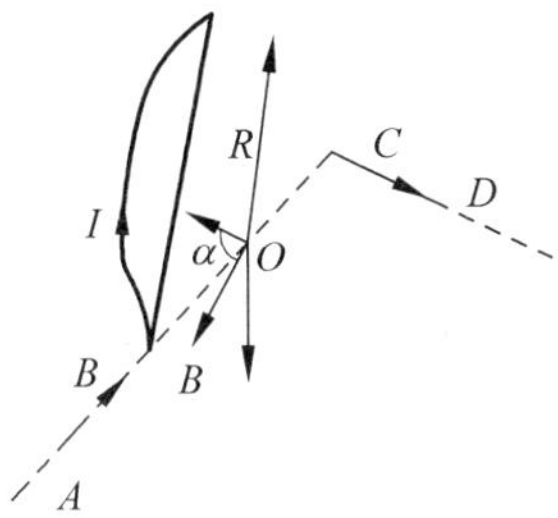

图 5-15

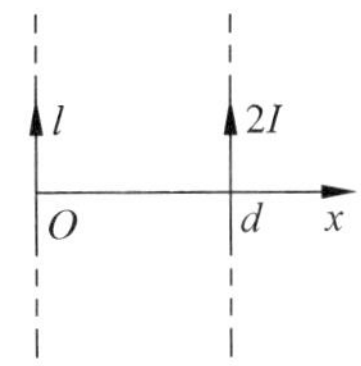

图 5-16

(1) 求 $x=d/2$ 处的磁感应强度的大小和方向。

(2) 磁感应强度为零的位置。

5-14 一个塑料圆盘，半径为 R，电荷均匀分布于表面，圆盘绕通过圆心垂直盘面的轴转动，角速度为 ω。求圆盘中心处的磁感应强度。

5-15 两根长直导线沿半径方向引入到铁环上的 A、B 两点，并与很远的电源相连，如图 5-17 所示。求环中心 O 的磁感应强度。

5-16 如图 5-18 所示，一宽度为 b 的无限长薄金属板，自下而上通有电流 I。

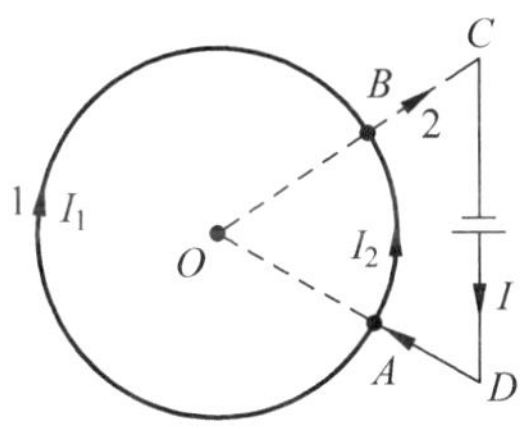

图 5-17

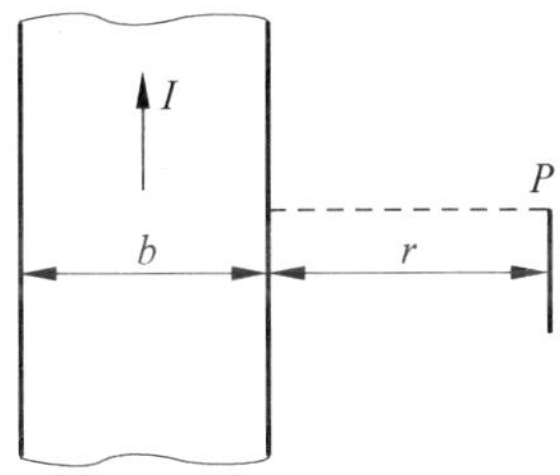

图 5-18

(1) 试求在薄板的平面上，距板的一边距离为 r 处 P 点的磁感应强度。

(2) 若在此处与薄板平行放置一无限长细导线，通有等值反向电流，则此导线单位长度所受的磁力如何？

5-17 如图 5-19 所示，半径为 R 半圆形线圈通有电流 I，线圈处在与线圈平面平行的均匀磁场 B 中，求线圈受到的磁力矩的大小及从俯视图上看力矩的转向。

5-18 如图 5-20 所示，平行放置的在同一平面内的三条载流长直导线，要是导线 AB 所受的安培力等于零，求图中 x 应为多少？

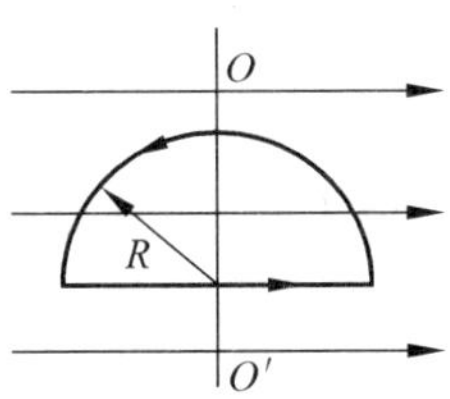

图 5-19

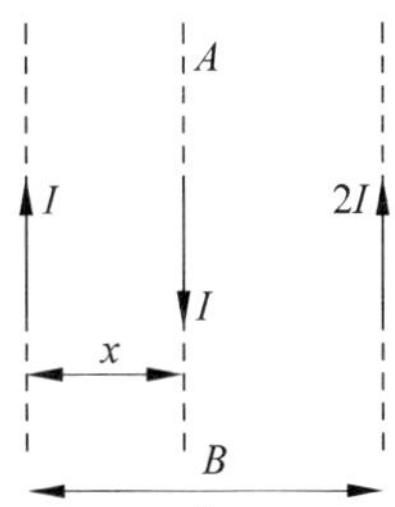

图 5-20

第6章

电磁感应与电磁场

【内容提要】

一、电磁感应的基本规律

1. 电磁感应现象：当穿过闭合导体回路的磁通量发生变化时，不管这种变化是由于什么原因引起的，回路中就有电流产生，这种现象叫做电磁感应现象。产生的电流叫做感应电流，产生的电动势叫做感应电动势。

2. 楞次定律：闭合导体回路中感应电流的方向总是使感应电流所激发的磁场去阻碍（反抗）引起感应电流的磁通量分变化（增加或减少）。楞次定律是判断感应电流和感应电动势方向的基本定律。

3. 法拉第电磁感应定律：闭合导体回路中感应电动势 ε 大小与穿过回路所包围的面积的磁通量的变化率$\frac{d\phi_m}{dt}$成正比。即

$$\varepsilon = -\frac{d\phi_m}{dt}$$

当导体回路由 N 匝紧密排列的线圈组成时，有

$$\varepsilon = -N\frac{d\phi_m}{dt}$$

4. 感生电动势与动生电动势

（1）动生电动势：由导体在磁场中运动而引起导体回路或导体扫过面积中的磁通量发生变化，从而在导体上产生的感应电动势。即

$$\varepsilon = \oint_L (\boldsymbol{v} \times \boldsymbol{B}) \cdot d\boldsymbol{l}$$

式中，若 $\varepsilon > 0$ 时，则 ε 的方向与积分路径 $d\boldsymbol{l}$ 方向一致；反之，若 $\varepsilon < 0$ 时，则 ε 的方向与积分路径 $d\boldsymbol{l}$ 方向相反，也可以用右手定则判定。

（2）感生电动势：由变化磁场激发的电场称为感应电场，也叫感生电场。由变化的磁场而在导体内产生的感应电动势叫感生电动势。即

$$\varepsilon_i = \oint_L \boldsymbol{E}_k \cdot d\boldsymbol{l} = -\int_s \frac{\partial \boldsymbol{B}}{\partial t} \cdot d\boldsymbol{S}$$

感生电场与静电场的共同之处是它们都对电荷产生作用力，而且作用力的规律相同。

区别在于：静电场是由静止电荷激发的电场，是有源场，是无旋场，是保守力场，可以引入电势的概念。而感生电场是有变化的磁场激发的电场，是无源场，是涡旋场，是非保守力场，不能引入电势的感念。

5. 自感和互感

(1) 自感：由于线圈自身的电流变化而在线圈中产生电磁感应的现象，叫做自感，所产生的电动势称为自感电动势。

(2) 自感系数：$L=\frac{\psi_m}{I}$，ψ_m 为穿过线圈的全磁通，等于 $N\phi_m$，单位为 H(亨)。自感系数由线圈的大小、形状、匝数以及周围介质的磁导率决定，与线圈中有无电流以及电流大小无关。则自感电动势为 $\varepsilon=-L\frac{dI}{dt}$。

(3) 互感：通过某一回路的电流发生变化时，穿过其附近另一回路的磁通量也会随之发生变化，则在另一回路中会产生感应电动势的现象。

(4) 互感系数：互感系数 M 由线圈的大小、形状、匝数、两个线圈的相对位置以及周围介质的磁导率决定，与线圈中有无电流以及电流大小无关。$M=\frac{\psi_{21}}{I_1}=\frac{\psi_{12}}{I_2}$，单位也是 H(亨)。则互感电动势为 $\varepsilon_{21}=-M\frac{dI_1}{dt}$ 或 $\varepsilon_{12}=-M\frac{dI_2}{dt}$。

(5) 涡电流：感应电流在整块导体中的流动，形如水中旋涡，故叫做涡电流。简称涡流。

二、磁场能量

1. 磁场的能量：电流从零增长到稳定值 I 的整个过程中，通过电源反抗自感电动势做功，储存在线圈中的磁场能量为

$$W=\frac{1}{2}LI^2$$

2. 磁场的能量密度：

$$\omega=\frac{W}{V}=\frac{B^2}{2\mu_0}$$

对任意磁场，总场能为

$$W=\iiint_V w\,dV=\iiint_V \frac{B^2}{2\mu_0}dV$$

三、电磁场和电磁波

1. 麦克斯韦关于电磁场理论的两个基本假说

(1) 感应电场假说：由变化磁场激发的电场称为感应电场，也叫感生电场。

(2) 位移电流假说：把变化着的电场等效为位移电流，其核心思想是变化着的电场激发涡旋磁场。

变化电场与变化磁场不是彼此孤立的，它们相互联系，相互激发，互为因果，形成一个不可分离的统一体，这就是电磁场。

2. 麦克斯韦方程组

$$\begin{cases}\oiint_S \boldsymbol{E}\cdot \mathrm{d}\boldsymbol{S}=\dfrac{1}{\varepsilon_0}\sum q_i \\ \oint_L \boldsymbol{E}\cdot \mathrm{d}\boldsymbol{l}=-\dfrac{\mathrm{d}\psi_{\mathrm{m}}}{\mathrm{d}t}=-\iint_S \dfrac{\partial \boldsymbol{B}}{\partial t}\cdot \mathrm{d}\boldsymbol{S} \\ \oiint_S \boldsymbol{B}\cdot \mathrm{d}\boldsymbol{S}=0 \\ \oint_L \boldsymbol{B}_{感}\cdot \mathrm{d}\boldsymbol{l}=\mu_0\sum I+\mu_0\varepsilon_0\iint_S \dfrac{\partial \boldsymbol{E}}{\partial t}\cdot \mathrm{d}\boldsymbol{S}\end{cases}$$

3. 电磁波：变化的电场和变化的磁场不断地相互激发、交替产生，由近及远地传播出去，就形成了电磁波。电磁波有以下几个主要性质：

(1) 在一给定点的电场强度矢量 $\boldsymbol{E}$ 与磁感应强度矢量 $\boldsymbol{B}$ 和电磁波的传播方向三者相互垂直。

(2) 任意给定点的 $\boldsymbol{E}$ 与 $\boldsymbol{B}$ 都作周期性变化，二者始终同频率、同相位。

(3) 在一给定点的电场强度矢量 $\boldsymbol{E}$ 与磁感应强度矢量 $\boldsymbol{B}$ 在量值上有如下关系：

$$\sqrt{\varepsilon}\boldsymbol{E}=\frac{\boldsymbol{B}}{\sqrt{\mu}}$$

(4) 电磁波的传播速度的大小取决于介质的介电常数 ε 和磁导率 μ，即

$$u=\frac{1}{\sqrt{\varepsilon\mu}}$$

4. 电磁光谱：人们按照电磁波在真空中的波长或频率的顺序把各种电磁波排列起来，就构成了电磁光谱。在电磁波谱中，按照波长由大到小(频率由低到高)的顺序依次是无线电波(包括长波、中波、短波和微波)、红外线、可见光、紫外线、X 射线和 γ 射线。

【例题解析】

例 6-1 一条直导线载有 $I=10\mathrm{A}$ 电流，旁边放一长方形的平面圈，其中可动部分 cd 长 $L=0.3\mathrm{m}$，以 $v=3.0\mathrm{m/s}$ 的速度向右运动，求 cd 在如图 6-1 所示位置时的感应电动势为多少？哪端电势高？已知 $a=0.1\mathrm{m}$，$b=0.1\mathrm{m}$。

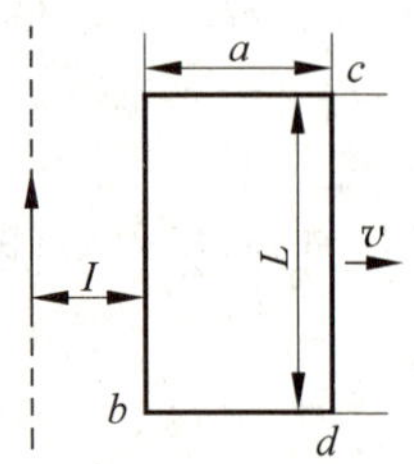

图 6-1

解 长直导线在长方形线框一方导线为 x 处产生的磁感应强度的大小为

$$B=\frac{\mu_0 I}{2\pi x}$$

方向垂直图面向里。

由动生电动势公式，导线 dc 产生的动生电动势为

$$\varepsilon=\int_d^c(\boldsymbol{v}\times\boldsymbol{B})\cdot\mathrm{d}\boldsymbol{l}=\frac{\mu_0 Iv}{2\pi x}L$$

cd 在图示位置时的感应电动势为

$$\varepsilon = \frac{\mu_0 I v}{2x} \cdot L \cdot \frac{1}{a+b}$$

$$= 2\times 10^{-7}\times 10\times 3.0\times 0.3\times \frac{1}{0.2} = 9\times 10^{-6}\,\mathrm{V}$$

例 6-2 如图 6-2 所示，一无限长垂直导线上通有稳定电流 I，电流方向向上。导线旁有一与导线共面、长度为 l 的金属棒，绕其一端 O 在该平面内顺时针匀速转动，转动角速度为 ω，O 点到导线的垂直距离为 $r_0(r_0>l)$。试求金属棒转动到与水平面成 θ 角时，棒内感应电动势的大小和方向。

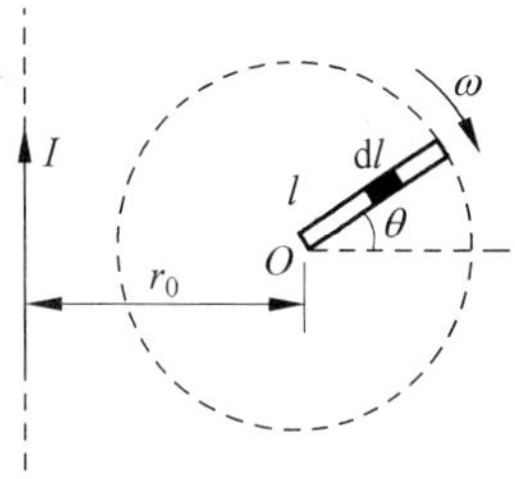

图 6-2

解 在导线元 dl 处长直导线上电流的磁场：

$$B = \frac{\mu_0 I}{2\pi(r_0 + l\cos\theta)} \quad (方向\otimes)$$

导线元 d$\boldsymbol{l}$ 的运动速度 $v = l\omega$

棒上感应电动势为

$$\varepsilon = \int_l (\boldsymbol{v}\times\boldsymbol{B})\cdot \mathrm{d}\boldsymbol{l}$$

$$= \int_0^l \omega l \frac{\mu_0 I \mathrm{d}l}{2\pi(r_0 + l\cos\theta)}$$

$$= \frac{\mu_0 I\omega}{2\pi\cos\theta}\int_0^l \left(1 - \frac{r_0}{r_0 + l\cos\theta}\right)\mathrm{d}l$$

$$= \frac{\mu_0 I\omega}{2\pi\cos\theta}\left(l - \frac{r_0}{\cos\theta}\ln\frac{r_0 + l\cos\theta}{r_0}\right)$$

例 6-3 一长直螺线管的导线中通入 10.0A 的恒定电流时，通过每匝线圈的磁通量是 20μWb；当电流以 4.0A/s 的速度变化时，产生的自感电动势为 3.2mV。求此螺线管的自感系数与总匝数。

解 $$L = \varepsilon\Big/\frac{\mathrm{d}I}{\mathrm{d}t} = 3.2\times 10^{-3}/4.0 = 0.8\times 10^{-3}\,\mathrm{H}$$

又 $$L = \frac{N\phi}{I}$$

所以 $$N = \frac{LI}{\phi} = \frac{0.8\times 10^{-3}\times 10.0}{20\times 10^{-6}} = 400(匝)$$

例 6-4 有一段 10 号铜线，直径为 2.54mm，在这铜线上有 10A 的电流。求铜线表面处的磁能密度有多大。

解 导线表面处磁场大小 $B = \frac{\mu_0 I}{2\pi r}$

则磁能密度为 $$w = \frac{B^2}{2\mu_0} = \frac{\mu_0 I^2}{8\pi^2 r^2} = \frac{4\pi\times 10^{-7}\times 10^2}{8\pi^2\times(1.27\times 10^{-3})^2} = 0.95\,\mathrm{J/m^3}$$

【同步题解】

思考题

6-1 什么是电磁感应现象？产生这一现象的条件是什么？

答：当穿过闭合导体回路的磁通量发生变化时，不管这种变化是由于什么原因所引起的，回路中就有电流产生，这种现象叫做电磁感应现象。条件是闭合回路中的磁通量变化。

6-2 感生电场与静电场有哪些区别？

答：静电场是有源无旋场，无旋性是它的一个重要特性，无旋性的积分形式是电场沿任意闭合回路的环量等于零；感生电场是涡旋场，有旋无源，无源性决定了电场线的连续闭合性。所以静电场中的电场线起于正电荷，止于负电荷，是不闭合的；而磁场变化激发的电场的电场线是闭合的。

6-3 将尺寸完全相同的铜环和木环适当放置，使通过两环内的磁通量变化量相等。问这两个环中的感生电动势及感生电场是否相等？

答：相等。

6-4 有两个半径相接近的线圈，问如何放置可使互感最小？如何放置可使互感最大？

答：水平放置互感最小，叠放互感最大。

6-5 麦克斯韦关于电磁场理论的两个基本假设的内容是什么？

答：涡流电流假设和位移电流假设。

6-6 什么是电磁场？什么是电磁波？

答：如果空间存在振荡的电场，则必然存在着振荡的磁场；同样，如果空间存在振荡的磁场，也必然存在着振荡的电场。因此，变化电场与变化磁场不是彼此孤立的，它们相互联系，相互激发，互为因果，形成一个不可分离的统一体，这就是电磁场。

电磁感应现象表明变化的磁场伴随产生感生电场；变化的电场伴随产生感生磁场，设在空间某区域内有变化电场（或变化磁场），那么在邻近区域内将感应出磁场（或电场）；若这个磁场（或电场）也是变化的，则又在较远的区域内引起新的电场（或磁场），从而使变化的电场和磁场交替产生，由近及远，以一定的速度在空间传播，这种周期性变化的电磁场在空间的传播叫做电磁波。

6-7 在真空中传播的自由平面电磁波具有哪些基本性质？

答：(1) 在一给定点的电场强度矢量 $\boldsymbol{E}$ 与磁感应强度矢量 $\boldsymbol{B}$ 和电磁波的传播方向三者相互垂直，这说明电磁波是横波。

(2) 任意给定点的 $\boldsymbol{E}$ 与 $\boldsymbol{B}$ 都作周期性变化，二者始终同频率、同相位，即同时达到最大值和最小值。

(3) 在一给定点的电场强度矢量 $\boldsymbol{E}$ 与磁感应强度矢量 $\boldsymbol{B}$ 在量值上有如下关系：

$$\sqrt{\varepsilon}\boldsymbol{E} = \frac{\boldsymbol{B}}{\sqrt{\mu}}$$

(4) 电磁波的传播速度大小取决于介质的介电常数 ε 和磁导率 μ，即

$$u = \frac{1}{\sqrt{\varepsilon\mu}}$$

6-8 什么是电磁波谱？在电磁波谱中，请将可见光、紫外线、无线电波、γ 射线、红外线、X 射线按波长由大到小的顺序进行排列。

答：人们按照电磁波在真空中的波长或频率的顺序把各种电磁波排列起来，就叫做电磁波谱。波长由大到小的顺序是无线电波、红外线、可见光、紫外线、X 射线、γ 射线。

习题

6-1 当一个线圈中的电流发生变化时，它产生的磁场穿过该线圈的磁通量也发生变化，因而线圈中也产生感应电动势，这种现象称为________，产生的感应电动势称为________。

答：电磁感应；感生电动势。

6-2 已知在一个面积为 S 的平面闭合线圈的范围内，有一随时间变化的均匀磁场 $B(t)$，线圈平面垂直于磁场，则此闭合线圈内的感应电动势为________。

答：$\dfrac{\mathrm{d}B(t)}{\mathrm{d}t}\cdot S$

6-3 用导线制成一半径为 $r=10\mathrm{cm}$ 的闭合圆形线圈，其电阻 $R=10\Omega$，均匀磁场垂直于线圈平面。欲使电路中有一稳定的感应电流 $i=0.01\mathrm{A}$，B 的变化率应为 $\mathrm{d}B/\mathrm{d}t=$________。

解 $I=-\dfrac{1}{R}\dfrac{\mathrm{d}\varphi}{\mathrm{d}t}=-\dfrac{S}{R}\dfrac{\mathrm{d}B}{\mathrm{d}t}$

$\dfrac{\mathrm{d}B}{\mathrm{d}t}=\dfrac{IB}{S}=3.18\mathrm{T/s}$

6-4 真空中一根无限长直导线中流有电流强度为 I 的电流，则距导线垂直距离为 a 的某点的磁能密度 $W_\mathrm{m}=$________。

解 $B=\dfrac{\mu_0 I}{2\pi a}$，$W_\mathrm{m}=\dfrac{B^2}{2\mu_0}$

把 B 代入到 W_m 公式，得 $W_\mathrm{m}=\dfrac{\mu_0 I^2}{8\pi^2 a^2}$

6-5 一自感线圈中，电流强度在 $0.002\mathrm{s}$ 内均匀地由 $10\mathrm{A}$ 增加到 $12\mathrm{A}$，此过程中线圈内自感电动势为 $400\mathrm{V}$，则线圈的自感系数为 $L=$________。

解 $\varepsilon=L\dfrac{\mathrm{d}i}{\mathrm{d}t}$，则 $L=\dfrac{\varepsilon}{\mathrm{d}i/\mathrm{d}t}=0.4\mathrm{H}$

6-6 一半径为 $r=10\mathrm{cm}$ 的圆形回路放在 $B=0.8\mathrm{T}$ 的均匀磁场中，回路平面与 B 垂直，当回路半径以恒定速率 $\dfrac{\mathrm{d}r}{\mathrm{d}t}=80\mathrm{cm/s}$ 收缩时，回路感应电动势大小为________。

解 $\varepsilon=\dfrac{\mathrm{d}\varphi}{\mathrm{d}t}=B\cdot\dfrac{\mathrm{d}S}{\mathrm{d}t}=B\cdot 2\pi r\cdot\dfrac{\mathrm{d}r}{\mathrm{d}t}=0.4\mathrm{V}$

6-7 有一无限长直螺线管，单位长度上线圈的匝数为 n，在管的中心放置一绕了 N 圈，半径为 r 的圆形小线圈，其轴线与螺线管的轴线平行，设螺线管内电流变化率为 $\mathrm{d}I/\mathrm{d}t$，求小线圈中的感应电动势。

解 无限长直螺线管内部的磁场为

$$B=\mu_0 nI$$

通过 N 匝圆形小线圈的磁通量为

$$\phi_\mathrm{m}=NBS=N\mu_0 nI\pi r^2$$

由法拉第电磁感应定律有

$$\varepsilon=-\frac{\mathrm{d}\phi_\mathrm{m}}{\mathrm{d}t}=-N\mu_0 n\pi r^2\frac{\mathrm{d}I}{\mathrm{d}t}$$

6-8 一面积为 S 的小线圈在一单位长度线圈匝数为 n，通过电流为 i 的长螺线管内，并与螺线管共轴。若 $i=i_0\sin\omega t$，求小线圈中感生电动势的表达式。

解 通过小线圈的磁通量为

$$\phi_{\mathrm{m}}=BS=\mu_0 niS$$

由法拉第电磁感应定律有：$\varepsilon=-\dfrac{\mathrm{d}\phi_{\mathrm{m}}}{\mathrm{d}t}=-\mu_0 nS\dfrac{\mathrm{d}i}{\mathrm{d}t}=-\mu_0 nSi_0\omega\cos\omega t$

6-9 如图 6-3 所示，有一根长直导线，载有直流电流 I，近旁有一个两条对边与它平行并与它共面的矩形线圈，以匀速度 $\boldsymbol{v}$ 沿垂直于导线的方向离开导线。设 $t=0$ 时，线圈位于图 6-3 所示位置，求

(1) 在任意时刻 t 通过矩形线圈的磁通量 Φ。

(2) 在图示位置时矩形线圈中的电动势。

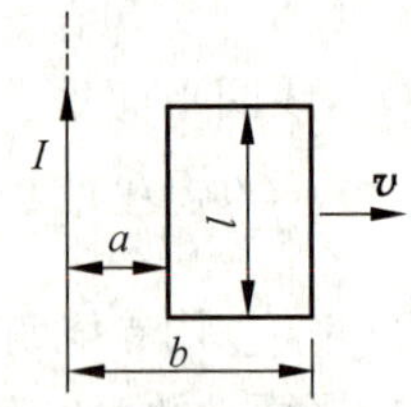

图 6-3

解 (1) $\Phi(t)=\iint_S \boldsymbol{B}\cdot\mathrm{d}\boldsymbol{S}=\int\dfrac{\mu_0 I}{2\pi r}l\,\mathrm{d}r$

$$=\frac{\mu_0 Il}{2\pi}\int_{a+vt}^{b+vt}\frac{\mathrm{d}r}{r}$$

$$=\frac{\mu_0 Il}{2\pi}\ln\frac{b+vt}{a+vt}$$

(2) $\varepsilon=-\left.\dfrac{\mathrm{d}\Phi}{\mathrm{d}t}\right|_{t=0}=\dfrac{\mu_0 lIv(b-a)}{2\pi ab}$

6-10 一个平均半径 $R=8.0\mathrm{cm}$，截面积 $S=1.0\mathrm{cm}^2$ 的空心螺绕环，共绕有 $N=1000$ 匝线圈。

(1) 求螺绕环的自感系数；

(2) 若线圈中通有 $I=1.0\mathrm{A}$ 的电流，其磁能密度和磁场能量各是多少？

解 (1) 螺绕环内磁场 B 的大小为

$$B=\mu nI=\frac{\mu IN}{l}$$

通过每匝线圈的磁通量为

$$\phi_{\mathrm{m}}=BS=\frac{\mu INS}{l}$$

通过螺绕环的磁链为

$$\psi_{\mathrm{m}}=N\phi_{\mathrm{m}}=\frac{\mu IN^2S}{l}$$

又自感系数定义的螺绕环的自感系数为

$$L=\frac{\psi_{\mathrm{m}}}{I}=\frac{\mu N^2S}{l}=2.5\times10^{-4}\,\mathrm{H}$$

(2) 磁场能量为

$$W_{\mathrm{m}}=\frac{1}{2}LI^2=1.25\times10^{-4}\,\mathrm{J}$$

磁能密度为

$$w_{\mathrm{m}}=\frac{W_{\mathrm{m}}}{V}=\frac{W_{\mathrm{m}}}{lS}=2.5\,\mathrm{J/m^2}$$

【自测练习】

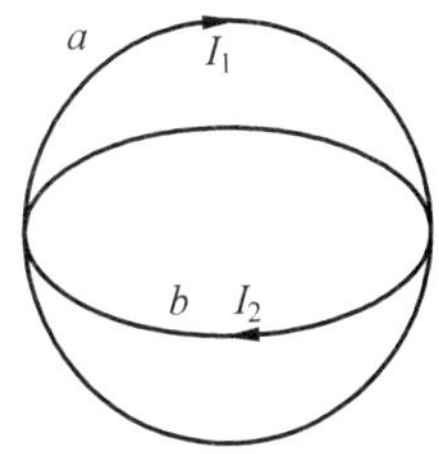
图 6-4

6-1 如图 6-4 所示，两个圆环形导体 a、b 相互垂直放置，且圆心重合，当它们的电流 I_1 和 I_2 同时发生变化时，则________。

A. a 导体产生自感电流，b 导体产生互感电流

B. b 导体产生自感电流，a 导体产生互感电流

C. 两导体同时产生自感电流和互感电流

D. 两导体只产生自感电流，不产生互感电流

6-2 在感应电场中电磁感应定律可写成 $\oint_l \boldsymbol{E}_k \cdot d\boldsymbol{l} = -\frac{d\phi}{dt}$，式中 $\boldsymbol{E}_k$ 为感应电场的电场强度，此式表明________。

A. 闭合曲线 l 上 $\boldsymbol{E}_k$ 处处相等

B. 感应电场是保守力场

C. 感应电场的电力线不是闭合曲线

D. 在感应电场中不能像对静电场那样引入电势的概念

6-3 有两个长直密绕螺线管，长度及线圈匝数均相同，半径分别为 r_1 和 r_2，管内充满均匀介质，其磁导率分别为 μ_1 和 μ_2，设 $r_1 : r_2 = 1:2$，$\mu_1 : \mu_2 = 2:1$，当将两只螺线管串联的电路中通电稳定后，其自感系数之比 $L_1 : L_2$，与磁能之比 $W_1 : W_2$ 分别为________。

A. $L_1 : L_2 = 1:1, W_1 : W_2 = 1:1$　　B. $L_1 : L_2 = 1:2, W_1 : W_2 = 1:1$

C. $L_1 : L_2 = 1:2, W_1 : W_2 = 1:2$　　D. $L_1 : L_2 = 2:1, W_1 : W_2 = 2:1$

6-4 半径为 R 的螺旋环，已知自感系数为 L。若将此环分割成两个半环螺旋管，则两个半环螺管的自感系数为________。

A. 都为 $\frac{L}{2}$　　B. 都大于 $\frac{L}{2}$　　C. 都小于 $\frac{L}{2}$　　D. 不能确定

6-5 一自感系数为 0.25H 的线圈，当线圈中的电流在 0.01s 内由 2A 均匀地减小到零。线圈中的自感电动势的大小为________。

6-6 氢原子中电子在一半径为 R 的圆轨道上以速率 v 作匀速率圆周运动，则圆心处的磁场磁能密度 $w=$________。

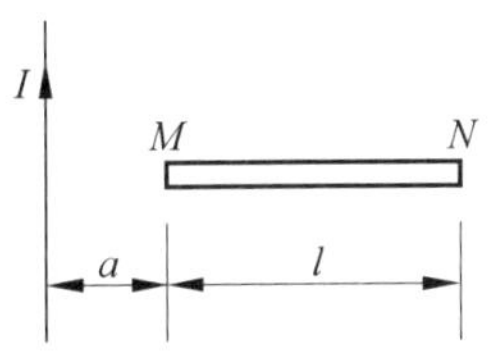
图 6-5

6-7 如图 6-5 所示，一段长度为 l 的金属棒 MN，水平放在载有电流 I 的竖直长导线旁，与竖直导线共面，并从静止由图示位置自由落下，若导线可视为无限长，则 t 时刻棒中的感应电动势 $\varepsilon=$________，电势较高端为________。

6-8 一半径 a 的载流圆柱长直导线，若电流截面圆上均匀分布，则单位长的自感系数为________。

6-9 半径为 a 的无限长密绕螺线管，单位长度上的匝数为 n，螺旋管导线中通过交变电流 $i = I_0 \sin\omega t$，则围在管外的同轴圆形回路（半径为 r）上的感生电动势为________。

6-10 如图 6-6 所示，在均匀磁场 B 中，有一半径为 R 的导体圆盘，圆盘轴线与磁场方向平行，当圆盘以角速度 ω 绕通过中心的轴 AA' 转动时，求盘心 O 与边缘上的 C 点间的电

势差。

6-11　长为 L 的金属棒水平放置，以长度的1/5处为轴，在水平面内以角速率 ω 旋转。如图6-7所示，垂直于棒的旋转平面有一均匀磁场，方向竖直向下，大小为 B。求 a、b 两端的电势差，哪端电势高？

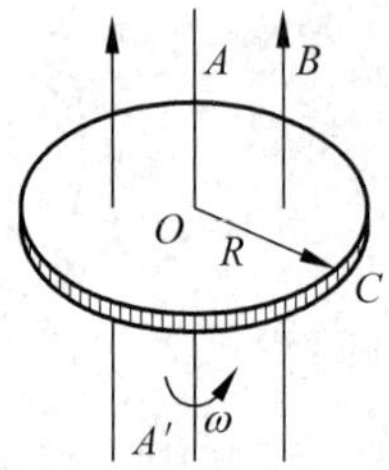

图　6-6

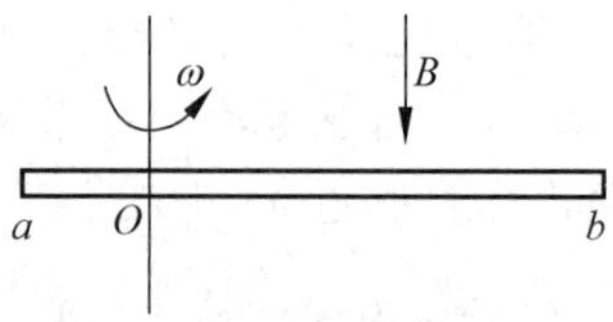

图　6-7

6-12　一个长 l、截面半径为 R 的圆柱形线筒上均匀密绕有两组线圈。一组的总匝数为 N_1，另一组的总匝数为 N_2。求筒内为空气时两组线圈的互感系数。

6-13　可能利用超导线圈中的持续大电流的磁场储存能量。要储存1kW·h的能量，利用0.1T的磁场，需要多大体积的磁场？若利用线圈中的500A的电流储存上述能量，则该线圈的自感系数应多大？

6-14　如图6-8所示，在纸面所在平面内有一根通有电流为 I 的无限长直导线，其旁边有一个边长为 l 的等边三角形线圈 ACD，该线圈的 AC 边与长直导线的距离最近且相互平行，今使线圈 ACD 在纸面内以匀速 v 与长直导线相垂直。求当线圈 AC 边与长直导线相距为 a，线圈 ACD 内的动生电动势 ε。

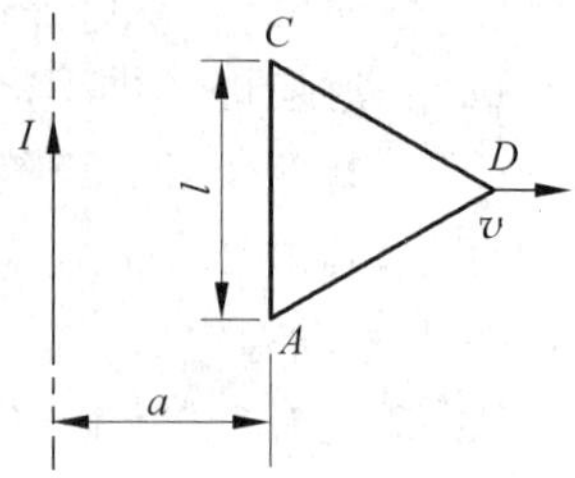

图　6-8

第7章

简 谐 振 动

【内容提要】

一、简谐振动的描述

1. 简谐振动中，物体离开平衡位置的位移 x 按余弦规律随时间 t 变化，其运动方程为

$$x = A\cos(\omega t + \varphi)$$

速度方程：$v=\dfrac{\mathrm{d}x}{\mathrm{d}t}=-\omega A\sin(\omega t+\varphi)$

加速度方程：$a=\dfrac{\mathrm{d}^2 x}{\mathrm{d}t^2}=-\omega^2 A\cos(\omega t+\varphi)=-\omega^2 x$

上述各式中：A 为振幅，ω 为角频率，$(\omega t+\varphi)$为任意时刻的相位。$t=0$ 的相位 φ 为初相位。A 和 φ 由初始条件可以给出，如设 $t=0$ 时刻，质点的初始位移为 x_0，初始速度为 v_0，则由运动方程和速度方程得

$$x_0 = A\cos\varphi, \qquad v_0 = -\omega A\sin\varphi$$

联立可得：$A=\sqrt{x_0^2+\dfrac{v_0^2}{\omega^2}}$，$\varphi=\arctan\left(-\dfrac{v_0}{\omega x_0}\right)$

角频率 $\omega=\sqrt{k/m}$，周期 $T=\dfrac{2\pi}{\omega}$。初相位的确定大多利用旋转矢量法来实现。

二、旋转矢量法

简谐振动可以采用一种直观的几何方法来表示，称为旋转矢量图示法。在简谐振动过程中，谐振子的每一个运动状态都与旋转矢量 $\boldsymbol{A}$ 的各个空间位置一一对应，要确定任一时刻谐振子的运动状态，在很多情况下，只需要确定该时刻谐振子运动状态所对应的旋转矢量的空间位置即可。旋转矢量法为解决简谐振动的相关问题带来极大的方便。如在图 7-1 所示的旋转矢量图上，$\boldsymbol{A}$ 与 Ox 轴正方向间的夹角 φ 等于简谐振动的初相位 φ，只要确定了起始时刻旋转矢量的空间位置，则初相位即可确定。

通常可以用以下三步来确定初相位：

(1) 明确初始条件，如已知 x_0，v_0 方向等；

(2) 画出与初始条件相对应的旋转矢量，如图 7-2 所示；

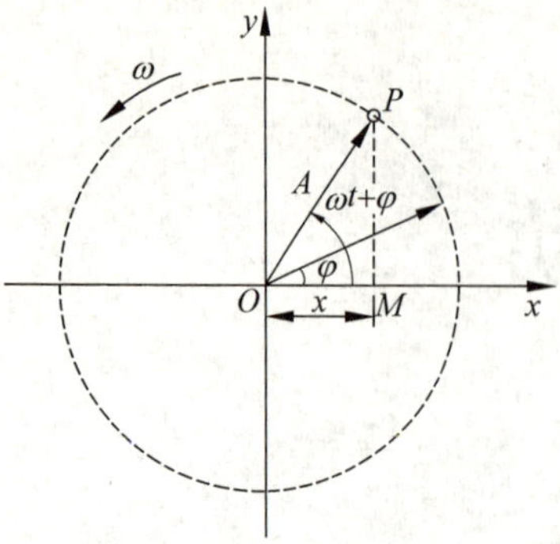

图 7-1　简谐振动的旋转矢量法

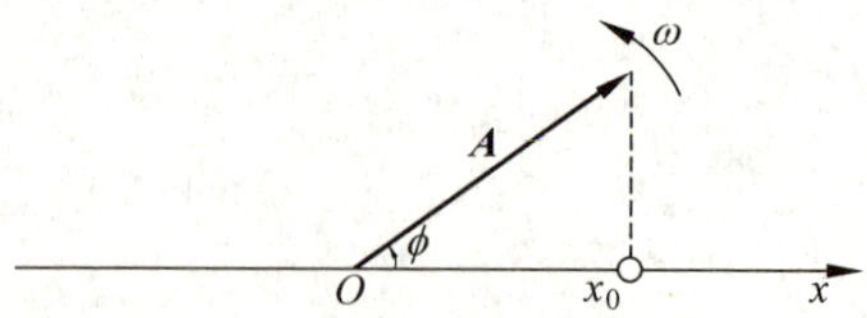

图 7-2　与初始条件相对应的旋转矢量图

(3) 该旋转矢量与 $+x$ 轴的夹角 φ 即为初相位。

利用旋转矢量法，通过确定初末时刻旋转矢量的空间位置，亦可求一些过程量，如 Δt，$\Delta\varphi$ 等。

三、简谐运动的能量

振动动能：$E_k = \frac{1}{2}mv^2 = \frac{1}{2}mA^2\omega^2\sin^2(\omega t+\phi) = \frac{1}{2}kA^2\sin^2(\omega t+\varphi)$

振动势能：$E_p = \frac{1}{2}kx^2 = \frac{1}{2}kA^2\cos^2(\omega t+\varphi)$

系统的总机械能为

$$E = E_p + E_k = \frac{1}{2}kA^2$$

由上可知，由于简谐振动过程中系统只有保守内力(弹性力)做功，所以系统总的机械能守恒。该处特别强调，振动势能表达式中的 x 指谐振子离开平衡位置的位移，而非弹簧的形变量，故振动势能和弹性势能并不总是相等的。

四、简谐振动的合成

1. 两个同方向同频率简谐振动的合成

设两个分振动分别为 $x_1 = A_1\cos(\omega t+\varphi_1)$，$x_2 = A_2\cos(\omega t+\varphi_2)$，则合振动仍然是一个和分振动频率相同的简谐运动。由余弦定理得合振动的振幅和初相为

$$A = \sqrt{A_1^2 + A_2^2 + 2A_1A_2\cos(\varphi_2-\varphi_1)},\quad \varphi = \arctan\frac{A_1\sin\varphi_1 + A_2\sin\varphi_2}{A_1\cos\varphi_1 + A_2\cos\varphi_2}$$

(1) 当 $\varphi_2-\varphi_1 = \pm 2k\pi(k=0,1,\cdots)$ 时

$$A = \sqrt{A_1^2 + A_2^2 + 2A_1A_2} = A_1 + A_2$$

(2) 当 $\varphi_2-\varphi_1 = \pm(2k+1)\pi(k=0,2,\cdots)$ 时

$$A = \sqrt{A_1{}^2 + A_2^2 - 2A_1A_2} = |A_1 - A_2|$$

即当两个分振动反相或相位差为 π 的奇数倍时，合振动的振幅最小，为两个分振动振幅之差的绝对值。

2. 两个同方向不同频率简谐振动的合成

设 $x_1=A\cos\omega_1 t=A\cos2\pi\nu_1 t$，$x_2=A\cos\omega_2 t=A\cos2\pi\nu_2 t$ 分别为两个分振动，且 $|\nu_2-\nu_1|\ll\nu_2+\nu_1$，则合振动为

$$x=x_1+x_2=\left(2A\cos2\pi\frac{\nu_2-\nu_1}{2}t\right)\cos2\pi\frac{(\nu_2+\nu_1)}{2}t$$

可将上述合振动的方程看做是振幅为 $\left|2A\cos2\pi\frac{\nu_2-\nu_1}{2}t\right|$、频率为 $\frac{\nu_2+\nu_1}{2}$ 的类简谐振动。合振动的振幅在 $0\sim2A$ 之间随时间 t 作缓慢周期性变化，出现时大时小的现象，这种振动现象称为“拍”。

合振动的振幅每变化一个周期称为一拍，单位时间内拍出现的次数称为拍频，拍频

$$\nu_{拍}=\nu_2-\nu_1$$

3. 两个同频率的互相垂直的简谐运动的合成

设两个分振动的频率相同、振动方向互相垂直，沿 x、y 两方向的振动方程分别表示为

$$x=A_1\cos(\omega t+\varphi_1)$$
$$y=A_2\cos(\omega t+\varphi_2)$$

联立两式消去 t，可以得到合振动的轨道方程

$$\frac{x^2}{A_1^2}+\frac{y^2}{A_2^2}-\frac{2xy}{A_1A_2}\cos(\varphi_2-\varphi_1)=\sin^2(\varphi_2-\varphi_1)$$

当 A_1、A_2 固定时，其运动轨迹由两个分振动的位相差 $\varphi_2-\varphi_1$ 决定。

【例题解析】

例 7-1 一质点按如下规律沿 x 轴作简谐振动，$x=0.5\cos\left(6\pi t+\frac{1}{3}\pi\right)$(SI)。求此振动的周期、振幅、初相、速度最大值和加速度最大值。

解 由简谐运动方程可知：$A=0.5\text{m}$，$\omega=6\pi\text{rad/s}$，$T=\frac{2\pi}{\omega}=\frac{1}{3}\text{s}$，则

$$\phi_0=\frac{\pi}{3}$$
$$v_{\text{m}}=\omega A=3\pi\text{m/s}$$
$$a_{\text{m}}=\omega^2A=18\pi^2\text{m/s}^2$$

例 7-2 一质量 $m=0.25\text{kg}$ 的物体，在弹簧的力作用下沿 x 轴运动，平衡位置在原点。弹簧的劲度系数 $k=25\text{N}\cdot\text{m}^{-1}$。

(1) 求振动的周期 T 和角频率 ω；

(2) 如果振幅 $A=15\text{cm}$，$t=0$ 时物体位于 $x=7.5\text{cm}$ 处，且物体沿 x 轴反向运动，求初速度 v_0 及初相位 φ；

(3) 写出振动的数值表达式。

解 (1) $\omega=\sqrt{\frac{k}{m}}=10\text{rad/s}$，$T=\frac{2\pi}{\omega}=0.2\pi\text{s}$

(2) $A=15\text{cm}$,由旋转矢量图得 $\varphi=\frac{\pi}{3}$,故 $v_0=-A\omega\sin\varphi=-\frac{3\sqrt{3}}{4}\text{m/s}$。

(3) 将振幅、角频率以及初相位代入简谐运动通用表达式得

$$x=15\times10^{-2}\cos\left(10t+\frac{\pi}{3}\right)\text{m}$$

例 7-3 一物体作简谐振动,其速度最大值 $v_m=3\times10^{-2}\text{m/s}$,其振幅 $A=2\times10^{-2}\text{m}$。若 $t=0$ 时,物体位于平衡位置且向 x 轴的正方向运动。求:(1)振动周期 T;(2)加速度的最大值 a_m;(3)振动方程的数值式。

解 (1) $v_m=\omega A,\omega=1.5\text{rad/s},T=\frac{2\pi}{\omega}=\frac{4}{3}\pi\text{s}$

(2) $a_m=\omega^2A=4.5\times10^{-2}\text{m/s}^2$

(3) $x=2\times10^{-2}\cos\left(\frac{3}{2}t-\frac{\pi}{2}\right)\text{m}$

例 7-4 如图 7-3 所示,质量为 1.0×10^{-2}kg 的,以 500m/s 的速度射入并嵌入在木块中,同时使弹簧压缩从而作简谐运动。设木块的质量为 4.99kg,弹簧的劲度系数为 8.00×10^3 N/m。若以弹簧原长时物体所在处为坐标原点,向左为 x 轴正方向,求简谐运动方程。

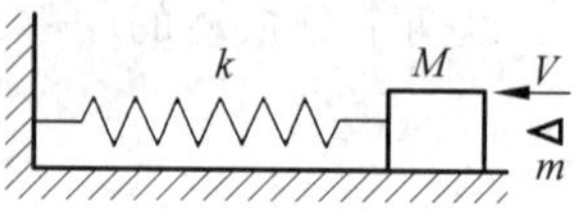

图 7-3

解 系统质量 $m'=4.99+0.01=5\text{kg},\omega=\sqrt{\frac{k}{m'}}=40\text{rad/s}$

由动量守恒,求系统初速度

$$v_0=\frac{mv}{m+M}=\frac{0.01\times500}{0.01+4.99}=1\text{m/s},\quad v_{\max}=v_0$$

$$A=\frac{v_{\max}}{\omega}=\frac{v_0}{\omega}=\frac{1}{40}=0.025\text{m}$$

$t=0$ 时,$x_0=0,v_0>0$,由旋转矢量图,$\varphi=-\frac{\pi}{2}$

运动方程: $$x=0.025\cos\left(40t-\frac{\pi}{2}\right)\text{m}$$

【同步题解】

思考题

7-1 什么是简谐振动?简谐振动满足哪些条件?

答:简谐振动是最简单、最基本的振动,任何一个复杂的振动都可看成是若干个或无数个不同的简谐振动的合成。简谐振动满足的条件:合外力 F 与离开平衡位置的位移 x 满足方程 $F=-kx$,或运动方程满足 $x=A\cos(\omega t+\varphi)$。

7-2 弹簧的劲度系数 k 是由弹簧本身的大小、形状以及材质所决定的,请问一根弹簧被分成两段相同的部分后,每一部分的劲度系数 k' 与原弹簧的劲度系数 k 之间的关系是什么?

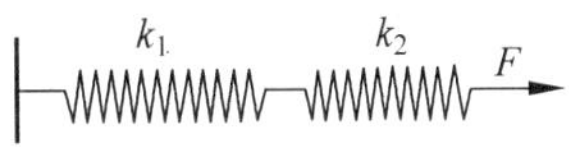

图　7-4

答：如图 7-4 所示，劲度系数为 k 的弹簧可以看做是两个完全相同的劲度系数为 $k'(k_1=k_2=k')$ 的小弹簧串联而成，当弹簧振子离开平衡位置位移为 x 时，

$$\begin{cases} x_1+x_2=x \\ k_1x_1=k_2x_2 \end{cases} \Rightarrow F=-k_2x_2=-\frac{k_1k_2}{k_1+k_2}x=-kx$$

将 $k_1=k_2=k'$ 代入上式，可得 $k'=2k$。

7-3　把一单摆从其平衡位置拉开，使悬线与竖直方向成一小角度 φ，然后放手任其摆动。如果从放手开始计算时间，此 φ 角是否是振动的初相？单摆的角速度是否是振动的角频率？

答：在上述情况下，单摆作简谐运动。由旋转矢量法得振动初相位 $\varphi=0$，故此处 φ 角不是振动的初相。单摆的角速度是变化的，但简谐振动的角频率是固定的，所以两者不相等。

7-4　指出弹簧振子运动过程中，物体处于下列位置时的位移、速度、加速度和所受的弹簧力的数值和方向：(1)正方向的端点；(2)平衡位置且向负方向运动；(3)平衡位置且向正方向运动；(4)负方向的端点。

答：设弹簧阵子的运动方程为：$x=A\cos(\omega t+\varphi)$，则 $v=-\omega A\sin(\omega t+\varphi)$，$a=-\omega^2A\cos(\omega t+\varphi)$，$F=-kx$。

(1) 正方向的端点时，$x=A$，$v=0$，$a=-\omega^2A$，$F=-kA$；

(2) 平衡位置且向负方向运动时，$x=0$，$v=-\omega A$，$a=0$，$F=0$；

(3) 平衡位置且向正方向运动时，$x=0$，$v=\omega A$，$a=0$，$F=0$；

(4) 负方向的端点时，$x=-A$，$v=0$，$a=\omega^2A$，$F=kA$。

7-5　一个单摆的摆长为 l，摆球的质量为 m，当其作小角度摆动时，请问在地球和月球上，哪种情况下单摆的周期较大。

答：$T=2\pi\sqrt{\frac{l}{g}}$，月球上 g 变小，故 T 变大。

7-6　任何一个实际的弹簧都是有质量的，如果考虑弹簧的质量，弹簧振子的振动周期将会变大还是变小？

答：$T=2\pi\sqrt{\frac{m}{k}}$，如果考虑弹簧本身的质量，有效质量 m 将会变大，所以 T 将变大。

习题

7-1　一质点作简谐振动。其运动速度与时间的曲线如图 7-5 所示。若质点的振动规律用余弦函数描述，则其初相应为________。

A. $\pi/6$　　　B. $5\pi/6$

C. $-5\pi/6$　　　D. $-\pi/6$

E. $-2\pi/3$

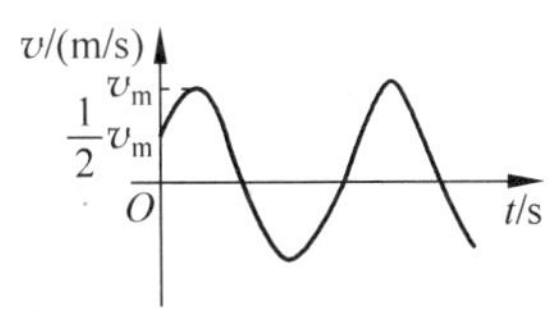

图　7-5

分析与解：质点作简谐振动，由速度方程 $v=-\omega A\sin(\omega t+\varphi)$ 可得 $t=0$ 时，$v_0=-A\omega\sin\varphi=-v_m\sin\varphi$。由图 7-5 得 $v_0=$

$-\frac{1}{2}v_m$，故 $\sin\varphi=-\frac{1}{2}$，$\varphi=-\frac{5}{6}\pi$，$-\frac{1}{6}\pi$。由图得 $t>0$ 时，v 越来越大，可知谐振子在下一个时候是朝着平衡位置前进的，故 $\varphi=-\frac{5}{6}\pi$，选 C。

7-2　一个弹簧振子和一个单摆(只考虑小幅度摆动)，在地面上的固有振动周期分别为 T_1 和 T_2。将它们拿到月球上去，相应的周期分别为 T_1' 和 T_2'。则有________。

A. $T_1'>T_1$ 且 $T_2'>T_2$　　B. $T_1'<T_1$ 且 $T_2'<T_2$

C. $T_1'=T_1$ 且 $T_2'=T_2$　　D. $T_1'=T_1$ 且 $T_2'>T_2$

分析与解：质点作简谐振动，弹簧阵子周期 $T_1=2\pi\sqrt{\frac{m}{k}}$，单摆周期 $T_2=2\pi\sqrt{\frac{l}{g}}$，拿到月球上后，$m$ 不变，g 变小，故 T_1 不变，T_2 变大，选 D。

7-3　一弹簧振子在光滑水平面上作谐振动，弹簧的劲度系数为 k，物体的质量为 m，振动的角频率为 $\omega=(k/m)^{\frac{1}{2}}$，振幅为 A，当振子的动能和势能相等的瞬间，物体速率为________。

A. $\sqrt{2}\omega A$　　B. $\omega A/\sqrt{2}$　　C. $\frac{1}{2}\omega A$　　D. ωA

分析与解：质点作简谐振动，在动能和势能相等的瞬间，$E_k=\frac{1}{2}mv^2=\frac{1}{4}kA^2$，可得 $v=\sqrt{\frac{k}{2m}A^2}=\frac{\omega A}{\sqrt{2}}$，故选 B。

7-4　一质点在 x 轴上作简谐振动，振幅 $A=4\text{cm}$，周期 $T=2\text{s}$，其平衡位置取作坐标原点。若 $t=0$ 时刻质点第一次通过 $x=-2\text{cm}$ 处，且向 x 轴负方向运动，则质点第二次通过 $x=-2\text{cm}$ 处的时刻为________。

A. 1s　　B. 2/3s　　C. 4/3s　　D. 2s

分析与解：通过旋转矢量图可以看出，质点第一次通过 $x=-2\text{cm}$ 和第二次通过 $x=-2\text{cm}$ 处的旋转矢量分别在第二象限和第三象限，且其之间的夹角 $\omega\Delta t=\frac{2}{3}\pi$，$\omega=\frac{2\pi}{T}=\pi(\text{rad/s})$，代入得 $\Delta t=\frac{2}{3}$，故选 B。

7-5　一个质点作简谐振动，振幅为 A，在起始时刻质点的位移为 $\frac{1}{2}A$，且向 x 轴的正方向运动，代表此简谐振动的旋转矢量图为________。

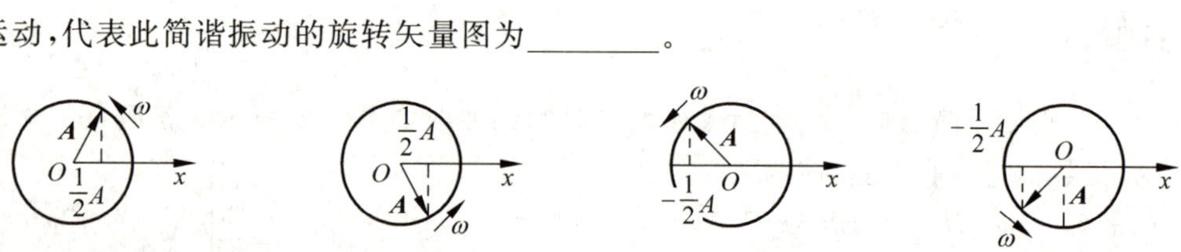

A.　　B.　　C.　　D.

分析与解：由起始时刻质点的位移为 $\frac{1}{2}A$，可判断出旋转矢量在第一和第四象限，向 x 轴的正方向运动可得到旋转矢量在第四象限，故选 B。

7-6　一弹簧振子作简谐振动，总能量为 E_1，如果简谐振动振幅增加为原来的两倍，重物的质量增为原来的四倍，则它的总能量 E_2 变为________。

A. $E_1/4$　　B. $E_1/2$　　C. $2E_1$　　D. $4E_1$

分析与解：弹簧阵子的总能量公式为 $E=\frac{1}{2}k(2A)^2$，如果简谐振动振幅增加为原来的两倍，则能量 $E=\frac{1}{2}k(2A)^2=4E_1$，故选 D。

7-7　一弹簧振子作简谐振动，当位移为振幅的一半时，其动能为总能量的________。

A. $1/4$　　B. $1/2$　　C. $1/\sqrt{2}$　　D. $3/4$

E. $\sqrt{3}/2$

分析与解：弹簧振子作简谐运动时，其 $E=E_k+E_p=\frac{1}{2}kA^2$。当位移为振幅的一半时，其 $E_p=\frac{1}{2}kx^2=\frac{1}{8}kA^2=\frac{1}{4}E$，所以动能为总能量的 3/4，故选 D。

7-8　图 7-6 中所画的是两个简谐振动的振动曲线。若这两个简谐振动可叠加，则合成的余弦振动的初相为________。

A. $\frac{3}{2}\pi$　　B. π

C. $\frac{1}{2}\pi$　　D. 0

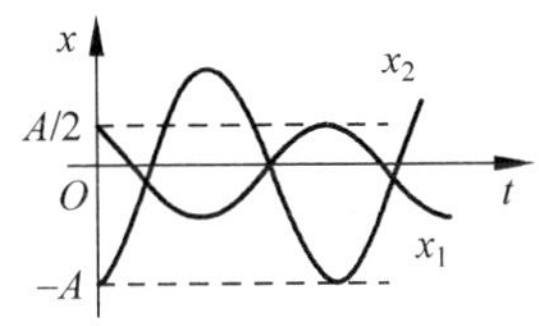

图 7-6

分析与解：由图可知，两个分振动频率相同，周期相同，则合成后合振动的初相随振幅较大的分振动，即为 x_2 的初相。由旋转矢量法得其初相位 π，故选 B。

7-9　一质点作简谐振动，速度最大值 $v_m=5\text{cm/s}$，振幅 $A=2\text{cm}$。若令速度具有正最大值的那一时刻为 $t=0$，则振动表达式为________。

分析与解：$v_m=A\omega\rightarrow\omega=\frac{v_m}{A}=2.5\text{rad/s}$，由旋转矢量法得初相位 $\varphi=-\frac{\pi}{2}$，故振动表达式为 $x=2\cos\left(2.5t-\frac{\pi}{2}\right)\text{cm}$。

7-10　一质点沿 x 轴作简谐振动，振动范围的中心点为 x 轴的原点。已知周期为 T，振幅为 A。(1)若 $t=0$ 时质点过 $x=0$ 处且朝 x 轴正方向运动，则振动方程为 x ________。

分析与解：由旋转矢量法得初相位 $\varphi=-\frac{\pi}{2}$，故振动方程为 $x=A\cos\left(\frac{2\pi}{T}t-\frac{\pi}{2}\right)\text{m}$。

(2) 若 $t=0$ 时质点处于 $x=\frac{1}{2}A$ 处且向 x 轴负方向运动，则振动方程为=________。

分析与解：由旋转矢量法得初相位 $\varphi=\frac{\pi}{3}$，故振动方程为

$$x=A\cos\left(\frac{2\pi}{T}t+\frac{\pi}{3}\right)\text{m}。$$

7-11　一简谐振动的表达式为 $x=A\cos(3t+\phi)$，已知 $t=0$ 时的初位移为 0.04m，初速度为 0.09m/s，则振幅 $A=$________，初相 $\phi=$________。

分析与解：将已知条件代入得：$0.04=A\cos\phi$，$0.09=-3A\sin\phi$，联立解得：$A=0.05\text{m}$，$\phi=-37℃$。

7-12　一物体同时参与同一直线上的两个简谐振动：$x_1=0.05\cos\left(4\pi t+\frac{1}{3}\pi\right)$ (SI)，$x_2=0.03\cos\left(4\pi t-\frac{2}{3}\pi\right)$ (SI)，则合成振动的振幅为________m。

分析与解：两个分振动所对应的旋转矢量方向始终相反，频率、周期均相同，故合振动的振幅为$|A_1-A_2|=0.02\text{m}$。

7-13　两个弹簧振子的周期都是0.4s，设开始时第一个振子从平衡位置向负方向运动，经过0.5s后，第二个振子才从正方向的端点开始运动，则这两振动的相位差为________。

分析与解：由旋转矢量图得两个振子的初相分别为$\varphi_1=\frac{\pi}{2}$，$\varphi_2=0$。则两振动的相位差为$\Delta\varphi=|\varphi_1-\varphi_2+\omega\Delta t|=\frac{\pi}{2}+\frac{2\pi\times0.5}{0.4}=3\pi$。

7-14　一质点按如下规律沿x轴作简谐振动：$x=0.1\cos\left(8\pi t+\frac{2}{3}\pi\right)$(SI)。求此振动的周期、振幅、初相、速度最大值和加速度最大值。

解　简谐振动的运动方程为$x=A\cos(\omega t+\varphi)$，$v=-A\omega\sin(\omega t+\varphi)$，$a=-A\omega^2\cos(\omega t+\varphi)$，由对应关系可得：

$$\omega=8\pi\ \text{rad/s},\quad T=\frac{2\pi}{\omega}=0.25\text{s},\quad A=0.1(\text{SI}),\quad \varphi=\frac{2\pi}{3},$$

$$v_\text{m}=A\omega=0.8\pi\ \text{m/s},\quad a_\text{m}=A\omega^2=0.064\pi^2\ \text{m/s}^2$$

7-15　一物体作简谐振动，其速度最大值$v_\text{m}=3\times10^{-2}\text{m/s}$，其振幅$A=2\times10^{-2}\text{m}$。若$t=0$时，物体位于平衡位置且向$x$轴的负方向运动。求：(1)振动周期$T$；(2)加速度的最大值$a_\text{m}$；(3)振动方程的数值式。

解　物体作简谐振动，$x=A\cos(\omega t+\varphi)$，$v=-A\omega\sin(\omega t+\varphi)$，$a=-A\omega^2\cos(\omega t+\varphi)$

(1) $v_\text{m}=A\omega\Rightarrow\omega=\frac{v_\text{m}}{A}=1.5\text{rad/s}$，所以$T=\frac{2\pi}{\omega}=\frac{4\pi}{3}\text{s}$；

(2) $a_\text{m}=A\omega^2=4.5\times10^{-2}\text{m/s}^2$；

(3) 由旋转矢量法得初相位$\varphi=\frac{\pi}{2}$，则振动方程为$x=2\times10^{-2}\cos\left(1.5t+\frac{\pi}{2}\right)\text{m}$。

7-16　两个同方向的简谐振动曲线如图7-7所示，求合振动的振幅和合振动的振动方程。

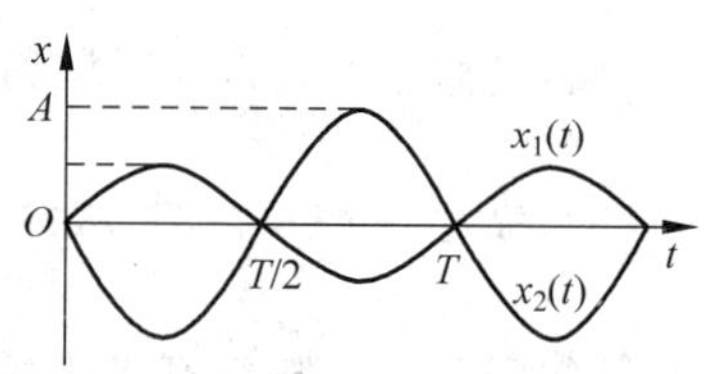

图　7-7

解　两个分振动频率、周期均相同，只有振幅不同，故合成后，总振动的振幅为两分振动振幅的代数和，频率周期不变，初相随振幅大的分振动，即$x_2(t)$。由旋转矢量法得其初相$\varphi=\frac{\pi}{2}$，故合振动的振动方程为$x=\frac{A}{2}\cos\left(\frac{2\pi}{T}t+\frac{\pi}{2}\right)$(SI)。

【自测练习】

7-1 一弹簧振子，重物的质量为 m，弹簧的劲度系数为 k，该振子作振幅为 A 的简谐振动。当重物通过平衡位置且向规定的正方向运动时。开始计时。则其振动方程为________。

A. $x=A\cos\left(\sqrt{k/m}t+\frac{1}{2}\pi\right)$

B. $x=A\cos\left(\sqrt{k/m}t-\frac{1}{2}\pi\right)$

C. $x=A\cos\left(\sqrt{m/k}t+\frac{1}{2}\pi\right)$

D. $x=A\cos\left(\sqrt{m/k}t-\frac{1}{2}\pi\right)$

7-2 一质点在 x 轴上作简谐振动，振幅 $A=4\text{cm}$，周期 $T=2\text{s}$，其平衡位置取作坐标原点。若 $t=0$ 时刻质点第一次通过 $x=$ 2cm 处，且向 x 轴正方向运动，则质点第二次通过 $x=2\text{cm}$ 处的时刻为________。

A. 1s　　B. 2/3s　　C. 4/3s　　D. 2s

7-3 两个同周期简谐振动曲线如图 7-8 所示。x_1 的相位比 x_2 的相位________。

A. 落后 $\pi/2$

B. 超前 $\pi/2$

C. 落后 π

D. 超前 π

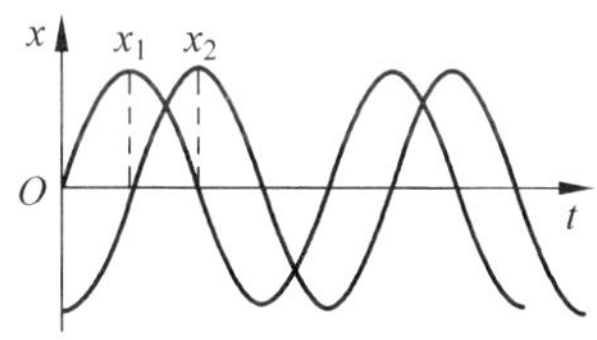

图 7-8

7-4 一弹簧振子作简谐振动，总能量为 E_1，如果简谐振动振幅增加为原来的两倍，重物的质量增为原来的四倍，则它的总能量 E_2 变为________。

A. $E_1/4$　　B. $E_1/2$　　C. $2E_1$　　D. $4E_1$

7-5 弹簧振子在光滑水平面上作简谐振动时，弹性力在半个周期内所做的功为________。

A. kA^2　　B. $\frac{1}{2}kA^2$　　C. $(1/4)kA^2$　　D. 0

7-6 把单摆小球从平衡位置向位移正方向拉开，使摆线与竖直方向成一微小角度 θ，然后由静止释放，使其摆动。从放手时开始计时，若用余弦函数表示运动方程，则该单摆的初相为________。

A. π　　B. 0　　C. $\frac{\pi}{2}$　　D. θ

7-7 一质点作简谐振动，速度最大值 $v_m=5\text{cm/s}$，振幅 $A=2\text{cm}$。若令速度具有负最大值的那一时刻为 $t=0$，则振动表达式为________。

7-8 一质点作简谐振动。其振动曲线如图 7-9 所示。根据此图，它的周期 $T=$

________,用余弦函数描述时初相 ϕ=________。

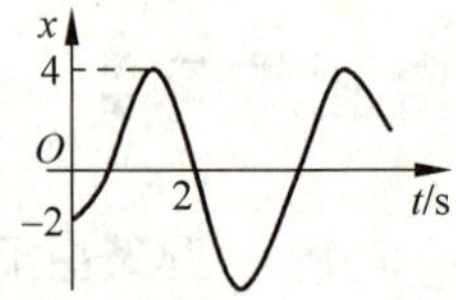

图 7-9

7-9 一作简谐振动的振动系统,其质量为 2kg,频率为 1000Hz,振幅为 0.5cm,则其振动能量为________。

7-10 两个同方向同频率的简谐振动,其合振动的振幅为 20cm,与第一个简谐振动的相位差为 $\phi-\phi_1=\pi/6$。若第一个简谐振动的振幅为 $10\sqrt{3}$ cm = 17.3cm,则第二个简谐振动的振幅为________cm,第一、二两个简谐振动的相位差 $\phi_1-\phi_2$ 为________。

7-11 一系统作简谐振动,周期为 T,以余弦函数表达振动时,初相为零。在 $0\leqslant t\leqslant \frac{1}{2}T$ 范围内,系统在 t =________时刻动能和势能相等。

7-12 一质点按如下规律沿 x 轴作简谐振动:$x=A\cos(\omega t+\varphi)$ (SI)。求此振动的周期、速度最大值和加速度最大值。

7-13 一物体同时参与同一直线上的两个简谐振动:$x_1=5\cos\left(4\pi t+\frac{1}{6}\pi\right)$ (SI),$x_2=3\cos\left(4\pi t-\frac{5}{6}\pi\right)$ (SI),求其合成振动的方程。

7-14 一弹簧振子沿 x 轴作简谐振动(弹簧为原长时振动物体的位置取作 x 轴原点)。已知振动物体最大位移为 $x_m=0.4$m,最大恢复力为 $F_m=0.8$N,最大速度为 $v_m=0.8\pi$m/s,又知 $t=0$ 的初位移为+0.2m,且初速度与所选 x 轴方向相反。

(1) 求振动能量;

(2) 求此振动的表达式。

7-15 质量为 2kg 的质点,按方程 $x=0.2\sin[5t-(\pi/6)]$ (SI)沿着 x 轴振动。求:

(1) $t=0$ 时,作用于质点的力的大小;

(2) 作用于质点的力的最大值和此时质点的位置。

第8章

波的传播规律

【内容提要】

一、平面简谐波的波函数

波动方程：沿 Ox 轴正方向以波速 u 传播的平面简谐波的波动方程为

$$y(x,t_0)=A\cos\left[\omega\left(t_0\mp\frac{x}{u}\right)+\phi_0\right]$$

波长 $\lambda=uT=u/\nu$，ϕ_0 为坐标系原点的初位相，x 前面的正负号代表波传播的方向。负号代表波沿 x 正向传播，正号则代表波沿 x 负向传播。

波函数的物理意义：

(1) 当 x 一定，如 $x=x_0$ 时，$y(x_0,t)=A\cos\left[\omega\left(t\mp\frac{x_0}{u}\right)+\phi_0\right]$，此时波函数表示的是距原点 O 处为 x_0 质元在不同时刻离开平衡位置的位移，即该处质元作简谐振动的运动方程。

(2) 当 t 一定，如 $t=t_0$ 时，$y(x,t_0)=A\cos\left[\omega\left(t_0\mp\frac{x}{u}\right)+\phi_0\right]$，此时波函数表示的是在给定时刻 t_0、沿波传播方向上的各个质元离开平衡位置的位移。它表示的是给定时刻的波形(指波峰和波谷或波密和波疏的分布情况)。

由波动方程可以得出在同一时刻 t 波线上任意两个质元 x_1，x_2 的相位差和波程差之间的关系式为

$$\Delta\phi=\left(\omega t+\phi_0-\frac{2\pi x_1}{\lambda}\right)-\left(\omega t+\phi_0-\frac{2\pi x_2}{\lambda}\right)=\frac{2\pi(x_2-x_1)}{\lambda}=\frac{2\pi\Delta x}{\lambda}$$

(3) 当 x，t 都变化时，$y(x,t)=A\cos\left[\omega\left(t\mp\frac{x}{u}\right)+\phi_0\right]$描述的是在任意时刻，各个质元离开平衡位置的位移，或者说是沿波传播方向上任意质元作简谐振动的运动方程。

二、波的能流密度

$$I=\bar{w}u=\frac{1}{2}\rho\omega^2A^2u$$

三、波的干涉

干涉的条件：两列波的振动方向平行，频率相同，相位差恒定。

干涉相长的条件：$\Delta\varphi=(\varphi_2-\varphi_1)-\frac{2\pi}{\lambda}(r_2-r_1)=\pm 2k\pi \quad (k=0,1,2,\cdots)$

干涉相消的条件：$\Delta\varphi=(\varphi_2-\varphi_1)-\frac{2\pi}{\lambda}(r_2-r_1)=\pm(2k+1)\pi \quad (k=0,1,2,\cdots)$

当两个相干波的初相位相同时，干涉相长与相消的条件分别是：

$\delta=\pm k\lambda \qquad k=0,1,2,\cdots \ A=A_1+A_2$ 　干涉相长

$\delta=\pm(2k+1)\frac{\lambda}{2} \qquad k=0,1,2,\cdots \ A=|A_1-A_2|$ 　干涉相消

式中 $\delta=r_2-r_1$ 称两列波在相遇处的波程差。

四、(一维)驻波

两列振幅相等的相干波沿同一直线反向传播而相遇时产生的相干现象。

1. 相邻两波节点以及相邻的两个波腹点均相距 $\lambda/2$。
2. 相邻两波节间各质元振动同相但振幅不同；同一波节两侧中各质元振动反相。
3. 能量在波节与波腹间以动能和势能的形式相互转换，各质元分段振动，能量不传播。
4. 当入射波由波疏介质传向波密介质而反射时，反射波会出现半波损失。

五、多普勒效应

1. 波源 S 静止，观察者 B 相对介质以速度 v_R 向着波源运动 $\nu'=\left(1+\frac{v_R}{u}\right)\nu$
2. 观察者静止，波源在介质中以速度为 v_S 运动 $\nu'=\frac{u}{u-v_S}\nu$
3. 波源 S 和观察者 B 都运动 $\nu'=\frac{u+v_R}{u}\cdot\frac{u}{u-v_S}\nu=\frac{u+v_R}{u-v_S}\nu$

式中 v_R、v_S 取正值表示波源和接收器朝着对方所在的方向运动；v_R、v_S 取负值表示两者远离对方所在的方向运动。

【例题解析】

例 8-1 　一振幅为 10cm，波长为 200cm 的简谐横波，沿着一条很长且紧绷的水平弦线从左向右行进，波速为 100cm/s。取弦线上一点为坐标原点，向右为 x 轴，在 $t=0$ 时原点处质点从平衡位置开始向位移负方向运动. 取 SI 单位制，求(1)用余弦函数表达的波函数；(2)弦线上任一点振动的最大速度。

解 　$\nu=u/\lambda=0.5\text{Hz}$， 　$\omega=2\pi\nu=\pi \text{ rad/s}$

$x=0$ 处的初相 $\phi_0=\frac{1}{2}\pi$，$k=2\pi/\lambda=\pi$，波函数为

$$y=0.1\cos\left(\pi t-\pi x+\frac{1}{2}\pi\right)$$

$$v(x,t)=\frac{\partial y}{\partial t}=-A\omega\sin(\omega t-kx+\phi_0)$$

速度最大值为 　$V_{\max}=0.314\text{m/s}$

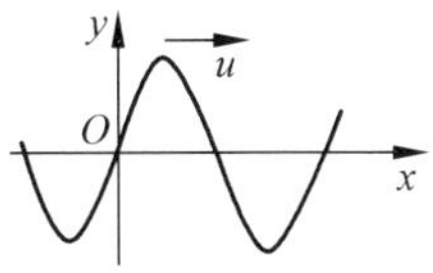

图　8-1

例 8-2　一平面简谐波沿 x 轴正向传播，其振幅和角频率分别为 A 和 ω，波速为 u，设 $t=0$ 时的波形曲线如图 8-1 所示。

求(1)此简谐波的波函数；(2)距 O 点分别为 $\lambda/8$ 和 $3\lambda/8$ 两处质点的振动方程；(3)距 O 点分别为 $\lambda/8$ 和 $3\lambda/8$ 两处质点在 $t=0$ 时的振动速度。

解　(1) 以 O 点为坐标原点。由图可知，该点振动初始条件为

$$y_0 = A\cos\phi = 0, \quad v_0 = -A\omega\sin\phi < 0$$

所以　$\phi = \frac{1}{2}\pi$

波函数为　$y = A\cos\left[\omega t - (\omega x/u) + \frac{1}{2}\pi\right]$

(2) $x=\lambda/8$ 处振动方程为

$$y = A\cos\left[\omega t - (2\pi\lambda/8\lambda) + \frac{1}{2}\pi\right] = A\cos(\omega t + \pi/4)$$

$x=3\lambda/8$ 的振动方程为

$$y = A\cos\left(\omega t - 2\pi\frac{3\lambda/8}{\lambda} + \frac{1}{2}\pi\right) = A\cos(\omega t - \pi/4)$$

(3)　$\mathrm{d}y/\mathrm{d}t = -\omega A\sin\left(\omega t - 2\pi x/\lambda + \frac{1}{2}\pi\right)$

$t=0, x=\lambda/8$ 处质点振动速度

$$\mathrm{d}y/\mathrm{d}t = -\omega A\sin\left[(-2\pi\lambda/8\lambda) + \frac{1}{2}\pi\right] = -\sqrt{2}A\omega/2$$

$t=0, x=3\lambda/8$ 处质点振动速度

$$\mathrm{d}y/\mathrm{d}t = -\omega A\sin\left[(-2\pi\times 3\lambda/8\lambda) + \frac{1}{2}\pi\right] = \sqrt{2}A\omega/2$$

例 8-3　图 8-2 所示一平面简谐波在 $t=T/2$ 时刻的波形图，求(1) 该波的波函数；(2) P 处质元的振动方程。

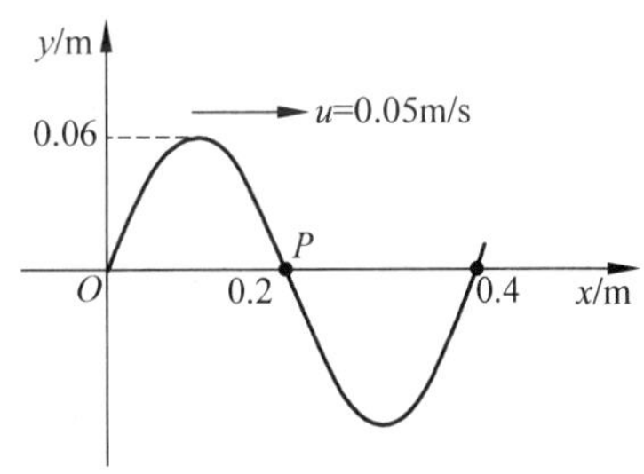

图　8-2

解　(1) $A=0.06\text{m}, u=0.05\text{m/s}, \lambda=0.4\text{m}$

$$T = \frac{\lambda}{u} = 8\text{s}, \quad \omega = \frac{2\pi}{T} = \frac{\pi}{4}\text{rad/s}$$

由旋转矢量图：$\varphi_0 = -\frac{\pi}{2}$

波函数：$y = A\cos\left[\omega\left(t - \frac{x}{u}\right) + \varphi_0\right]$

$$= 0.06\cos\left[\frac{\pi}{4}\left(t - \frac{x}{0.05}\right) - \frac{\pi}{2}\right]\ \text{m}$$

(2) P 点：$x=0.2\text{m}$ 代入波函数

P 点振动方程：$y = 0.06\cos\left[\frac{\pi}{4}(t-4) - \frac{\pi}{2}\right] = 0.06\cos\left[\frac{\pi}{4}t + \frac{\pi}{2}\right]\ \text{m}$

例 8-4　设入射波的表达式为 $y_1 = A\cos 2\pi\left(\frac{x}{\lambda} - \frac{t}{T}\right)$，在 $x=0$ 处发生反射，反射点为一自由端。设反射时无能量损失，求(1)反射波的表达式；(2)合成的驻波的表达式；(3)波腹

和波节的位置。

解 (1)自由端反射有半波损失

$$y_{反}=A\cos\left[2\pi\left(\frac{t}{T}+\frac{x}{\lambda}\right)\right]$$

(2) $y=y_1+y_2=2A\cos\left(2\pi\frac{x}{\lambda}\right)\cos\left(2\pi\frac{t}{T}\right)$

(3) 波腹：$x_k=\frac{k\lambda}{2}$ $(k=0,1,2,3,\cdots)$

波节：$x_k=\frac{k\lambda}{2}+\frac{\lambda}{4}$ $(k=0,1,2,3,\cdots)$

例 8-5 已知相干波源相距$\lambda/4$，S_1超前S_2相位$\pi/2$，求S_1、S_2连线外侧及中垂线上的干涉结果。

解 $\Delta\varphi=(\phi_2-\phi_1)-\frac{2\pi}{\lambda}(r_2-r_1)=-\frac{\pi}{2}-\frac{2\pi}{\lambda}(r_2-r_1)$

若$x>\frac{\lambda}{8}$，则$r_2-r_1=\frac{\lambda}{4}$，$\Delta\varphi=\pi$，干涉减弱

若$x<-\frac{\lambda}{8}$，则$r_2-r_1=-\frac{\lambda}{4}$，$\Delta\varphi=0$，干涉加强

中垂线上：$r_2-r_1=0$，$\Delta\varphi=-\frac{\pi}{2}$，干涉介于加强与减弱之间。

【同步题解】

思考题

8-1 振动和波动的区别是什么？

答：振动是单个质点在平衡位置附近的往复运动，而波动是介质内大量质点依次的集体运动，或者说波动是振动这种形式在介质内的传播。

8-2 请问在波动过程中，各个质元是否随波一起向着波的传播方向运动？

答：波动过程中，各个质元在其平衡位置附近作振动，并不随着波的传播方向运动。我们研究的横波和纵波中，横波质点的运动方向和波的传播方向相互垂直，纵波质点振动的方向和波的传播方向平行，但并不沿着波的传播方向传播。

8-3 波动曲线和振动曲线有什么不同，试说明之。

答：振动曲线是一个质点在不同时刻离开平衡位置的体现，而波动曲线则是沿着平衡位置的各个质点在同一时刻离开平衡位置的具体体现。

8-4 如何通过t时刻的波形图和波的传播方向判断出沿波传播方向上的各个质元在下一时刻的运动趋势？

答：波的传播是能量的传播，振动的传播，同时也是相位即波形的传播。基于这一点，可以在波形图上将t时刻的波形沿着波的传播方向作微小平移，即得到下一时刻的波形图。在每个波形图上可以看出在该时刻每个质点离开平衡位置的位移。比较同一质点在这两个

时刻上位移的变化，即可得到它的运动趋势。体现在波形图上，每个质点的运动趋势都是由 t 时刻的波形图指向下一时刻的波形图。

8-5　驻波有什么特点？

答：驻波的特点：在驻波形成的区域中，每个质点在其平衡位置附近作频率相同，振幅恒定的简谐运动。其间并没有波形的推进，能量也只是在波节点和波腹点之间相互转换，而不会传出相遇区域。

8-6　机械波传播过程中的能量特点和简谐振动过程中的能量特点有何不同？请说明之。

答：在机械波传播过程中，质点总的振动能量是守恒的，振动动能和振动势能之间相互转化；但在机械波传播过程中，单个质点总的振动能量是不守恒的，且其动能和势能时刻相等。每一个质点，类似于一个中介，接收前一个质点的能量，并通过振动将其传递给下一个质点。

8-7　相干波满足什么样的条件？

答：相干波满足的条件为：频率相同、振动方向相同、相位差恒定。

8-8　利用拍现象可以根据标准音叉的频率测出另一待测音叉的频率。如果拍频已知，给你一块橡皮泥，你能肯定地测出待测音叉的频率吗？

答：可以。拍频的公式为 $\Delta\nu=|\nu_1-\nu_2|$，若令 ν_1 为标准音叉的频率，则待测音叉的频率 $\nu_2=\Delta\nu\pm\nu_1$。

8-9　当飞机从人头顶飞过，人在向下弯腰的过程中和向上直起的过程中听到的飞机的音调是不同的，为什么？哪种情况下听到的音调更高一些？

答：当飞机从头顶飞过，飞机就相当于一个声源，人就是一个接收者。当人直起腰身时，是靠近声源，当人弯腰时，是远离声源。所以直起腰身时听到的声音要大，弯腰时听到的声音会比较小。

习题

8-1　已知一平面简谐波的表达式为 $y=A\cos(at-bx)$（a、b 为正值常量），则________。

A. 波的频率为 a　　　　B. 波的传播速度为 b/a

C. 波长为 π/b　　　　D. 波的周期为 $2\pi/a$

分析与解：平面简谐波波函数的标准表达之一为 $y=A\cos\left[2\pi\left(\frac{t}{T}-\frac{x}{\lambda}\right)+\phi_0\right]$，根据对应关系，$\frac{2\pi}{T}=2\pi\nu=a$，$\nu=\frac{a}{2\pi}$，$T=\frac{2\pi}{a}$；$\frac{2\pi}{\lambda}=b$，$\lambda=\frac{2\pi}{b}$。利用 $\frac{\omega}{u}=\frac{2\pi}{\lambda}$，得 $u=\frac{a}{b}$。故选 D。

8-2　在简谐波传播过程中，沿传播方向相距为 $\frac{1}{2}\lambda$（λ 为波长）的两点的振动速度必定________。

A. 大小相同，而方向相反　　　　B. 大小和方向均相同

C. 大小不同，方向相同　　　　D. 大小不同，而方向相反

分析与解：由平面简谐波传播过程中，沿波的传播方向，任意两点之间的相位差和波程差的关系式 $\Delta\varphi=\frac{2\pi}{\lambda}\Delta r$，可知这两点的相位差为 π，所以这两点为反相点，故选 A。

8-3 图 8-3 为沿 x 轴负方向传播的平面简谐波在 $t=0$ 时刻的波形。若波的表达式以余弦函数表示，则 O 点处质点振动的初相为________。

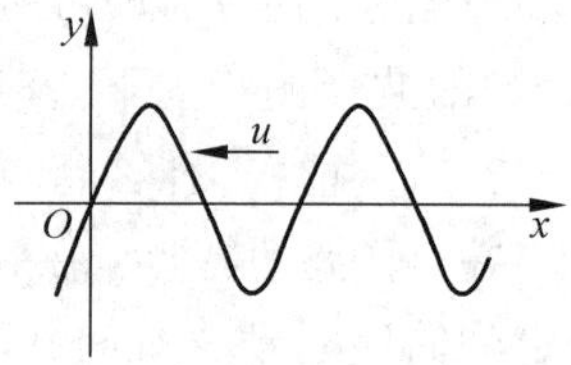

图 8-3

A. 0　　B. $\pi/2$

C. π　　D. $3\pi/2$

分析与解：由图可得，$t=0$ 时，$y_0=0$。将整体波形向左平移，得到下一时刻的波形图，比较两个波形图，可知在下一时刻，$x=0$ 的质元将向 y 正向运动。故由旋转矢量图可得，O 点处质点振动的初相选 D。

8-4 一平面简谐波在弹性媒质中传播，在某一瞬时媒质中某质元正处于平衡位置，此时其能量________。

A. 动能为零，势能最大　　B. 动能为零，势能为零

C. 动能最大，势能最大　　D. 动能最大，势能为零

分析与解：平面简谐波能量特点为：任意质元动能和势能时刻相等，且在平衡位置时同时达到最大，在最大位移处同时达到最小，故选 C。

8-5 在波长为 λ 的驻波中两个相邻波节之间的距离为________。

A. λ　　B. $3\lambda/4$　　C. $\lambda/2$　　D. $\lambda/4$

分析与解：由驻波特点可知，相邻两个波节之间的距离为 C。

8-6 在驻波中，两个相邻波节间各质点的振动________。

A. 振幅相同，相位相同　　B. 振幅不同，相位相同

C. 振幅相同，相位不同　　D. 振幅不同，相位不同

分析与解：驻波中，相邻两波节间各质点的振动是同相的，但振幅不同，故选 B。

8-7 设声波在媒质中的传播速度为 u，声源的频率为 ν_S。若声源 S 不动，而接收器 R 相对于媒质以速度 v_R 沿着 S、R 连线向着声源 S 运动，则位于 S、R 连线中点的质点 P 的振动频率为________。

A. ν_S　　B. $\dfrac{u+v_R}{u}\nu_S$　　C. $\dfrac{u}{u+v_R}\nu_S$　　D. $\dfrac{u}{u-v_R}\nu_S$

分析与解：位于 S、R 连线中点的质点 P 处于静止状态，假定在该处放一接收器，接收器接收到的频率 $\nu=\dfrac{u+v_R}{u-v_S}\nu_S$，接收器和声源均静止，即 $v_R=v_S=0$。代入得此时接收到的频率和声源本身的频率是一样的，故选 A。

8-8 两列沿相反方向传播的相干波，已知其表达式分别为 $y_1=A\cos2\pi(\nu t-x/\lambda)$ 和 $y_2=A\cos2\pi(\nu t+x/\lambda)$。叠加后形成驻波，其波腹位置的坐标为________。

A. $x=\pm k\lambda$　　B. $x=\pm\dfrac{1}{2}(2k+1)\lambda$

C. $x=\pm\dfrac{1}{2}k\lambda$　　D. $x=\pm(2k+1)\lambda/4$

分析与解：驻波方程 $y=y_1+y_2=2A\cos\dfrac{2\pi}{\lambda}x\cos2\pi\nu t$，波腹位置坐标满足的条件为：$|\cos(2\pi x/\lambda)|=1$，则 $\dfrac{2\pi}{\lambda}x=\pm k\pi$，故 $x=\pm k\dfrac{\lambda}{2}$，$k=0,1,2,3,\cdots$。故选 C。

8-9　一平面简谐波表达式为 $y=0.025\cos(125t-0.37x)$(SI)，其角频率 $\omega=$ ________，波速 $u=$ ________，波长 $\lambda=$ ________。

分析与解：平面简谐波波函数的标准表达式之一为 $y=A\cos\left[2\pi\left(\frac{t}{T}-\frac{x}{\lambda}\right)+\phi_0\right]$，根据对应关系，$\omega=\frac{2\pi}{T}=125\text{rad/s}$，$\frac{2\pi}{\lambda}=0.37\Rightarrow\lambda=\frac{2\pi}{0.37}=16.97\text{m}$。利用 $\frac{\omega}{u}=\frac{2\pi}{\lambda}$，得 $u=\frac{125}{0.37}=337.8\text{m/s}$。

8-10　A、B 是简谐波波线上距离小于波长的两点。已知，B 点振动的相位比 A 点落后 $\frac{1}{3}\pi$，波长为 $\lambda=3\text{m}$，则 A，B 两点相距 $L=$ ________ m。

分析与解：由平面简谐波传播过程中，沿波的传播方向，任意两点之间的相位差和波程差的关系式 $\Delta\varphi=\frac{2\pi}{\lambda}\Delta r$，可知这两点的相位差为 $\frac{1}{3}\pi$，则这两点的波程差 $L=\Delta r=\Delta\varphi\times\frac{\lambda}{2\pi}=0.5\text{m}$。

8-11　两相干波源 S_1 和 S_2 的振动方程分别是 $y_1=A\cos\omega t$ 和 $y_2=A\cos\left(\omega t+\frac{1}{2}\pi\right)$。$S_1$ 距 P 点 3 个波长，S_2 距 P 点 21/4 个波长。两波在 P 点引起的两个振动的相位差是________。

分析与解：两相干波源 S_1 和 S_2 在 P 点引起的两个振动的相位差 $\Delta\varphi=(\varphi_2-\varphi_1)-\frac{2\pi}{\lambda}(r_2-r_1)=-4\pi$，也可以写成 $2k\pi$。

8-12　A，B 是简谐波波线上距离小于波长的两点。已知，B 点振动的相位比 A 点落后 π，波长为 $\lambda=3\text{m}$，则 A，B 两点相距 $L=$ ________ m。

分析与解：平面简谐波传播过程中，沿波的传播方向，任意两点之间的相位差和波程差的关系式 $\Delta\varphi=\frac{2\pi}{\lambda}\Delta r$，则这两点的波程差 $L=\Delta r=\Delta\varphi\times\frac{\lambda}{2\pi}=1.5\text{m}$。

8-13　如果入射波的表达式是 $y_1=A\cos2\pi\left(\frac{t}{T}+\frac{x}{\lambda}\right)$，在 $x=0$ 处发生反射后形成驻波，反射点为波腹。设反射后波的强度不变，则反射波的表达式 $y_2=$ ________；在 $x=2\lambda/3$ 处质点合振动的振幅等于________。

分析与解：入射波在 $x=0$ 处发生反射后形成驻波，反射点为波腹，则在该处反射波引起的振动和入射波引起的振动同相，则反射波在该处引起的振动方程为：$y_{20}=A\cos2\pi\frac{t}{T}$。反射波向 x 轴正向传播，在其上任取一点 x，该点的相位落后于原点处的相位 $\Delta\varphi=\frac{2\pi}{\lambda}x$，其振动方程即为反射波的波函数，为 $y_2=A\cos2\pi\left(\frac{t}{T}-\frac{x}{\lambda}\right)$。反射波和入射波反向相遇形成驻波，驻波方程为 $y=y_1+y_2=2A\cos\frac{2\pi}{\lambda}x\cos\frac{2\pi}{T}t$。各点振幅为 $2A|\cos(2\pi x/\lambda)|$，将 $x=2\lambda/3$ 代入得该处振幅为 A。

8-14　一列火车以 20m/s 的速度行驶，若机车汽笛的频率为 600Hz，一静止观测者在机车正前和机车正后所听到的笛声频率分别为 ν_1、ν_2，则 ν_1 ________ ν_2（选填“>”、“=”、

“<”)，$|\nu_1-\nu_2|=$ ________ Hz(设空气中声速为 340m/s)。

分析与解：由多普勒效应的公式 $\nu'=\dfrac{u+v_R}{u-v_S}\nu$，静止的观测者在机车正前和正后时听到的笛声频率 $\nu_1=\dfrac{340}{340-20}\times600=638\text{Hz}$，$\nu_2=\dfrac{340}{340+20}\times600=567\text{Hz}$。所以 $\nu_1>\nu_2$，$|\nu_1-\nu_2|=71\text{Hz}$。

8-15 一平面波在介质中以速度 $u=20\text{m/s}$ 沿 x 轴负向传播，已知 A 点的振动方程为 $y=3\cos4\pi t$(SI)。求(1)以 A 点为坐标原点写出波动表达式；(2)以 B 点为坐标原点写出波动表达式。

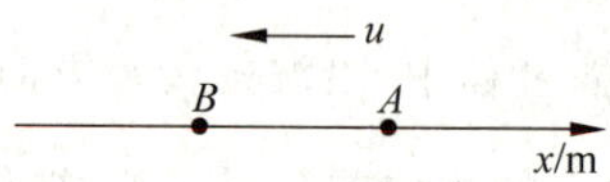

解 (1) 以 A 点为坐标原点建立坐标系，水平向右为 x 正向。在 A 之后任意一点 x，比较 A 与 x，波沿负向传播，故 x 点先于 A 点振动，其相位超前 A 点 $\Delta\varphi=\varphi(x,t)-\varphi(A)=\dfrac{2\pi}{\lambda}x$，故 x 点的相位为 $\varphi(x,t)=\dfrac{2\pi}{\lambda}x+4\pi t$，则 x 点的振动方程即以 A 点为坐标原点的波动表达式为

$$y(x,t)=3\cos\left(\frac{2\pi}{\lambda}x+4\pi t\right)(\text{SI})$$

(2) B 点的相位落于后 A 点，两点之间的相位差满足 $\Delta\varphi=\varphi(A)-\varphi(B)=\dfrac{2\pi}{\lambda}\overline{AB}$，则 $\varphi(B)=4\pi t-\dfrac{2\pi}{\lambda}\overline{AB}$。以 B 点为坐标原点，在其后任取一点 x，则 x 点相位超前于 B 点，其值为 $\varphi(x,t)=\varphi(B)+\dfrac{2\pi}{\lambda}x$。则 x 的振动方程，即以 B 点为原点的波动方程为

$$y(x,t)=3\cos\left[\varphi(B)+\frac{2\pi}{\lambda}x\right]=3\cos\left(4\pi t-\frac{2\pi}{\lambda}\overline{AB}+\frac{2\pi}{\lambda}x\right)(\text{SI})$$

8-16 一列平面简谐波在媒质中以波速 $u=5\text{m/s}$ 沿 x 轴正向传播，原点 O 处质元的振动曲线如图 8-4 所示。(1)求 O 处质元的振动方程；(2)求解该波的波函数；(3)求解 $x=25\text{m}$ 处质元的振动方程。

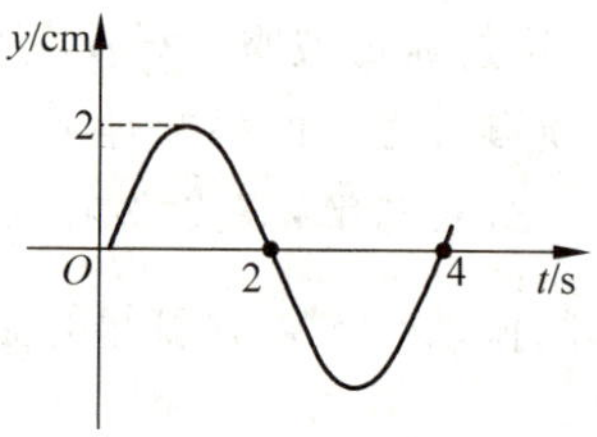

图 8-4

解 (1) $A=2\text{cm}$ $T=4\text{s}$ $\varphi_0=-\dfrac{\pi}{2}$

O 点振动方程：$y=0.02\cos\left(\dfrac{\pi}{2}t-\dfrac{\pi}{2}\right)\text{m}$

(2) 波函数：$y=0.02\cos\left[\dfrac{\pi}{2}\left(t-\dfrac{x}{5}\right)-\dfrac{\pi}{2}\right]\text{m}$

(3) $x=25\text{m}$ 代入波函数 $y=0.02\cos\left[\dfrac{\pi}{2}(t-5)-\dfrac{\pi}{2}\right]=0.02\cos\left(\dfrac{\pi}{2}t-3\pi\right)\text{m}$

8-17 设入射波的表达式为 $y_1=A\cos2\pi\left(\dfrac{x}{\lambda}+\dfrac{t}{T}\right)$，在 $x=0$ 处发生反射，反射点为一固定端。设反射时无能量损失，求(1)反射波的表达式；(2)合成的驻波的表达式；(3)波腹

和波节的位置。

解　(1) 反射后，波向 x 轴正向传播，在正向上任取一点 x，比较该点与反射点，可知在反射波的传播方向上，x 的振动落后于原点，且两点相位之间满足：

$$\varphi(0,t)-\varphi(x,t)=\frac{2\pi}{\lambda}x$$

故 $\varphi(x,t)=\frac{2\pi}{T}t-\frac{2\pi}{\lambda}x$，则反射波的方程为：$y_2=A\cos2\pi\left(\frac{t}{T}-\frac{x}{\lambda}\right)$。

(2) 合成驻波的表达式为：$y=y_1+y_2=2A\cos\frac{2\pi}{\lambda}x\cos\frac{2\pi}{T}t$

(3) 波腹点坐标满足：$|\cos(2\pi x/\lambda)|=1$，则$\frac{2\pi}{\lambda}x=\pm k\pi$，故 $x=\pm k\frac{\lambda}{2}$，$k=0,1,2,3,\cdots$

波节点坐标满足 $|\cos(2\pi x/\lambda)|=0$，则$\frac{2\pi}{\lambda}x=\pm(2k+1)\pi$，故 $x=\pm(2k+1)\frac{\lambda}{4}$，$k=0,1,2,3,\cdots$。

8-18　弦上驻波表达式为 $y=3.00\times10^{-2}(\cos1.6\pi x)\cos550\pi t$(SI)。(1)若将此驻波看作传播方向相反的两列波叠加而成，求两波的振幅及波速；(2)求相邻波节之间的距离；(3)求 $t=3.00\times10^{-3}$s 时，位于 $x=0.625$m 处质点的振动速度。

解　若此驻波是由传播方向相反的两列波叠加而成，则驻波表达式可写为

$$y=y_1+y_2=2A\cos\frac{2\pi}{\lambda}x\cos\frac{2\pi}{T}t$$

(1) 将 $y=3.00\times10^{-2}(\cos1.6\pi x)\cos550\pi t$ 与驻波方程一一对应，可得

$$A=3\times10^{-2},\quad \omega=550\pi(\text{rad/s}),\quad \frac{2\pi}{\lambda}=1.6\pi\Rightarrow\lambda=1.25$$

由$\frac{\omega}{u}=\frac{2\pi}{\lambda}$，可得 $u=343.75$m/s。

(2) 两相邻驻波之间的距离为$\frac{\lambda}{2}$，即 0.625

(3) 驻波上各点速度方程为 $v=\frac{\mathrm{d}y}{\mathrm{d}t}=-3.00\times10^{-2}\times550\pi(\cos1.6\pi x)\sin550\pi t$，将 $t=3.00\times10^{-3}$s，$x=0.625$m 代入得该处速度为 $v=-16.5\pi\sin1.65\pi$。

8-19　在弹性媒质中有一沿 x 轴正向传播的平面波，其表达式为 $y=0.01\cos\left(4t-\pi x-\frac{1}{2}\pi\right)$。若在 $x=5.00$m 处有一媒质分界面，且在分界面处反射波相位突变 π，设反射波的强度不变，试写出反射波的表达式。

解　将 $x=5.00$m 代入入射波方程得：$y_{入x}=0.01\cos\left(4t-\frac{11}{2}\pi\right)$

在反射点出现半波损失，则 $y_{反x}=0.01\cos\left(4t-\frac{11}{2}\pi+\pi\right)=y_{反x}=0.01\cos\left(4t-\frac{9}{2}\pi\right)$。

波在 $x=5.00$m 反射后沿负向传播，在反射波的传播方向上任取一点 x，则该点相位与反射点相位满足：

$$\varphi(5,t)-\varphi(x,t)=\frac{2\pi}{\lambda}(5-x)$$

由波函数表达式 $y=0.01\cos\left(4t-\pi x-\frac{1}{2}\pi\right)$可得：$\lambda=2$m，代入上式，则

$$\varphi(x,t)=\varphi(5,t)-\frac{2\pi}{\lambda}(5-x)=4t-\frac{9}{2}\pi-5\pi+\pi x=4t+\pi x-\frac{19\pi}{2}$$

故反射波的方程为

$$y_{反}=0.01\cos\left(4t+\pi x-\frac{19\pi}{2}\right)=0.01\cos\left(4t+\pi x-\frac{3}{2}\pi\right)$$

【自测练习】

8-1　在简谐波传播过程中，沿传播方向相距为 λ（λ 为波长）的两点的振动速度必定________。

A. 大小相同，而方向相反　　B. 大小和方向均相同

C. 大小不同，方向相同　　D. 大小不同，而方向相反

8-2　图 8-5 为沿 x 轴负方向传播的平面简谐波在 $t=T/2$ 时刻的波形。若波的表达式以余弦函数表示，则 O 点处质点振动的初相为________。

A. 0　　B. $\pi/2$

C. π　　D. $3\pi/2$

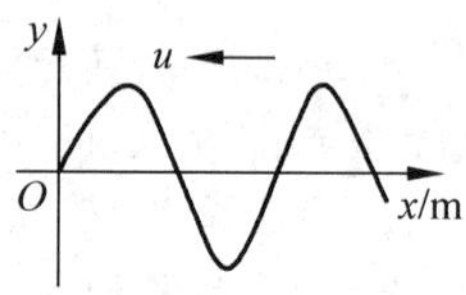

图　8-5

8-3　一平面简谐波在弹性媒质中传播，在某一瞬时媒质中某质元正处于正向最大位移处，此时其能量________。

A. 动能为零，势能最大　　B. 动能为零，势能为零

C. 动能最大，势能最大　　D. 动能最大，势能为零

8-4　图 8-6 中画出一平面简谐波在 $t=2\text{s}$ 时刻的波形图，则平衡位置在 P 点的质点的振动方程是________。（量纲为 SI 制）

A. $y_P=0.01\cos\left[\pi(t-2)+\frac{1}{3}\pi\right]$　　B. $y_P=0.01\cos\left[\pi(t+2)+\frac{1}{3}\pi\right]$

C. $y_P=0.01\cos\left[2\pi(t-2)+\frac{1}{3}\pi\right]$　　D. $y_P=0.01\cos\left[2\pi(t-2)-\frac{1}{3}\pi\right]$

8-5　如图 8-7 所示，两相干波源 S_1 和 S_2 相距 $\lambda/4$，（λ 为波长），S_1 的位相比 S_2 的位相超前 π，在 S_1、S_2 的连线上，S_1 外侧各点（例如 P 点）两波引起的两谐振动的位相差是________。

A. 0　　B. π　　C. $\frac{1}{2}\pi$　　D. $\frac{3}{2}\pi$

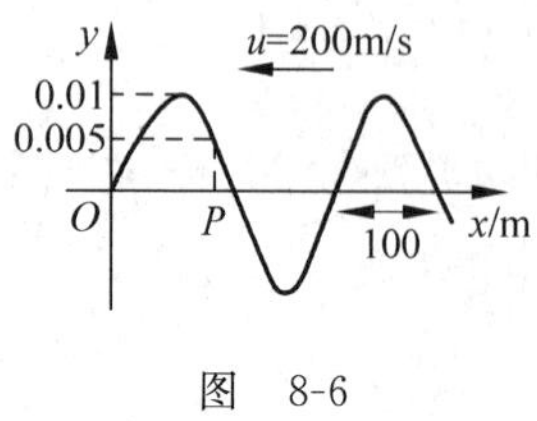

图　8-6

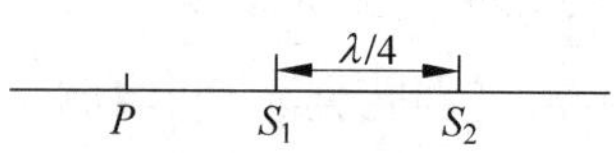

图　8-7

8-6　两列沿相反方向传播的相干波，已知其表达式分别为 $y_1=A\cos2\pi(\nu t-x/\lambda)$ 和 $y_2=A\cos2\pi(\nu t+x/\lambda)$。叠加后形成驻波，其波节位置的坐标为________。

A. $x=\pm k\lambda$ B. $x=\pm\frac{1}{2}(2k+1)\lambda$

C. $x=\pm\frac{1}{2}k\lambda$ D. $x=\pm(2k+1)\lambda/4$

8-7 在驻波中，关于同一波节对称的任意两质点的振动________。

A. 振幅相同，相位相同 B. 振幅不同，相位相同

C. 振幅相同，相位不同 D. 振幅不同，相位不同

8-8 A、B 是简谐波波线上距离小于波长的两点。已知，B 点振动的相位比 A 点落后 $\frac{1}{3}\pi$，波长为 $\lambda=6\text{m}$，则 A，B 两点相距 $L=$________ m。

8-9 一驻波表达式为 $y=2A\cos(2\pi x/\lambda)\cos\omega t$，则 $x=-\frac{1}{2}\lambda$ 处质点的振动方程是________；该质点的振动速度表达式是________。

8-10 设反射波的表达式是 $y_2=0.15\cos\left[100\pi\left(t-\frac{x}{200}\right)+\frac{1}{2}\pi\right]$波在 $x=0$ 处发生反射，反射点为自由端，则形成的驻波的表达式为________。

8-11 两个相干点波源 S_1 和 S_2，它们的振动方程分别是 $y_1=A\cos\left(\omega t+\frac{1}{2}\pi\right)$ 和 $y_2=A\cos\left(\omega t-\frac{1}{2}\pi\right)$。波从 S_1 传到 P 点经过的路程等于 2 个波长，波从 S_2 传到 P 点的路程等于 7/2 个波长。设两波波速相同，在传播过程中振幅不衰减，则两波传到 P 点的振动的合振幅为________。

8-12 图 8-8 所示一平面简谐波在 $t=0$ 时刻的波形图，求(1)该波的波函数；(2)P 处质元的振动方程。

8-13 一列平面简谐波在媒质中以波速 $u=5\text{m/s}$ 沿 x 轴负向传播，原点 O 处质元的振动曲线如图 8-9 所示。(1)求 O 处质元的振动方程；(2)求解该波的波函数。

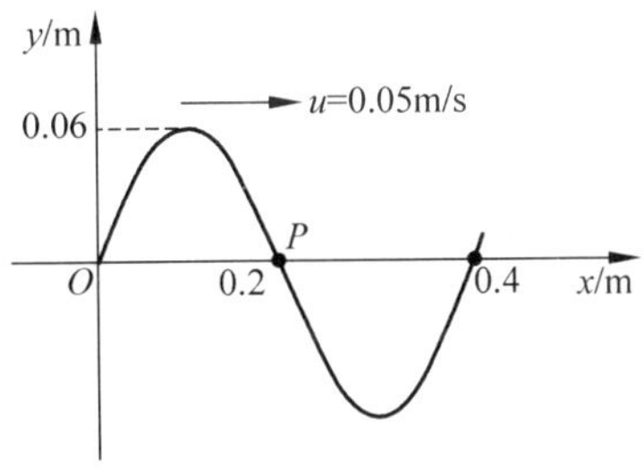

图 8-8

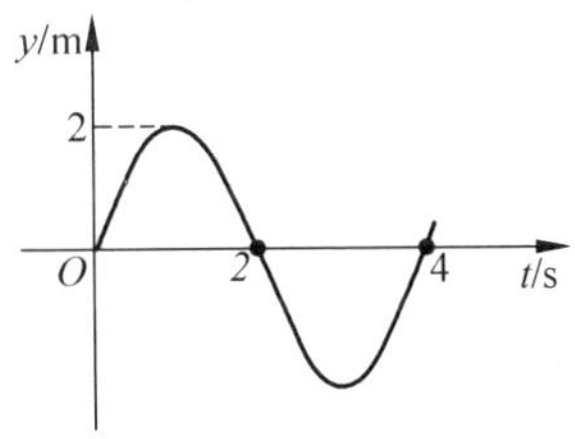

图 8-9

8-14 在弹性媒质中有一沿 x 轴正向传播的平面波，其表达式为 $y=0.01\cos\left(4t-\pi x-\frac{1}{2}\pi\right)$(SI)。如图 8-10 所示，若在 $x=5.00\text{m}$ 处有一媒质分界面，且在分界面处反射波相位突变 π，设反射波的强度不变，试写出反射波的表达式。

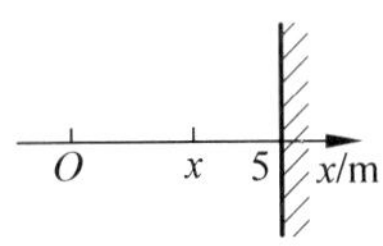

图 8-10

第9章

波动光学

【内容提要】

一、光源　光波的叠加

1. 光源、单色光与复色光

(1) 任何能发光的物体都可以是光源。具有单一波长(或频率)的光称为单色光,而由各种波长(或频率)组成的复合光为复色光。

(2) 在均匀介质中,光的强度 I 与光波的电场强度振幅 $\boldsymbol{E}$ 的二次方成正比,即

$$I = kE^2$$

(3) 与真空中的波长 λ 相比,光在介质中传播时的波长最短,而且在不同介质中的波长不同,关系式为 $\lambda_n=\dfrac{\lambda}{n}$,$\lambda_n$ 为在介质中的波长,n 为介质的折射率。光在介质中的速度为 $u=\dfrac{c}{n}$,c 是光在真空中的速度。

2. 光的叠加、相干光与非相干光

(1) 光波的叠加也遵从波的叠加原理。"频率相同、振动方向相同、相位相同或相位差恒定"是两束光相遇产生干涉现象的必要条件,叫做光的相干条件。两束满足相干条件的光叫做相干光,否则为非相干光。相应的光源叫做相干光源。

(2) 获得相干光的方法:①分波阵面法,就是在点光源发出的光的同一波阵面上取两个不同点作为新的光源,如双缝、双镜等。②分振幅法,就是利用光的反射或折射,将同一束光波分成两束或多束,如劈尖、牛顿环、迈克耳孙干涉仪等。

3. 光程与光程差

(1) 光在某种介质中经过的几何路程 r 与该种介质的折射率的乘积 nr 叫做光程 L,相当于光在真空中传播的几何路程。其相位变化为 $\Delta\varphi=\dfrac{2\pi}{\lambda}L$。

(2) 两束相干光的光程之差为光程差,即 $\delta=L_2-L_1$,这两束光的相位差为 $\Delta\varphi=\dfrac{2\pi}{\lambda}\delta$。光程差为波长的整数倍时,即 $\delta=k\lambda$,$k=0,1,2,\cdots$时产生明条纹;光程差为半波长的奇数倍时,即 $\delta=\dfrac{(2k+1)}{2}\lambda$,$k=0,1,2,\cdots$时产生暗条纹。

二、光的干涉

1. 杨氏双缝干涉：用分波阵面法，在点光源发出的光的同一波阵面上取两个不同点作为新的光源，在空间相遇，产生干涉现象，观察屏上呈现明暗交错、等距离、等强度、平行于缝的直线干涉条纹。

明纹中心的位置为

$$x = \pm k\frac{D}{d}\lambda, \quad k = 0,1,2,\cdots$$

暗纹中心的位置为

$$x = \pm(2k+1)\frac{D}{2d}\lambda, \quad k = 0,1,2,\cdots$$

相邻明(暗)条纹间的距离是

$$\Delta x = \frac{D}{d}\lambda$$

式中，d 为双缝之间的距离，D 为双缝与观察屏之间的垂直距离。

2. 半波损失：光从光疏介质射向光密介质时，反射光波与入射光波在入射点处同时刻相比，两者相位相反，相当于光程增加或减少了半个波长，称为半波损失。当光密介质射向光疏介质时，没有半波损失。两种情况下，折射光都不发生相位突变。

3. 薄膜干涉：当一束光射入到透明介质薄膜时，膜上下两个表面的反射光(或透射光)都能产生干涉条纹。

(1) 等厚度薄膜干涉(等倾干涉)：薄膜厚度均匀，光以相同倾角入射，干涉明暗条件为

$$\delta = 2n_2 t + \frac{\lambda}{2} = \begin{cases} k\lambda, & k = 1,2,\cdots \quad \text{明纹} \\ (2k+1)\dfrac{\lambda}{2}, & k = 0,1,2,\cdots \quad \text{暗纹} \end{cases}$$

式中 t 为薄膜厚度。

(2) 劈尖干涉(等厚干涉)：薄膜厚度不均匀，光垂直照射到空气劈尖($n_2=1$)上，干涉明暗条件为

$$\delta = 2e + \frac{\lambda}{2} = \begin{cases} k\lambda, & k = 1,2,\cdots \quad \text{明纹} \\ (2k+1)\dfrac{\lambda}{2}, & k = 0,1,2,\cdots \quad \text{暗纹} \end{cases}$$

相邻明纹(暗纹)对应的厚度差为

$$\Delta_e = e_{k+1} - e_k = \frac{\lambda}{2n_2}$$

相邻明纹(暗纹)间距为

$$l = \frac{\lambda}{2n\sin\theta} \approx \frac{\lambda}{2n_2\theta}$$

劈尖夹角

$$\theta \approx \tan\theta \approx \sin\theta = \frac{\Delta t}{l} = \frac{D}{L}$$

式中 e 为介质膜厚度。

(3) 牛顿环(等厚干涉)：产生干涉明暗条件与劈尖干涉相同，则反射光中的明环和暗

环的半径分别为

$$r=\sqrt{\frac{(2k-1)R\lambda}{2}},\quad k=1,2,3,\cdots\quad \text{明环}$$

$$r=\sqrt{kR\lambda},\qquad k=1,2,3,\cdots\quad \text{暗环}$$

三、光的衍射

1. 惠更斯－菲涅耳原理：是对惠更斯原理的补充，该原理认为从同一波阵面上的各点发出的子波，传播到空间某点时，各子波在该点可以相干叠加而产生衍射现象。光的衍射是同一光束中无数子波在障碍物后叠加相干的结果，衍射现象中出现的明暗相间条纹，正是从同一波阵面上发出的各子波相互干涉造成的。

2. 单缝夫琅禾费衍射：根据惠更斯－菲涅耳原理，用菲涅耳半波带法处理。

波长为 λ 的单色光垂直入射到缝宽为 a 的单缝上，单缝边缘两点的光程差为 $\delta=a\sin\theta$，θ 是衍射角，单缝衍射形成的明、暗条件为

$$a\sin\theta=\begin{cases}0, & \text{中央明纹}\\ \pm 2k\dfrac{\lambda}{2}, & k=1,2,\cdots\quad \text{暗纹}\\ \pm(2k+1)\dfrac{\lambda}{2}, & k=1,2,\cdots\quad \text{明纹}\end{cases}$$

中央明条纹的半角宽度为

$$\theta\approx\frac{\lambda}{a}$$

中央明条纹的宽度为

$$\Delta_x=2f\frac{\lambda}{a}$$

式中，f 为透镜焦距。

3. 圆孔衍射与光学仪器的分辨率

(1) 圆孔夫琅禾费衍射：用平行单色光垂直射入到圆孔上，可观察到衍射图样的中央是一亮斑(艾里斑)，外围是一组同心的暗环和明环。

艾里斑的半角宽度 $\qquad \theta=1.22\dfrac{\lambda}{D}$

艾里斑的直径 $\qquad d=f\dfrac{\lambda}{D}$

式中，f 为透镜焦距，D 为圆孔的直径。

(2) 光学仪器的分辨率：瑞利分辨判据中的两点光源在透镜处所得的角为最小分辨角，即

$$\theta_0=1.22\frac{\lambda}{D}$$

通常把最小分辨角的倒数叫做光学仪器的分辨率，或分辨本领，用符号 R 表示，即

$$R=\frac{1}{\theta_0}=\frac{D}{1.22\lambda}$$

4. 光栅衍射：一束平行单色光照射在光栅上，产生细而明亮的条纹，光栅的缝越多，得到的条纹分得越开、越细、越亮，可能有缺级现象。

光栅方程 $d\sin\theta=\pm k\lambda,\quad k=0,1,2,3,\cdots$

式中，d 为光栅常数，其大小为 $d=a+b=\dfrac{D}{N}$，a 是缝的宽度，b 是刻痕的宽度，D 是光栅总宽度，N 是总缝宽。

四、光的偏振

1. 自然光与偏振光

(1) 自然光：整个光源发出的光，包含着各个方向的振动，且各个方向光矢量的振幅相等，这种光称为自然光。自然光可分解为两个相互垂直振幅相等且彼此独立的光振动。

(2) 线偏振光：光矢量只沿一个固定方向振动的光，简称偏振光。

(3) 部分偏振光：自然光在传播过程中，如果受到外界的作用，造成各个振动方向上的强度不等，使某一方向的振动比其他方向占优势，则称这种光为部分偏振光。

(4) 圆偏振光和椭圆偏振光：如果光矢量在振动时，其末端在垂直于光波传播方向的平面内所画出来的轨迹是一个圆，这种光为圆偏振光；如果画出来的轨迹是一个椭圆，则称为椭圆偏振光。

2. 偏振光的获得

(1) 利用偏振片：偏振片是一种具有二向色性的材料制成的透明薄片，它能选择性吸收某一方向的光振动，只允许与该方向垂直的光通过。允许光振动通过的方向称为偏振化方向。

(2) 利用光的反射和折射获得偏振光：通常，反射光和折射光不再是自然光，而是部分偏振光。反射光的偏振化程度和入射角有关，当入射角等于某一特定值时，反射光是光振动垂直于入射面的线偏振光，这个特定的入射角 i_0 称为起偏振角，或称为布儒斯特角。布儒斯特定律为 $\tan i_0=\dfrac{n_2}{n_1}=n_{21}$，$n_{21}$ 为介质 2 与介质 1 的相对折射率。

(3) 利用双折射产生偏振光：一束光线射入各向异性介质时，产生一种特殊的折射现象，分解成为两束不同方向的折射光，都是偏振光，这个现象称为双折射现象。这种特殊介质如方解石。

3. 马吕斯定律：光强为 I_0 的线偏振光通过偏振片后的强度为

$$I = I_0\cos^2\alpha$$

式中 α 为检偏器的偏振化方向与入射的线偏振光的振动方向之间的夹角。

4. 旋光现象：当偏振光沿光轴方向在旋光性物质传播时，偏振光的偏振面将以光的行进方向为轴旋转一个角度，这种现象称为旋光现象，这个旋转的角度 φ 称为旋光角。其大小为

$$\varphi = \alpha d$$

式中，α 为旋光率，d 为旋光性物质的厚度。

如果旋光性物质是溶液，则旋转角度与溶液浓度 c 成正比，即

$$\varphi = \alpha c d$$

【例题解析】

例 9-1 已知杨氏双缝实验装置中，双缝间距为 0.5mm，屏与幕的距离为 2.0m，入射光波长 $\lambda_1=550\text{nm}$，求

(1) 相邻明纹间距；

(2) 第 3 级明纹中心位置；

(3) 若此时在入射光中又加入一种波长为 λ_2 的单色光，使得屏上 λ_1 的第 6 级明纹中心位置与 λ_2 的第 5 级明纹中心位置重合，求 λ_2 的值。

解 (1) 根据双缝干涉相邻明(或暗)纹间距公式，有

$$\Delta_x=\frac{D}{d}\lambda_1=\frac{2.0}{0.5\times10^{-3}}\times550\times10^{-9}=2.2\times10^{-3}\text{m}=2.2\text{mm}$$

(2) 由明纹位置公式，有

$$x_3=3\frac{D}{d}\lambda_1=3\times\frac{2.0}{0.5\times10^{-3}}\times550\times10^{-9}=6.6\times10^{-3}\text{m}=6.6\text{mm}$$

(3) 由于 λ_1 的第 6 级与 λ_2 的第 5 级明纹重合，可见在该处位置上有

$$x_6(\lambda_1)=x_5(\lambda_2)$$

所以

$$6\frac{D}{d}\lambda_1=5\frac{D}{d}\lambda_2$$

所以

$$6\lambda_1=5\lambda_2$$

得

$$\lambda_2=\frac{6}{5}\lambda_1=660\text{nm}$$

例 9-2 在空气中垂直入射的白光从肥皂泡膜上反射，对 630nm 的光有一个干涉极大(即加强)，而对 525nm 的光有一个干涉极小(即减弱)，其他波长的可见光反射后并没有发生极小，假定肥皂水膜的折射率与水相同，即 $n=1.33$，膜的厚度是均匀的，求膜的厚度。

解 厚度均匀的薄膜产生的干涉属于等倾干涉，由题设垂直入射，即入射角 $i=0$，有

$$2nt+\frac{\lambda_1}{2}=k\lambda_1 \tag{1}$$

$$2nt+\frac{\lambda_2}{2}=(2k+1)\frac{\lambda_2}{2} \tag{2}$$

其中，$\lambda_1=630\text{nm}$，$\lambda_2=525\text{nm}$。联立公式(1)和(2)，得

$$k=\frac{\lambda_1}{2(\lambda_1-\lambda_2)}=\frac{630}{2\times(630-525)}=3$$

以 $k=3$ 代入式(1)，求得膜的厚度为

$$t=\frac{(k-0.5)\lambda_1}{2n}=\frac{(3-0.5)\times630\text{nm}}{2\times1.33}=592.1\text{nm}$$

例 9-3 在夫琅禾费单缝衍射装置中，已知单缝宽 $a=0.5\text{mm}$，透镜的焦距 $f=50\text{cm}$，用波长为 $\lambda=500\text{nm}$ 的平行单色光垂直照射狭缝，求第二级极小到衍射图形中心的距离。

解 公式 $a\sin\varphi=k\lambda$ 为衍射极小公式，令 $k=2$，则 $\sin\varphi=\frac{2\lambda}{a}$，设所求距离为 x，则

$$x = f\tan\varphi \approx f\sin\varphi = f\frac{2\lambda}{a}$$

$$= 50\times 10^{-2}\times\frac{2\times 500\times 10^{-9}}{0.5\times 10^{-3}} = 1\text{mm}$$

例 9-4 自然光入射到两个相互重叠的偏振片上，如果透射光强为透射光最大强度的1/3，则这两个偏振片的偏振化方向间的夹角是多少？

解 自然光入射，两偏振片同向时，通过的光强最大，为$\frac{I_0}{2}$。当透射光强为其 1/3 时，有

$$I_0\cos^2\frac{\theta}{2} = \frac{I_0/2}{3}$$

两偏振片的偏振化方向夹角为

$$\theta = \arccos\sqrt{\frac{1}{3}} = 54°44'$$

【同步题解】

思考题

9-1 为什么两个独立的同频率的普通光源发出的光波叠加时不能看到光的干涉现象？

答：普通光源发光的特点是：包含大量断断续续的、长度有限的、相互独立的波列。两个独立光源发出的光的振动方向、频率、初相位是完全随机的(不存在稳定的相位差)，所以它们不可能是相干光。即使它们的频率相同，有同方向的振动分量，但由于在叠加点相位差的完全随机性，也不能形成稳定的光振动加强和减弱现象，因而就不能得到光的干涉图样。

9-2 为什么无线电波能绕过建筑物，而光波却不能？

答：因为无线电波波长较长，接近建筑物的尺寸，光波波长较短，与建筑物的尺寸相差很大，所以不能绕过建筑物。

9-3 杨氏双缝实验中，在下列情况下干涉条纹如何变化？

(1) 当两缝的间距增大时；(2)当两缝的宽度增大时。

答：(1)因为 $\Delta X=\frac{D}{d}\lambda$，所以当两缝的间距 d 增大，ΔX 减小时，明纹间距将变小，条纹向中间密集。

(2) 场内光能将增大，干涉条纹的亮度增加。但由于光通过单缝所形成的衍射中央明区的范围变小，因而在该范围内的干涉条纹数减少。

9-4 在杨氏双缝实验中，如有一条狭缝稍稍加宽一些，屏幕上的干涉条纹有什么变化？如把其中一条狭缝遮住时，会出现什么现象？

答：当稍稍加宽一条缝时，通过两缝的光强不同。在屏上叠加所产生的干涉现象，因两光振动的振幅不同，干涉相消处(暗条纹)的光强不等于零，所以干涉条纹的可见度下降。当遮住一条缝时，则成为单缝衍射装置，屏上将出现单缝衍射的光强分布。

9-5 在劈尖干涉实验中，如果把上面的一块玻璃向上平移，干涉条纹将如何变化？如果把上面的一块玻璃绕棱边转动，使劈尖角增大，干涉条纹又将怎样变化？

答：如果把上面的一块玻璃向上平移，干涉条纹将向上平移，明暗条纹宽度不变，级次改变；如果把上面的一块玻璃绕棱边转动，使劈尖角增大，明暗条纹宽度减小。

9-6　在光栅衍射实验中，如果增加缝的个数，但不改变缝间距，衍射条纹有何变化？

答：无变化。

9-7　声波有偏振现象吗？为什么？

答：没有偏振现象。只有横波有偏振现象，声波是纵波，所有没有偏振现象。

9-8　有哪些方法可以获得线偏振光？

答：利用晶体或人造物质对光振动的各向异性获得偏振光，或利用自然光在介质面上的反射和折射来获得偏振光。

9-9　一束光入射到两种透明介质的分界面上，发现只有透射光，而无反射光，试说明这束光是怎样入射的？其偏振状态如何？

答：这束光是以布儒斯特角入射的。其偏振态为平行入射面的线偏振光。

9-10　光学仪器的分辨本领与哪些因素有关？如何提高显微镜的分辨本领？

答：光学仪器的分辨本领与透镜直径和光波波长有关。提高显微镜的分辨本领可以增大透镜直径和采用波长较短的光波。

习题

9-1　两束光产生干涉的条件为________、________ 、________。

答：频率相同；振动方向相同；相位差恒定。

9-2　在双缝干涉实验中，两缝间距离为 0.2mm，双缝与屏幕相距 2m，波长 $\lambda=5500\text{Å}$ 的平行单色光垂直照射到双缝上，则中央明纹两侧的两条第 5 级明纹中心的距离为________。

解　$\Delta X=10\dfrac{D}{d}\lambda=5.5\times10^{-2}\text{m}$

9-3　用波长 $\lambda=632.8\text{nm}(1\text{nm}=10^{-9}\text{m})$的平行光垂直入射在单缝上，缝后用焦距 $f=50\text{cm}$ 的凸透镜把衍射光会聚于焦平面上。测得中央明条纹的宽度为 3.4mm，则单缝的宽度 $a=$________ mm。

解　因为 $l=2f\dfrac{\lambda}{a}$，所以 $a=2f\dfrac{\lambda}{l}=0.186\text{mm}$

9-4　波长 $\lambda=5500\text{Å}$ 的单色光垂直入射于光栅常数 $d=2\times10^{-4}\text{cm}$ 的平面衍射光栅上，可能观察到的光谱线的最大级次为________。

解　因为 $d\sin\theta=K\lambda$，则 $\sin\theta=K\dfrac{\lambda}{d}$，由于 $\sin\theta<1$

所以
$$K<\frac{d}{\lambda}=3.64\approx3$$

9-5　应用布儒斯特定律可以测介质的折射率，今测得此介质的起偏振角 $i_0=60°$，这种物质的折射率为________。

解　$\tan i_b=\dfrac{n_2}{n_1}$，$n_1=1$，$i_b=60°$，代入数据得　$n_2=1.732$

9-6　两个偏振片堆叠在一起，其偏振化方向相互垂直，若一束强度为 I_0 的自然光垂直入射，则穿过第一偏振片后的光强为________，穿过两个偏振片后的光强为________。

答：穿过第一偏振片后的光强为$\frac{I_0}{2}$，穿过两个偏振片后的光强为0。

9-7　在单缝夫琅禾费衍射实验中，观察屏上第3级暗纹所对应的单缝处波阵面可划分为________个半波带。若将缝宽缩小一半，原来第三级暗纹处将是________。

解　$a\sin\theta=3\lambda=6\times\frac{\lambda}{2}$

故为6个半波带；是一级明纹。

9-8　波长为550nm的单色光垂直入射于光栅常数$d=2\times10^{-4}$cm的平面衍射光栅上，可能观察到的光谱线的最大级次为________。

解　因为$d\cdot\sin\theta=K\lambda$，所以$\sin\theta=K\frac{\lambda}{d}$。得$\sin\theta<1$

故$K<\frac{d}{\lambda}=3.64\approx3$

9-9　波长为600nm的单色光垂直入射到置于空气中的平行薄膜上，已知膜的折射率$n=1.54$，求：(1) 反射光最强时膜的最小厚度？(2) 透射光最强时膜的最小厚度？

解　(1) 因为$\sigma=2ne+\frac{\lambda}{2}=k\lambda$，所以$e=\frac{\left(k-\frac{1}{2}\right)\lambda}{2n}$

当$k=1$时，$e_{\min}=\frac{\lambda}{4n}=9.7\times10^{-8}$m

(2) 因为$\sigma=2ne+\frac{\lambda}{2}=(2k+1)\frac{\lambda}{2}$，所以$e=\frac{k\lambda}{2n}$

当$k=1$时，$e_{\min}=\frac{\lambda}{2n}=7.79\times10^{-7}$m

9-10　在双缝装置中，用一很薄的云母片($n=1.58$)覆盖其中的一条狭缝，这时屏幕上的第七级明条纹恰好移到屏幕中央原零级明条纹的位置。如果入射光的波长为550nm。则这个云母片的厚度应为多少？

解　光程差改变　　$\Delta\delta=ne-e$

条纹移动$N=4$　　$\Delta\delta=N\lambda$

$$e=\frac{N\lambda}{n-1}=\frac{4\lambda}{n-1}=4000\text{nm}$$

9-11　白光垂直照射到空气中一厚度为$e=3800\text{Å}$的肥皂膜上，肥皂膜的折射率$n=1.33$，在可见光的范围内(4000～7600Å)，哪些波长的光在反射中增强？

解　若光在反射中增强，则其波长应该满足条件

$$2ne+\frac{\lambda}{2}=k\lambda\quad(k=1,2,3,\cdots)\qquad\text{即}\qquad\lambda=\frac{4ne}{2k-1}$$

在可见光范围内　有

$$k=2,\quad\lambda_2=6739\text{Å}$$
$$k=3,\quad\lambda_3=4043\text{Å}$$

9-12　在折射率$n=1.50$的玻璃上，镀上$n'=1.35$的透明介质膜，入射波垂直于介质

膜表面照射，观察反射光的干涉，发现对 $\lambda_1=6000\text{Å}$ 的波长干涉相消，对 $\lambda_2=7000\text{Å}$ 的波长干涉相长。且在 6000～7000Å 之间没有别的波长是最大限度相消或相长的情形，求所镀介质膜的厚度？

解 设介质薄膜的厚度为 e，上下表面反射均为由光疏到光密，故不计附加光程差，当垂直入射 $i=0$ 时，则依公式有

$$2n'e=\frac{1}{2}(2k_1+1)\lambda_1$$

$$2n'e=k_2\lambda_2$$

由于在二者之间没有别的波长是最大限度相消或相长，因此 $k_1=k_2=k$

以上三式联立，可得 $k=3$

将 $k=3$ 代入 $2n'e=k_2\lambda_2$ 中，可得 $e=7.778\times10^{-7}\text{m}$

9-13 在单缝夫琅禾费衍射实验中，若缝宽 $a=5\lambda$，透镜焦距 $f=60\text{cm}$，问：

(1) 对应 $\theta=30°$的衍射方向，缝面可分为多少个半波带？对应的明暗情况如何？

(2) 求屏幕上中央明纹的宽度。

解 (1) $a\sin\theta=5\lambda\sin30°=5\times\frac{\lambda}{2}$，可划分 5 个半波带。有两个明条纹，两个暗条纹。

(2) 对于第一级暗纹，有 $a\sin\theta_1=\lambda$

因 θ_1 很小，故 $\frac{\lambda}{a}=\sin\theta_1\approx\theta_1\approx\frac{x}{D}\approx\frac{x}{f}$

故中央明纹宽度 $\Delta_x=2x=2\frac{f\lambda}{a}=2.4\times10^{-1}\text{m}$

9-14 一束平行光垂直入射到某个光栅上，该光束有两种波长的光，$\lambda_1=440\text{nm}$，$\lambda_2=660\text{nm}$，实验发现，两种波长的谱线(不计中央明纹)第二次重合于衍射角 $\theta=60°$的方向上，求此光栅的光栅常数 d。

解 $d\sin\theta=k_1\lambda_1$，$d\sin\theta=k_2\lambda_2$ 依题意得 $k_1\lambda_1=k_2\lambda_2$

$\frac{k_1}{k_2}=\frac{\lambda_2}{\lambda_1}=\frac{3}{2}$，所以 $k_1=3$，$d=\frac{k_1\lambda_1}{\sin\theta}$，代入数据得 $d=2.64\times10^{-6}\text{m}$

9-15 在迎面驶来的汽车上，两盏前灯相距 120cm，试问汽车离人多远的地方，眼睛恰可分辨这两盏灯？设夜间人眼瞳孔直径为 5.0 mm，入射光波长为 550nm。(这里仅考虑人眼圆形瞳孔的衍射效应)

解 由 $\theta_c=\frac{d}{l}=\frac{1.22\lambda}{D}$可得

$$l=\frac{dD}{1.22\lambda}=8.9\times10^3\text{m}$$

9-16 用两偏振片装成起偏器和检偏器。在它们偏振化方向成 30°角时，观测一光源，又在 60°角时，观测同一位置处的另一光源。两次所得的强度相等。求两光源的强度之比。

解 $I_1=I_1'\cos^2 30°$，$I_2=I_2'\cos^2 60°$

因为 $$I_1=I_2$$

所以 $$\frac{I_1'}{I_2'}=\frac{\cos^2 60°}{\cos^2 30°}=\frac{1}{3}$$

【自测练习】

9-1　在双缝干涉实验中，两条缝的宽度原来是相等的，若其中一缝的宽度略变窄，则________。

A. 干涉条纹间距不变，但原极小处的强度不再为零

B. 干涉条纹间距变窄

C. 干涉条纹间距变宽

D. 不再发生干涉现象

9-2　如图 9-1 所示，用波长为 λ 的单色光照射双缝干涉实验装置，若将一折射率为 n、劈尖角为 α 的透明劈尖 b 插入光线 2 中，则当劈尖 b 缓慢地向上移动时（只遮住 s_2），屏 C 上的干涉条纹________。

A. 间隔变大，向下移动

B. 间隔变小，向上移动

C. 间隔不变，向下移动

D. 间隔不变，向上移动

9-3　如图 9-2 所示，用单色光垂直照射在观察牛顿环的装置上，当平凸透镜垂直向上缓慢平移而远离平面玻璃时，可以观察到这些环状干涉条纹________。

A. 向右平移

B. 向中心收缩

C. 向外扩张

D. 向左平移

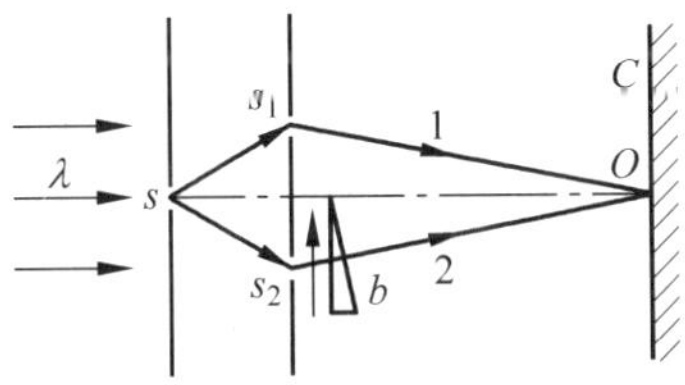

图　9-1

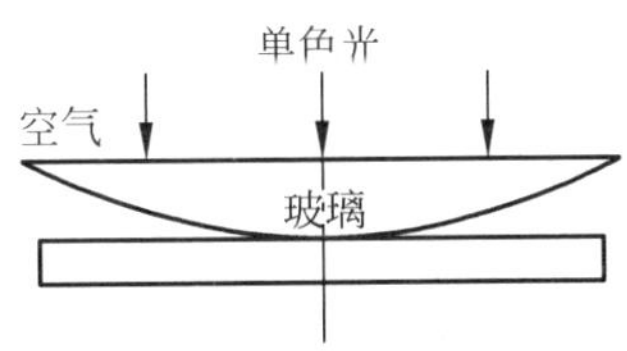

图　9-2

9-4　在如图 9-3 所示的单缝夫琅禾费衍射实验中，若将单缝沿透镜光轴方向向透镜平移，则屏幕上的衍射条纹________。

A. 间距变大

B. 间距变小

C. 间距不变，但明暗条纹的位置交替变化

D. 不发生变化

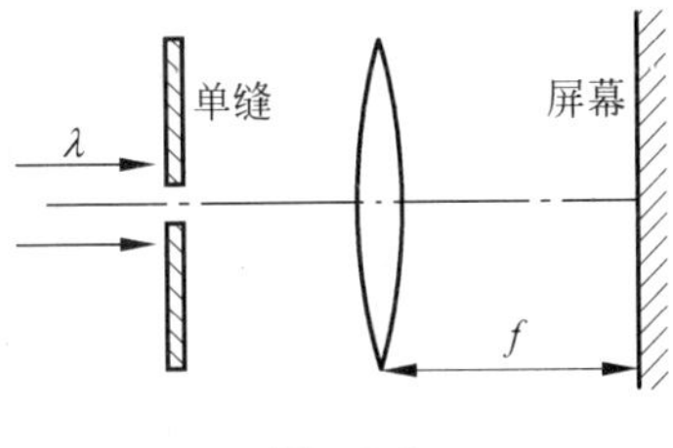

图　9-3

9-5　在双缝干涉实验中，用单色自然光，在屏幕上形成干涉条纹，若在两缝后放一个偏振片，则________。

A. 干涉条纹的间距不变，但明纹的亮度加强

B. 干涉条纹的间距不变，但明纹的亮度减弱

C. 干涉条纹的间距变窄，且明纹的亮度减弱

D. 无干涉条纹

9-6 自然光以布儒斯特角由空气入射到一玻璃表面上，反射光是________。

A. 在入射面内振动的完全偏振光

B. 平行于入射面的振动占优势的部分偏振光

C. 垂直于入射面的振动占优势的部分偏振光

D. 垂直于入射面振动的完全偏振光

9-7 在杨氏双缝实验中，双缝间距为 d，双缝到观察屏间距为 $D(D\gg d)$，现用波长为 λ 的单色光垂直照射，则屏上相邻两明纹间距为________，相邻暗条纹间距为________。

9-8 用 $\lambda=600\text{nm}$ 的单色光垂直照射牛顿环装置时，第 4 级暗纹对应的空气膜的厚度为________ μm。

9-9 在空气中有一劈尖形透明物，其劈尖角 $\theta=1.0\times10^{-4}\text{rad}$，在波长 $\lambda=700\text{nm}$ 的单色光垂直照射下，测得干涉相邻明条纹间距 $l=0.25\text{cm}$，此透明材料的折射率 $n=$________。

9-10 在单缝夫琅禾费衍射实验中，设第一级暗纹的衍射角很小。若钠黄光（$\lambda_1=589\text{nm}$）为入射光，中央明纹宽度为 4.0mm；若以蓝紫光（$\lambda_2=442\text{nm}$）为入射光，则中央明纹中心的距离等于________。

9-11 两平行放置的偏振片，其透光轴相互垂直，以一束光强为 I_0 的单色自然光垂直入射，则出射光强为________，若在两偏振片之间平行放入第三片偏振片，其偏振化方向与第一片偏振片的偏振化方向成 30°夹角，则出射光强为________。

9-12 用单色光垂直入射在一块光栅上，其光栅常数 $d=3\mu\text{m}$，缝宽 $a=1\mu\text{m}$，则在单缝衍射的中央明纹区中共有________条（主极大）谱线。

9-13 在一折射为率 1.50 的玻璃上，有一层折射率为 1.38 厚度均匀的薄油膜，当观察方向是膜面法线方向时，可看到由油膜反射的光是波长为 558.6nm 的黄光，试求油膜最薄处的厚度。

9-14 汞弧灯发出的光通过一滤光片后照射双缝干涉装置。已知缝间距 $d=0.60\text{mm}$，观察屏与双缝相距 $D=2.5\text{m}$，并测得相邻明纹间距离 $\Delta x=2.27\text{mm}$，试计算入射光的波长，并指出属于什么颜色。

9-15 牛顿环装置中，平凸透镜中心恰好和平玻璃接触，凸透镜的曲率半径为 3.00m。用某单色光平行垂直入射，观察反射光形成的牛顿环，测得第 5 明环的半径是 3mm。

（1）求入射光的波长。

（2）求半径为 8mm 处是第几级环？是明环还是暗环？

9-16 使一束水平的氦氖激光器发出的激光（$\lambda=632.8\text{nm}$）垂直照射一双缝。在缝后 2.0m 处的墙面上观察到中央明纹和第 1 级明纹的间隔为 14cm。

（1）求两缝的间距。

（2）在中央条纹以上还能看到几条明纹？

9-17 在圆孔的夫琅禾费衍射中，若用波长为 600nm 单色光垂直射入圆孔，则测得在

透镜焦平面所在处的屏幕上呈现的艾里斑的半径为 0.20cm，如果透镜的焦距为 50cm，求圆孔的半径。

9-18　一束太阳光以某一入射角 i 射到一平面玻璃上，测得其反射光为线偏振光，折射光的折射角 r 为 32°。求：

(1) 入射角 i。

(2) 玻璃的折射率。

第10章

气体动理论

【内容提要】

一、理想气体基本公式

（一）理想气体的状态方程

$$pV = nRT = \frac{N}{N_A}nRT = \frac{m}{M_{mol}}RT \quad 或 \quad p = nkT$$

（二）理想气体的压强公式

$$p = \frac{1}{3}nm\overline{v^2} = \frac{2}{3}n\bar{e}_{kt}$$

（三）理想气体的平均平动动能与温度的关系

$$\bar{e}_{kt} = \frac{3}{2}kT$$

（四）理想气体的内能

$$E = \frac{i}{2}\nu RT, \quad dE = \frac{i}{2}\nu R\,dT$$

二、统计分布规律

（一）能量按自由度均分定理

分子的平均动能

$$\bar{e}_k = \frac{i}{2}kT$$

（二）麦克斯韦分布规律

麦克斯韦速率分布律

$$\frac{dN}{N} = 4\pi\left(\frac{m}{2\pi kT}\right)^{\frac{3}{2}} e^{-\frac{mv^2}{2kT}}v^2\,dv$$

麦克斯韦速率分布函数

$$f(v) = \frac{dN}{N\,dv} = 4\pi\left(\frac{m}{2\pi kT}\right)^{\frac{3}{2}} e^{-\frac{mv^2}{2kT}}v^2$$

三、三种速率

最概然速率 $v_p=\sqrt{\frac{2kT}{m}}=\sqrt{\frac{2RT}{M_{mol}}}\approx 1.41\sqrt{\frac{RT}{M_{mol}}}$

平均速率 $\bar{v}=\sqrt{\frac{8kT}{\pi m}}=\sqrt{\frac{8RT}{\pi M_{mol}}}\approx 1.60\sqrt{\frac{RT}{M_{mol}}}$

方均根速率

$$\sqrt{\overline{v^2}}=\sqrt{\frac{3kT}{m}}=\sqrt{\frac{3RT}{M_{mol}}}\approx 1.73\sqrt{\frac{RT}{M_{mol}}}$$

四、平均碰撞次数和平均自由程

平均碰撞频率

$$\bar{z}=\sqrt{2}\pi d^2 n\bar{v}$$

平均自由程

$$\bar{\lambda}=\frac{\bar{v}}{\bar{z}}=\frac{1}{\sqrt{2}\pi d^2 n}=\frac{kT}{\sqrt{2}\pi d^2 p}$$

【例题解析】

例 10-1 标准状态下，若氧气和氦气的体积比 $V_1/V_2=1/3$，求其内能 E_1/E_2？

解 内能 $E=\frac{i}{2}\nu RT$，理想气体状态方程：$pV=\nu RT$，则 $pV_1=\nu_1 RT$，$pV_2=\nu_2 RT$，则 $\frac{E_1}{E_2}=\frac{\frac{5}{2}\nu_1 RT}{\frac{3}{2}\nu_2 RT}=\frac{5pV_1}{3pV_2}=\frac{5}{9}$。

例 10-2 设某种气体的分子速率分布函数为 $f(v)$，求速率在 $0\sim v_p$ 区间内的分子的平均速率。

解 $\bar{v}=\frac{\sum_{i=1}^{n}v\mathrm{d}N}{\Delta N}=\frac{\int_0^{v_p}v\mathrm{d}N}{\Delta N}$，其中 ΔN 为 $0\sim v_p$ 内的分子数。

由于：$\Delta N=N\int_0^{v_p}f(v)\mathrm{d}v$，$\mathrm{d}N=Nf(v)\mathrm{d}v$，代入上式，得：

速率在 $0\sim v_p$ 区间内的分子的平均速率为

$$\bar{v}=\frac{\int_0^{v_p}v\mathrm{d}N}{\Delta N}=\frac{N\int_0^{v_p}vf(v)\mathrm{d}v}{N\int_0^{v_p}f(v)\mathrm{d}v}=\frac{\int_0^{v_p}vf(v)\mathrm{d}v}{\int_0^{v_p}f(v)\mathrm{d}v}$$

例 10-3 在一个体积不变的容器中，储有一定量的理想气体，温度为 T_0 时，气体分子的平均速率为 $\bar{v}_0$，分子平均碰撞次数为 $\bar{z}_0$，平均自由程为 $\bar{\lambda}$. 当气体温度升高为 $2T_0$ 时，气体分子的平均速率$\bar{v}$，平均碰撞频率$\bar{z}$和平均自由程$\bar{\lambda}$分别为多少？

解 平均速率$\bar{v}=\sqrt{2}\times\sqrt{\dfrac{8kT_0}{\pi m}}=\sqrt{2}\,\bar{v}_0$

平均自由程$\bar{\lambda}=\dfrac{kT}{\sqrt{2}\pi d^2 p}$，由理想气体状态方程$pV=\nu RT$可知，当体积不变，温度变为$2T_0$时，压强亦增大为$2P_0$，故$\bar{\lambda}=\dfrac{kT}{\sqrt{2}\,p d^2 p}=\dfrac{1}{2}\bar{\lambda}_0$

平均碰撞频率$\bar{z}=\dfrac{\bar{v}}{\bar{\lambda}}=\dfrac{\sqrt{2}\,\bar{v}_0}{0.5\bar{\lambda}_0}=2\sqrt{2}\,\bar{z}_0$

例 10-4 已知空气分子的有效直径$d=3.5\times10^{-10}$ m，空气分子的摩尔质量为$m=29\times10^{-3}$ kg/mol，计算空气分子在标准状态下的几个物理量。

(1) 单位体积分子数n； (2) 平均速率； (3) 平均碰撞频率；
(4) 平均自由程； (5) 平均平动动能。

解 (1)由理想气体状态方程得：$n=\dfrac{p}{kT}=2.68\times10^{25}\,\text{m}^{-3}$

(2) 由平均速率得：$\bar{v}=\sqrt{\dfrac{8RT}{\pi M}}=446\text{m/s}$

(3) 利用分子平均碰撞频率得：$\bar{z}=\sqrt{2}\pi d^2 n\bar{v}=6.5\times10^9\,\text{s}^{-1}$

(4) 自由程为：$\bar{\lambda}=\dfrac{\bar{v}}{\bar{z}}=6.86\times10^{-8}\text{m}$

(5) 分子平均平动动能为：$\bar{\varepsilon}_{kt}=\dfrac{3}{2}kT=5.65\times10^{-21}\text{J}$

例 10-5 容积为 20.0 L 的瓶子以速率$v=200\ \text{m}\cdot\text{s}^{-1}$匀速运动，瓶子中充有质量为 100g 的氦气。设瓶子突然停止，且气体的全部定向运动动能都变为气体分子热运动的动能，瓶子与外界没有热量交换，求热平衡后氦气的温度、压强、内能及氦气分子的平均动能各增加多少？(摩尔气体常量$R=8.31\ \text{J}\cdot\text{mol}^{-1}\cdot\text{K}^{-1}$，玻耳兹曼常量$k=1.38\times10^{-23}\ \text{J}\cdot\text{K}^{-1}$。)

解 定向运动动能：$E_k=\dfrac{1}{2}mv^2=2\times10^3\text{J}=\Delta E$

$\Delta E=2\times10^3\text{J}$

$\Delta E=\nu\dfrac{i}{2}R\cdot\Delta T\Rightarrow\Delta T=6.4\text{K}$

$\Delta\varepsilon_{kt}=\dfrac{3}{2}k\cdot\Delta T=1.3\times10^{-22}\text{J}$

$\Delta p=nk\cdot\Delta T=\dfrac{N}{V}k\cdot\Delta T=6.65\times10^4\,\text{Pa}$

【同步题解】

思考题

10-1 什么是理想气体？理想气体应满足哪些条件？分别从宏观上和微观上加以

解释。

答：在任何情况下，绝对遵守玻意耳定律、盖吕萨克定律以及查理定律三条实验定律和阿伏伽德罗定律的气体称为理想气体，故理想气体是一种理想模型。宏观上，一般气体在温度不太低、压强不太大时，都可近似地看作理想气体。微观上，每一个理想气体分子都可以看作是自由的、无规则运动着的、弹性的小球。

10-2　为什么压强具有统计意义？讲一个分子产生多少压强，可以吗？

答：气体内的压强是由气体分子与分子之间以及分子与器壁之间不停地碰撞产生的，这种碰撞产生压力。单次碰撞产生的压力不稳定，但大量的、频繁的碰撞就会产生持续的压力，从而产生稳定的压强，故压强是对大量分子而言，具有统计意义，讲一个分子产生多少压强是没有意义的。

10-3　一定量的某种理想气体，如果保持它的压强和体积不变，请问其温度是否改变？

答：由理想气体状态方程 $pV=nRT$ 可以看出，如果保持体积和压强不变，温度也不会改变。

10-4　麦克斯韦速率分布函数 $f(v)$的物理意义是什么？试说明下列各式的物理意义：

(1) $f(v)\mathrm{d}v$；(2)$Nf(v)\mathrm{d}v$；(3) $\int_{v_1}^{v_2}f(v)\mathrm{d}v$；(4)$N\int_{v_1}^{v_2}f(v)\mathrm{d}v$ 。

答：函数 $f(v)$称为速率分布函数。其物理意义是：分子速率在 v 附近单位速率区间内的分子数占总分子数的百分比，或者说是某一分子的速率在 v 附近单位速率区间内出现的概率，故上述各式的物理意义为：

(1) $f(v)\mathrm{d}v=\dfrac{\mathrm{d}N}{N}$：代表在 v 附近，$\mathrm{d}v$ 区间内的分子出现的概率，或者是占总分子的百分比；

(2) $Nf(v)\mathrm{d}v=\mathrm{d}N$：代表出现在 $\mathrm{d}v$ 内的分子数；

(3) $\int_{v_1}^{v_2}f(v)\mathrm{d}v=\dfrac{1}{N}\int_{v_1}^{v_2}\mathrm{d}N=\dfrac{\Delta N}{N}$：表示在区间 $v_1\sim v_2$ 内的分子数出现的概率，或占总分子数的百分比；

(4) $N\int_{v_1}^{v_2}f(v)\mathrm{d}v=\Delta N$：表示出现在区间 v_1-v_2 内的分子数。

10-5　最概然速率 v_p 的物理意义是什么？对同一种气体分子，比较在同一温度下$\bar{v}$、v_p和$\sqrt{\overline{v^2}}$三种速率的大小。

答：最概然速率 v_p 的物理意义为：在平衡态条件下，理想气体分子速率分布在 v_p 附近的单位速率区间内的分子数占总分子数的百分比最大。对于同一种气体分子，在同一温度下，$\bar{v}=\sqrt{\dfrac{8kT}{\pi m}}$，$v_p=\sqrt{\dfrac{2kT}{m}}$，$\sqrt{\overline{v^2}}=\sqrt{\dfrac{3kT}{m}}$，经比较，三者关系为：$v_p<\bar{v}<\sqrt{\overline{v^2}}$ 。

10-6　气体分子的平均速率通常为几百米每秒，为什么在房间打开一瓶香水，并不能立即闻香水的味道，而是要过一会儿才能闻到？

答：这是因为大量的香水分子频繁碰撞，通过碰撞不断改变运动方向，在传播过程中所经历的路径非常曲折。因此尽管香水分子运动速率很快，但是仍然不能很快被闻到。

10-7　将一刚性容器内气体的温度升高，请问气体的平均自由程和平均碰撞频率将怎样变化？

答：刚性容器在升温过程中体积保持不变，则由理想气体状态方程 $pV=nRT$ 可知，当 T 变大，p 也变大。由平均自由程方程可知 $\bar{\lambda}=\dfrac{kT}{\sqrt{2}\pi d^2 p}=\dfrac{kV}{\sqrt{2}\pi d^2 nR}$，所以 $\bar{\lambda}$ 不变。又因为 $\bar{z}=\dfrac{\bar{v}}{\bar{\lambda}}$，$T$ 变大时，$\bar{v}=\sqrt{\dfrac{8kT}{\pi m}}$ 变大，故 $\bar{z}$ 将变大。

10-8 对于孤立系统，请说明其无序度、热力学概率与熵之间有什么关系？

答：对于孤立系统，热力学概率越大，即某一宏观态所对应的微观态数目越多，系统内分子热运动的无序性(无规则性)越大，熵就越大。所以，熵是系统微观粒子的无序性大小的量度。由热力学第二定律的统计意义可知，在孤立系统内的一切实际过程(不可逆过程)，末状态包含的微观态数比始态多，即 $\Omega_2>\Omega_1$，所以，$\Delta S>0$。

习题

10-1 一定量的理想气体贮于某一容器中，温度为 T，气体分子的质量为 m。根据理想气体分子模型和统计假设，分子速度在 x 方向的分量的平均值________。

A. $\bar{v}_x=\sqrt{\dfrac{8kT}{\pi m}}$　　B. $\bar{v}_x=\dfrac{1}{3}\sqrt{\dfrac{8kT}{\pi m}}$

C. $\bar{v}_x=\sqrt{\dfrac{8kT}{3\pi m}}$　　D. $\bar{v}_x=0$

分析与解：当理想气体处于平衡态时，分子朝各个方向运动的概率均相同，在任一时刻，分子的平均速度 $\bar{\boldsymbol{v}}=\dfrac{\boldsymbol{v}_1+\boldsymbol{v}_2+\cdots+\boldsymbol{v}_N}{N}=0$，故它的三个分量均为 0，选 D。

10-2 一瓶氦气和一瓶氮气密度相同，分子平均平动动能相同，而且都处于平衡状态，则它们：________。

A. 温度相同、压强相同

B. 温度、压强都不同

C. 温度相同，但氦气的压强大于氮气的压强

D. 温度相同，但氦气的压强小于氮气的压强

分析与解：本题中，由 $\bar{e}_{kt}=\dfrac{3}{2}kT$ 可知，两种气体 T 相同。通过 $p=\dfrac{1}{3}\rho\overline{v^2}$，而 $\sqrt{\overline{v^2}}=\sqrt{\dfrac{3kT}{m}}$，当 ρ 相同时，因为 $m_{N_2}>m_{He}$，所以 $p_{N_2}<p_{He}$。选 C。

10-3 标准状态下，若氧气和氦气的体积比 $V_1/V_2=1/2$，则其内能 E_1/E_2 为________。

A. 1/2　　B. 5/6　　C. 3/2　　D. 1/3

分析与解：本题中为标准状态，两者的压强、温度均相同。理想气体内能 $E=\dfrac{i}{2}nRT=\dfrac{i}{2}pV$，氧气自由度为 5，氦气自由度为 3，则 $E_1=\dfrac{5}{2}pV_1$，$E_2=\dfrac{3}{2}pV_2$。代入得 $E_1/E_2=\dfrac{5V_1}{3V_2}=\dfrac{5}{6}$，选 B。

10-4 麦克斯韦速率分布曲线如图 10-1 所示，图中 A、B 两部分面积相等，则该图表

示：________。

A. v_0 为最概然速率

B. v_0 为平均速率

C. 速率大于和小于 v_0 的分子数各占一半

D. v_0 为方均根速率

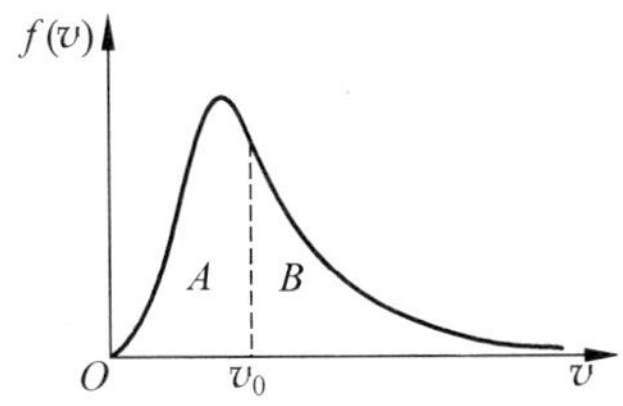

图 10-1

分析与解：图 10-1 中，面积代表分子出现的概率，鉴于这一点，因图中 A,B 两部分面积相等，故代表速率大于和小于 v_0 的分子数各占一半，故选 C。

10-5 在一个体积不变的容器中，储有一定量的理想气体，温度为 T_0 时，气体分子的平均速率为$\bar{v}_0$，分子平均碰撞次数为$\bar{z}_0$，平均自由程为 $\bar{\lambda}_0$。当气体温度升高为 $4T_0$ 时，气体分子的平均速率$\bar{v}$，平均碰撞频率$\bar{z}$和平均自由程 $\bar{\lambda}$ 分别为：________。

A. $\bar{v}=4\bar{v}_0,\bar{z}=4\bar{z}_0,\bar{\lambda}=4\bar{\lambda}_0$

B. $\bar{v}=2\bar{v}_0,\bar{z}=2\bar{z}_0,\bar{\lambda}=\bar{\lambda}_0$

C. $\bar{v}=2\bar{v}_0,\bar{z}=2\bar{z}_0,\bar{\lambda}=4\bar{\lambda}_0$

D. $\bar{v}=4\bar{v}_0,\bar{z}=2\bar{z}_0,\bar{\lambda}=\bar{\lambda}_0$

分析与解：温度为 T_0 时，气体分子的平均速率为$\bar{v}_0=\sqrt{\dfrac{8kT_0}{\pi m}}$，当气体温度升高为 $4T_0$ 时，$\bar{v}=2\sqrt{\dfrac{8kT_0}{\pi m}}=2\bar{v}_0$。由理想气体状态方程 $pV=nRT$ 可知，当体积不变时，若气体温度升高为 $4T_0$，压强亦变为 $4p_0$，则 $\bar{\lambda}=\dfrac{4kT_0}{\sqrt{2}\pi d^2 4p_0}=\bar{l}_0$。而此时平均碰撞频率，$\bar{z}=\dfrac{\bar{v}}{\bar{\lambda}}=\dfrac{2\bar{v}_0}{\bar{\lambda}_0}=2\bar{z}_0$，故选 C。

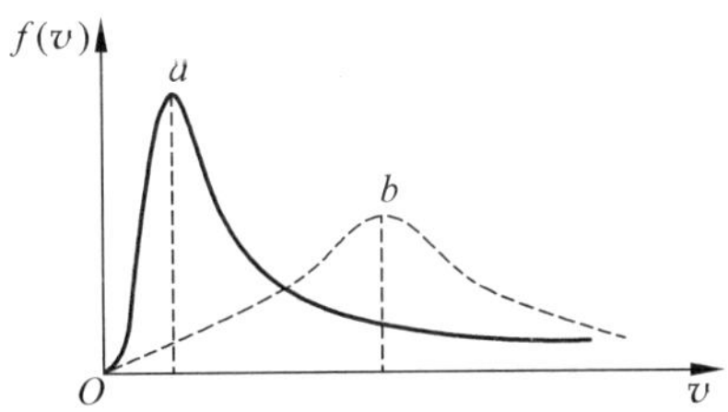

图 10-2

10-6 设图 10-2 所示的两条曲线分别表示在相同温度下氧气和氢气分子的速率分布曲线；令$(v_p)_{O_2}$和$(v_p)_{H_2}$分别表示氧气和氢气的最概然速率，则：________。

A. 图中 a 表示氧气分子的速率分布曲线；$(v_p)_{O_2}/(v_p)_{H_2}=4$

B. 图中 a 表示氧气分子的速率分布曲线；$(v_p)_{O_2}/(v_p)_{H_2}=1/4$

C. 图中 b 表示氧气分子的速率分布曲线；$(v_p)_{O_2}/(v_p)_{H_2}=1/4$

D. 图中 b 表示氧气分子的速率分布曲线；$(v_p)_{O_2}/(v_p)_{H_2}=4$

分析与解：最概然速率 $u_p=\sqrt{\dfrac{2kT}{m}}$，当温度相同时，该值与单分子质量 m 成反比。对于氧气和氢气，因 $m_{O_2}/m_{H_2}=16$，故$(v_p)_{O_2}/(v_p)_{H_2}=1/4$，选 B。

10-7 两种不同种类的理想气体，其分子的平均平动动能相等，但分子数密度不同，则它们的温度________，压强________。如果它们的温度、压强相同，但体积不同，则它们的分子数密度________，单位体积的气体质量________，单位体积的分子平均平动动能

________。(填“相同”或“不同”)。

分析与解：因为$\bar{e}_{kt}=\frac{3}{2}kT$，$p=\frac{1}{3}nm\overline{v^2}=\frac{1}{3}\rho\overline{v^2}=\frac{1}{3}n\bar{\varepsilon}_{kT}$，$\overline{v^2}=\frac{3kT}{m}$，故这两种不同种类的理想气体，温度相同，压强不同。当温度、压强相同，由压强公式可证两者分子数密度相同，而$\rho=nm$，因m不同，故单位体积的气体质量即ρ不同。因分子数密度和分子的平均平动动能相等，故，单位体积内分子的平均平动动能亦相等。

10-8　理想气体的微观模型：

(1) ____________________________________；

(2) ____________________________________；

(3) ____________________________________。

分析与解：理想气体分子的微观模型为：

(1) 理想气体分子可以看作质点。

(2) 分子与分子、分子与器壁之间除碰撞外无其他任何相互作用，即分子之间的相互作用力以及分子势能可以忽略。

(3) 分子间及分子与器壁之间的碰撞是完全弹性碰撞。

10-9　已知$f(v)$为麦克斯韦速率分布函数，v_p为分子的最概然速率，则$\int_0^{v_p}f(v)\mathrm{d}v$表示________。

分析与解：$\int_0^{v_p}f(v)\mathrm{d}v=\frac{1}{N}\int_0^{v_p}\mathrm{d}N=\frac{\Delta N}{N}$，故$\int_0^{v_p}f(v)\mathrm{d}v$代表$0\sim v_p$内的分子占总分子数的百分比，或分子出现在该区间的概率。

10-10　宏观量温度T与气体分子的平均平动动能$\bar{\varepsilon}_k$的关系为$\bar{\varepsilon}_k=$________，因此，气体的温度是________的量度。

分析与解：理想气体处于平衡态时，$\bar{e}_{kt}=\frac{3}{2}kT$，故气体的温度是分子平均平动动能大小的量度。

10-11　有一水银气压计，当水银柱高度为0.76m时，管顶离水银柱液面为0.12m。管的截面积为$2.0\times10^{-4}\mathrm{m}^2$。当有少量氦气混入水银管内顶部，水银柱高度下降为0.60m。此时温度为27℃，试计算有多少质量氦气在管顶？(氦气的摩尔质量为0.004kg/mol，0.76m水银柱压强为1.013×10^5Pa)

解　由题意可得：氦气的高度为0.76－0.6＝0.16cm，设氦气压强为p，则

$$\frac{0.76}{0.16}=\frac{1.01\times10^5}{p},\quad 得\quad p=2.13\times10^4\,\mathrm{Pa}$$

由$pV=\frac{m}{M}RT\Rightarrow m=\frac{pVM}{RT}=\frac{Mps(0.76+0.12-0.6)}{R(t+273)}=1.91\times10^{-6}\mathrm{kg}$。

10-12　已知某种理想气体，其分子方均根速率为400m/s，当气体压强为1atm时，求气体的密度。

解　由压强公式：$p=\frac{1}{3}nm\overline{v^2}=\frac{1}{3}\rho\overline{v^2}$可得$\rho=\frac{3p}{\overline{v^2}}=\frac{3\times1.01\times10^5}{400^2}=1.9\mathrm{kg/m^3}$。

10-13　一氧气瓶的容积为 V，充了气未使用时压强为 p_1，温度为 T_1；使用后瓶内氧气的质量减少为原来的一半，其压强降为 p_2，试求此时瓶内氧气的温度 T_2。及使用前后分子热运动平均速率之比 $\bar{v}_1/\bar{v}_2$。

解　由理想气体状态方程 $pV=nRT$ 可得，使用前后气体所满足的状态方程分别为：

$p_1V=n_1RT_1$，$p_2V=n_2RT_2$，联立两式可得：$\dfrac{p_2}{p_1}=\dfrac{v_2T_2}{v_1T_1}$，$v_2=\dfrac{1}{2}v_1$，整理得：$T_2=2\dfrac{p_2T_1}{p_1}$。

平均速率公式：$\bar{v}=\sqrt{\dfrac{8kT}{\pi m}}$，则 $\bar{v}_1/\bar{v}_2=\dfrac{\sqrt{\dfrac{8kT_1}{\pi m}}}{\sqrt{\dfrac{8kT_2}{\pi m}}}=\sqrt{\dfrac{T_1}{T_2}}=\sqrt{\dfrac{p_1}{2p_2}}$。

10-14　一定量理想气体，经等温过程从压强 p_0 增至 $2p_0$，则描述分子运动的下列各量与原来的量值之比：平均自由程 $\dfrac{\bar{\lambda}}{\bar{\lambda}_0}$、平均速率 $\dfrac{\bar{v}}{\bar{v}_0}$、平均动能 $\dfrac{\varepsilon_k}{\varepsilon_{k0}}$ 各为多少？

解　在等温过程中，由理想气体状态方程 $pV=nRT$ 可得，当 $p_0\to 2p_0$，则 $V\to\dfrac{1}{2}V_0$。由以下公式：$\bar{\lambda}=\dfrac{kT}{\sqrt{2}\pi d^2p}$，$\bar{\varepsilon}_k=\dfrac{i}{2}kT$，$\bar{v}=\sqrt{\dfrac{8kT}{\pi m}}$ 可得

(1) 平均自由程 $\dfrac{\bar{\lambda}}{\bar{\lambda}_0}=\dfrac{\dfrac{kT_0}{\sqrt{2}\pi d^2p}}{\dfrac{kT_0}{\sqrt{2}\pi d^2p_0}}=\dfrac{p_0}{p}=\dfrac{1}{2}$；

(2) 平均速率 $\dfrac{\bar{v}}{\bar{v}_0}=\dfrac{\sqrt{\dfrac{8kT}{\pi m}}}{\sqrt{\dfrac{8kT_0}{\pi m}}}=1$；

(3) 平均动能 $\dfrac{\varepsilon_k}{\varepsilon_{k0}}=\dfrac{\dfrac{i}{2}kT}{\dfrac{i}{2}kT_0}=1$。

10-15　封闭容器中装有 2g 氢气，其温度为 127℃，试求(1)气体分子的平均平动动能；(2)气体分子的平均动能；(3)气体的内能。

解　理想气体处于平衡态时，气体分子的平均平动动能、气体分子的平均动能以及气体的内能分别为：$\bar{e}_{kt}=\dfrac{3}{2}kT$，$\bar{e}_k=\dfrac{i}{2}kT$，$E=\dfrac{i}{2}vRT$。$T=273+123=400\text{K}$，故

(1) $\bar{e}_{kt}=\dfrac{3}{2}kT=8.28\times10^{-21}\text{J}$

(2) $\bar{e}_k=\dfrac{i}{2}kT=\dfrac{5}{2}kT=1.38\times10^{-20}\text{J}$

(3) $E=\dfrac{i}{2}vRT=\dfrac{5}{2}RT=8310\text{J}$

【自测练习】

10-1　1mol 刚性单原子分子理想气体，当温度为 T 时，其内能为________。

A. $\frac{3}{2}RT$　　B. $\frac{3}{2}kT$　　C. $\frac{5}{2}RT$　　D. $\frac{5}{2}kT$

（式中 R 为普适气体常量，k 为玻耳兹曼常量）

10-2　两容器内分别盛有氢气和氦气，若它们的温度和质量分别相等，则：________。

A. 两种气体分子的平均平动动能相等

B. 两种气体分子的平均动能相等

C. 两种气体的内能相等

D. 两种气体分子的平均速率相等

10-3　已知一定量的某种理想气体，在温度为 T_1 与 T_2 时的分子最概然速率分别为 v_{p1} 和 v_{p2}，分子速率分布函数的最大值分别为 $f(v_{p1})$ 和 $f(v_{p2})$。若 $T_1<T_2$，则________。

A. $v_{p1}>v_{p2}, f(v_{p1})>f(v_{p2})$

B. $v_{p1}>v_{p2}, f(v_{p1})<f(v_{p2})$

C. $v_{p1}<v_{p2}, f(v_{p1})>f(v_{p2})$

D. $v_{p1}<v_{p2}, f(v_{p1})<f(v_{p2})$

10-4　汽缸内盛有一定的理想气体，当温度不变，压强减小为原来的一半时，该分子的平均碰撞频率和平均自由程的变化情况是________。

A. 都增大一倍

B. 都减为原来的一半

C. 平均碰撞频率增大一倍而平均自由程减为原来的一半

D. 平均碰撞频率减为原来的一半而平均自由程增大一倍

10-5　标准状态下，若氧气和氦气的体积比 $V_1/V_2=1/1$，则其内能 E_1/E_2 为________。

A. 1/2　　B. 5/6　　C. 3/2　　D. 5/3

10-6　关于温度的意义，有下列几种说法：

(1) 温度的高低反映物质内部分子运动剧烈程度的不同。

(2) 气体的温度是分子平均平动动能的量度。

(3) 从微观上看，气体的温度表示每个气体分子的冷热程度。

(4) 气体的温度是大量气体分子热运动的集体表现，具有统计意义。

这些说法中正确的是：________。

A. (1)、(2)、(4)　　B. (1)、(2)、(3)

C. (2)、(3)、(4)　　D. (1)、(3)、(4)

10-7　一定量的理想气体储于某一容器中，温度为 T，气体分子的质量为 m。根据理想气体的分子模型和统计假设，分子速度在 x 方向的分量平方的平均值________。

A. $\overline{v_x^2}=\sqrt{\frac{3kT}{m}}$　　B. $\overline{v_x^2}=\frac{1}{3}\sqrt{\frac{3kT}{m}}$

C. $\overline{v_x^2}=3kT/m$　　D. $\overline{v_x^2}=kT/m$

10-8 热力学第二定律开尔文表述指出了自然界中的________过程是不可逆的；而克劳修斯表述指出了________过程不可逆。

10-9 已知 $f(v)$ 为麦克斯韦速率分布函数，N 为分子总数目，v_p 为分子的最概然速率，则 $\int_0^{v_p} Nf(v)\mathrm{d}v$ 表示________。

10-10 压强、体积和温度都相同的氦气和氢气(均视为刚性分子的理想气体)，它们的质量之比为 $m_1 : m_2=$________，它们的内能之比为 $E_1 : E_2=$________，如果它们分别在等压过程中吸收了相同的热量，则它们对外做功之比为 $W_1 : W_2=$________。(各量下角标 1 表示氦气，2 表示氢气)

10-11 一定量的理想气体，经等压过程从温度 T_0 增至 $2T_0$，则描述分子运动的下列各量与原来的量值之比：平均自由程 $\frac{\bar{\lambda}}{\bar{\lambda}_0}=$________； 平均速率 $\frac{\bar{v}}{\bar{v}_0}=$ ________。

10-12 容积 $V=1\mathrm{m}^3$ 的容器内混有 $N_1=1.0\times10^{25}$ 个氢气分子和 $N_2=4.0\times10^{25}$ 个氧气分子，混合气体的温度为 400K，求：

(1) 气体分子的平动动能总和。

(2) 混合气体的压强。(普适气体常量 $R=8.31\ \mathrm{J\cdot mol^{-1}\cdot K^{-1}}$)

10-13 一定量理想气体，经等体过程从压强 p_0 增至 $2p_0$，则描述分子运动的下列各量与原来的量值之比：平均自由程 $\frac{\bar{\lambda}}{\bar{\lambda}_0}$、平均速率 $\frac{\bar{v}}{\bar{v}_0}$、平均动能 $\frac{\varepsilon_k}{\varepsilon_{k0}}$ 各为多少？

第11章

热力学基础

【内容提要】

一、基本概念

（一）气体分子内能增量

$$\Delta E = \frac{i}{2}\nu R\Delta T \quad \text{或} \quad \mathrm{d}E = \frac{i}{2}nR\,\mathrm{d}T$$

（二）准静态过程的功

$$\mathrm{d}W = p\mathrm{d}V \quad \text{或} \quad W = \int_{V_1}^{V_2} p\mathrm{d}V$$

等温过程中的体积功： $W = \nu RT\ln\frac{V_2}{V_1}$

绝热过程中的体积功： $W = -\Delta E = -\nu C_{V,\mathrm{m}}\Delta T$

（三）热量的计算

热容量

$$C = \frac{\mathrm{d}Q}{\mathrm{d}T}$$

气体定体摩尔热容量

$$C_{V,\mathrm{m}} = \frac{1}{\nu}\left(\frac{\mathrm{d}Q}{\mathrm{d}T}\right)_V = \frac{i}{2}R$$

气体定压摩尔热容量

$$C_{p,\mathrm{m}} = \frac{1}{\nu}\left(\frac{\mathrm{d}Q}{\mathrm{d}T}\right)_p = C_{V,\mathrm{m}} + R$$

等体过程中吸收的热量

$$Q_V = \nu C_{V,\mathrm{m}}\Delta T$$

等压过程中吸收的热量

$$Q_p = \nu C_{V,\mathrm{m}}\Delta T$$

比热容比

$$\gamma = \frac{C_{p,\mathrm{m}}}{C_{V,\mathrm{m}}} = \frac{i+2}{i}$$

二、基本定律和定理

（一）热力学第一定律

$$Q = \Delta E + W \quad 或 \quad \mathrm{d}Q = \mathrm{d}E + \mathrm{d}W$$

一切热力学过程都应满足能量守恒。

（二）热力学第二定律

$$\Delta S \geqslant 0$$

过程进行有方向性。

三、循环及效率

（一）热机效率

$$\eta = \frac{W}{Q_1} = \frac{Q_1 - Q_2}{Q_1} = 1 - \frac{Q_2}{Q_1}$$

卡诺循环热机效率

$$\eta_{卡} = 1 - \frac{T_2}{T_1}$$

（二）制冷系数为

$$e = \frac{Q_2}{W'} = \frac{Q_2}{Q_1 - Q_2}$$

卡诺制冷系数

$$e = \frac{T_2}{T_1 - T_2}$$

四、熵

（一）玻耳兹曼熵

$$S = k\ln W$$

（二）熵增加原理　　$\Delta S \geqslant 0$

【例题解析】

例 11-1　一台工作于温度分别为 327℃和 27℃的高温热源和低温热源之间的卡诺热机，每经历一个循环吸热为 2000J，求其对外所做的功。

解　$T_1 = 273 + 327 = 600\mathrm{K}$，$T_2 = 273 + 27 = 300\mathrm{K}$

$$\eta = 1 - \frac{T_2}{T_1} = \frac{W}{Q_{吸}}$$

代入数值得 $W = 1000\mathrm{J}$。

例 11-2　定量的某种理想气体吸热 800J，对外做功 400J，由状态 A 沿过程 1 变化到状态 B，如图 11-1 所示。(1)试问其内能改变了多少？(2)如气体沿过程 2 从状态 B 回到状态 A 时，外界对其做功 300J，试问气体放出多少热量？(3)循环过程 A1B2A 的效率是多少？

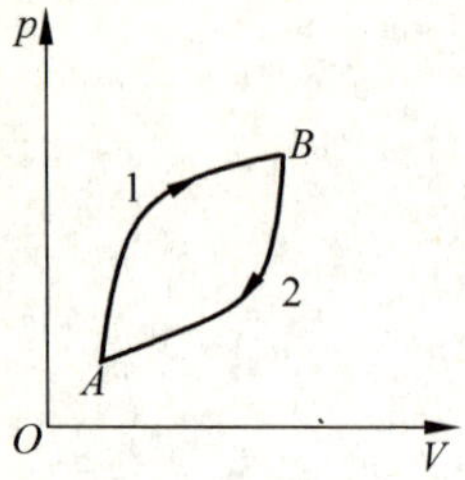

图 11-1

解 (1) $Q=W+\Delta E$

将 $Q=800\text{J}$, $W=400\text{J}$ 代入得：$\Delta E=Q-W=300\text{J}$

(2) $Q=W+\Delta E=-300\text{J}-300\text{J}=-600\text{J}$

(3) $\eta=\dfrac{W}{Q_{吸}}$

$$\eta=\frac{W}{Q_{吸}}=\frac{400-300}{800}\times100\%=12.5\%$$

例 11-3 如果一定量的理想气体，其体积和压强依照 $V=a/\sqrt{p}$ 的规律变化，其中 a 为已知常量。试求：

(1) 气体从体积 V_1 膨胀到 V_2 所做的功；

(2) 气体体积为 V_1 时的温度 T_1 与体积为 V_2 时的温度 T_2 之比。

解 (1) $W=\int_{V_1}^{V_2}p\mathrm{d}V=\int_{V_1}^{V_2}\left(\dfrac{a}{V}\right)^2\mathrm{d}V=\dfrac{a^2(V_2-V_1)}{V_1V_2}$

(2) $p_1=\left(\dfrac{a}{V_1}\right)^2\qquad p_1V_1=\dfrac{a^2}{V_1}=\nu RT_1$ ①

$p_2=\left(\dfrac{a}{V_2}\right)^2\qquad p_2V_2=\dfrac{a^2}{V_2}=\nu RT_2$ ②

①/②：$\dfrac{T_1}{T_2}=\dfrac{V_2}{V_1}$

例 11-4 1mol 单原子分子理想气体，经历如图 11-2 所示 $abca$ 可逆循环，连接 ac 两点的曲线 3 的方程为 $p=p_0V^2/V_0^2$，a 点的温度为 T_0。(1)试求 1、2、3 过程中气体吸收的热量(以 T_0，R 表示)。(2)求此循环的效率。

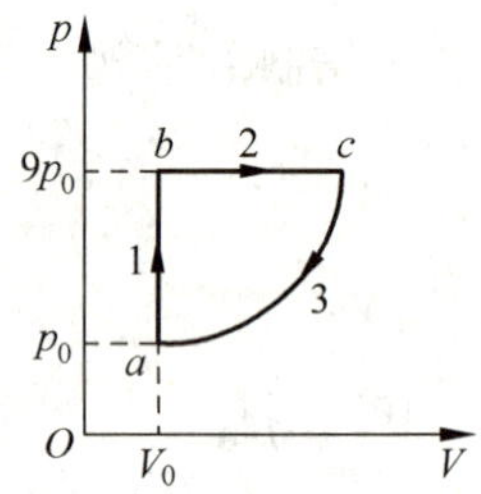

图 11-2

解 (1) $Q_{ab}=\Delta E_{ab}+W_{ab}=\Delta E_{ab}=\dfrac{3}{2}R(T_b-T_a)$

因为 $\dfrac{p_b}{T_b}=\dfrac{p_a}{T_a}\Rightarrow T_b=9T_0$

$Q_{ab}=\dfrac{3}{2}R\times8T_0=12RT_0$

c 点：$9p_0=\dfrac{p_0}{V_0^2}V_c^2\Rightarrow V_c=3V_0\quad \dfrac{V_b}{T_b}=\dfrac{V_c}{T_c}\Rightarrow T_c=3T_b=27T_0$

$$Q_{bc}=vC_{p,\mathrm{m}}(T_c-T_b)=1\cdot\frac{5}{2}R\times18T_0=45RT_0$$

$$W_{ca}=\int_{V_c}^{V_a}p\,\mathrm{d}V=\int_{3V_0}^{V_0}\frac{P_0}{V_0^2}V^2\,\mathrm{d}V=-\frac{26}{3}RT_0$$

$$\Delta E_{ca}=v\cdot\frac{1}{3}R(T_a-T_c)=-39RT_0$$

$$Q_{ca}=W_{ca}+\Delta E_{ca}=-\frac{143}{3}RT_0$$

(2) $\eta=1-\dfrac{|Q_{放}|}{Q_{吸}}=1-\dfrac{143RT_0/3}{12RT_0+45RT_0}\approx16.4\%$

【同步题解】

思考题

11-1 什么是准静态过程？如何实现准静态过程？

答：如果热力学过程进行得无限缓慢，则在任何时刻系统的状态都无限接近于平衡态，这种过程称为准静态过程。在实际的热力学过程中，只要过程进行得不是非常快，往往都可以近似为准静态过程。

11-2 分别在 p-V 图、V-T 图和 p-T 图上，画出等体、等压、等温和绝热过程的曲线。

答：略。

11-3 在一个被绝热材料包裹的刚性容器中，用一隔板将容器分成两部分，一部分充有一定量的气体，另一部分为真空。现将隔板轻轻抽掉，请问容器内气体的内能发生变化吗？

答：当将隔板轻轻抽掉后，气体将通过绝热自由膨胀弥散在整个容器内，并最终达到新的平衡态。设初态时各参量为 p_1,V_1,T_1，末态参量为 p_2,V_2,T_2，因为是向真空扩散，系统对外做功 $W=0$，所以整个过程是一种自由膨胀过程。因为是在绝热系统中进行，则 $Q=0$。由热力学第一定律得系统内能增量 $\Delta E=0$。

11-4 试解释为什么绝热线比等温线陡峭？而且绝热线和等温线只可能相交于一点？

答：在绝热过程中，如果系统体积膨胀，气体对外做正功，则 ΔE 为负，即系统温度降低；如果系统体积被压缩，气体对外做负功，则 ΔE 为正，即系统温度升高。比较等温过程中的 $pV=$常量（等温过程）和绝热过程中 $pV^{\gamma}=$常量（绝热过程）两个关系式，由 p-V 图两条曲线交点在各曲线上的斜率，可知绝热线的斜率比等温线大，绝热线比等温线要陡峭一些。

11-5 什么是卡诺循环？如何提高卡诺循环的工作效率？为什么说卡诺循环的工作效率是工作在相同高低温热源间的各种热机效率和制冷机制冷系数的理论上的最大值？

答：卡诺循环是由两个准静态等温过程和两个准静态的绝热过程组成。根据卡诺循环效率公式：$\eta=1-\dfrac{T_2}{T_1}$，可知，提高其效率，就要尽量使低温热源温度越低，高温热源温度越高。因为在卡诺循环中两等温过程为准静态过程，是不考虑摩擦、耗散等因素造成的能量损失的，而实际的热力学过程则需要考虑，故可以说卡诺循环的工作效率是工作在相同高低温热源间的各种热机效率和制冷剂制冷系数理论上的最大值。

11-6 准静态过程一定是可逆过程吗？可逆过程满足哪些条件？

答：可逆过程必须满足两个条件：准静态、无耗散。所以说准静态过程不一定是可逆过程，必须同时满足无耗散这一特点才可看做是可逆过程。

11-7 摩尔热容 C_m 表示理想气体温度每升高 1K 系统所吸收的热量，请问它是过程量还是状态量？

答：摩尔热容 C_m 跟气体分子的自由度有关，所以它是一个状态量。

11-8 自然界的任意过程都遵从能量守恒定律，那么，遵守能量守恒定律的过程是否都能自发实现呢？

答：根据热力学第二定律，自然过程都具有一定的方向性。亦即，遵守能量守恒定律的过程并非都能够自发实现。

11-9 夏天，在一个房间里有一台冰箱正在工作，此时如果打开冰箱门，请问冰箱能否降低整个房间的温度，为什么？

答：不能。因为冰箱作为制冷剂，如果想要正常工作，首先要形成两个相互独立的高低温热源。如果打开冰箱门，那么冰箱内外形成一个热源，冰箱将无法从低温热源吸收热量传给另外一个高温热源，所以无法让整个房间的温度降下来。

习题

11-1 一定量的理想气体，经历某过程之后，它的温度升高了，则可以断定：________。

A. 该理想气体系统在此过程中做了功

B. 在此过程中外界对该理想气体系统做了正功

C. 该理想气体系统的内能增加了

D. 在此过程中该理想气体系统既从外界吸收了热量，又对外做了正功

分析与解：理想气体温度升高也可以不做功，如等体升压过程，故 A、B、D 错误。当理想气体处于平衡态时，内能 $E=\frac{i}{2}nRT$，可以看出温度是气体内能大小的量度，故选 C。

11-2 1mol 理想气体从 p-V 图上初态 a 分别经历如图 11-3 所示的(1)或(2)过程到达末态 b。已知 $T_a<T_b$，则这两过程中气体吸收的热量 Q_1 和 Q_2 的关系是：________。

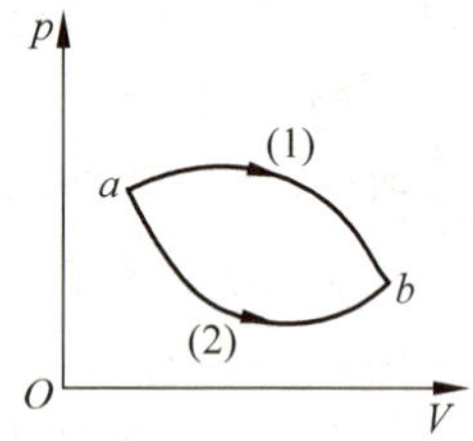

图 11-3

A. $Q_1> Q_2>0$

B. $Q_2> Q_1>0$

C. $Q_2< Q_1<0$

D. $Q_1< Q_2<0$

(E) $Q_1=Q_2>0$

分析与解：根据热力学第一定律 $Q=\Delta E+W$，对于上述两过程，$T_a<T_b$，故 $\Delta E_1=\Delta E_2>0$；$V_b>V_a$，则 $W>0$；p-V 图上面积代表功值，由图得 $W_1>W_2$。由上述分析得 $Q_1> Q_2>0$，故选 A。

11-3 对于室温下的双原子分子理想气体，在等压膨胀的情况下，系统对外所做的功与从外界吸收的热量之比等于：________。

A. 1/3　　B. 1/4　　C. 2/5　　D. 2/7

分析与解：在等压膨胀过程中，由理想气体状态方程得：$W=p\Delta V=\nu R\Delta T$，内能变量 $\Delta E=\frac{5}{2}\nu R\Delta T$，$Q=\Delta E+W=\frac{7}{2}nR\Delta T$。故系统对外所做的功与从外界吸收的热量之比等于：$\frac{W}{Q}=\frac{\nu R\Delta T}{\frac{7}{2}\nu R\Delta T}=\frac{2}{7}$，选 D。

11-4 一台工作于温度分别为 327℃和 27℃的高温热源和低温热源之间的卡诺热机，每经历一个循环吸热为 2000J，则对外做功为：________。

A. 2000J　　B. 1000J　　C. 4000J　　D. 500J

分析与解：卡诺热机效率 $\eta=\dfrac{W}{Q_{吸}}=1-\dfrac{T_2}{T_1}$，将 $T_1=273+327=600\text{K}$、$T_2=273+27=300\text{K}$、$Q_{吸}=2000\text{J}$ 代入得 $W=1000\text{J}$，选 B。

11-5 关于可逆过程和不可逆过程的判断：

(1) 可逆热力学过程一定是准静态过程。

(2) 准静态过程一定是可逆过程。

(3) 不可逆过程就是不能向相反方向进行的过程。

(4) 凡有摩擦的过程，一定是不可逆过程。

以上四种判断，其中正确的是________。

A. (1)、(2)、(3)　　B. (1)、(2)、(4)　　C. (2)、(4)　　D. (1)、(4)

分析与解：可逆过程满足两个条件：准静态及无耗散。不可逆过程则是指不能自发地沿相反方向进行的过程，故选 D。

11-6 如图 11-4 所示，理想气体在经历 123 的过程中，应该是：________。

A. 吸热，内能增加

B. 吸热，内能减少

C. 放热，内能减少

D. 放热，内能增加

分析与解：经过准静态绝热膨胀，系统的温度降低，故在经历 123 过程中，$\Delta E_{123}<0$；体积膨胀，故 $W_{123}>0$。在绝热过程中，由于 $Q=0$，故 $|\Delta E_{123}|=W_{绝热}$。在 p-V 图上面积代表功值，由图可得 $W_{123}<W_{绝热}$，则 $Q_{123}=W_{123}+\Delta E_{123}<0$，故选 C。

11-7 如图 11-5 所示，1mol 的单原子分子理想气体从初态 A 开始沿直线变到末态 B 时，对外界做功为________，其内能的改变量为________，从外界吸收的热量为________。

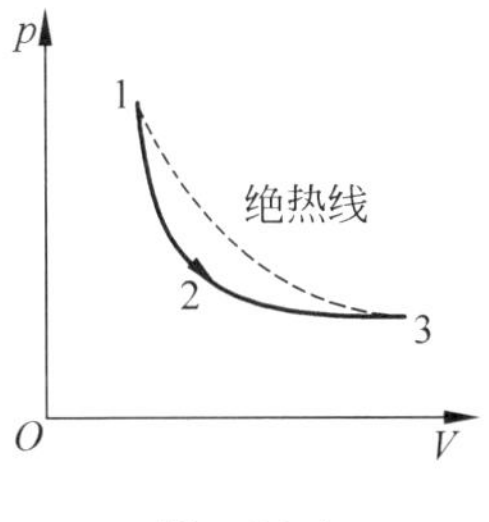

图 11-4

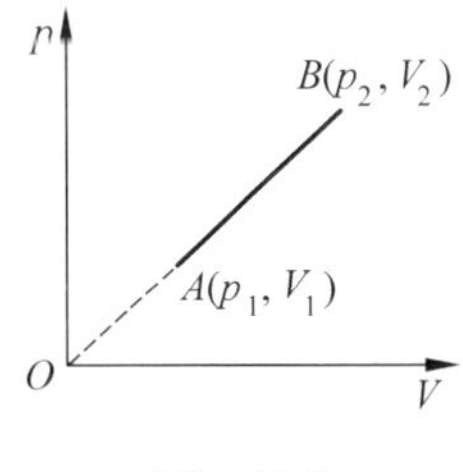

图 11-5

分析与解：从图上可得到面积所代表的功值为梯形面积，$W_{AB}=\dfrac{1}{2}(p_1+p_2)(V_2-V_1)$，内能增量 $\Delta E_{AB}=\dfrac{3}{2}\nu R(T_2-T_1)=\dfrac{3}{2}(p_2V_2-p_1V_1)$，吸收的热量 $Q_{AB}=W_{AB}+\Delta E_{AB}=2(p_2V_2-p_1V_1)+\dfrac{1}{2}(p_1V_2-p_2V_1)$。

11-8 压强、体积和温度都相同的氢气和氦气(均视为刚性分子的理想气体)，它们的质量之比为 $m_1:m_2=$________，它们的内能之比为 $E_1:E_2=$________，如果它们分别在等压过程中吸收了相同的热量，则它们对外做功之比为 $W_1:W_2=$________。(各量下角标 1 表示氢气，2 表示氦气)

分析与解：由理想气体状态方程 $pV=\nu RT$ 得，$\nu_1=\nu_2$，即$\frac{m_1}{2}=\frac{m_2}{4}$，则 $m_1:m_2=1:2$。因温度相同，且 $\nu_1=\nu_2$，则 $E_1:E_2=\frac{\frac{5}{2}\nu_1RT_1}{\frac{3}{2}\nu_2RT_2}=5:3$。由热力学第二定律可知 $W=Q-\Delta E=\nu C_{p,\mathrm{m}}\Delta T-\nu C_{V,\mathrm{m}}\Delta T=\nu R\Delta T$，则 $W_1:W_2=\Delta T_1:\Delta T_2$，由题目可知 $Q_1=Q_2=\nu C_{p,\mathrm{m}}\Delta T$，则 $\Delta T_1:\Delta T_2=\frac{\frac{5}{2}}{\frac{7}{2}}=5:7$，亦即 $W_1:W_2=5:7$。

11-9　如图 11-6 所示，已知图中画不同斜线的两部分的面积分别为 S_1 和 S_2，那么：

(1) 如果气体的膨胀过程为 $a—1—b$，则气体对外做功 $W=$________；

(2) 如果气体进行 $a—2—b—1—a$ 的循环过程，则它对外做功 $W=$________。

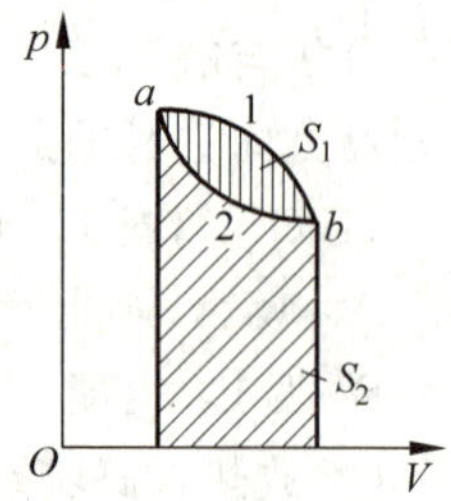

图　11-6

分析与解：由图中面积可得：(1)气体的膨胀过程为 $a—1—b$，则气体对外做功 $W=S_1+S_2$；(2)如果气体进行 $a—2—b—1—a$ 的循环过程，则它对外做功 $W=-S_1$。

11-10　一定量理想气体，从同一状态开始使其体积由 V_1 膨胀到 $2V_1$，分别经历以下三种过程：(1)等压过程；(2)等温过程；(3)绝热过程。其中：________过程气体对外做功最多；________过程气体内能增加最多；________过程气体吸收的热量最多。

分析与解：可以将三个过程在同一 p-V 图上画出，通过面积大小的比较，可直观看出，(1)过程气体对外做功最多。内能的增量跟温度变化有关，等压膨胀内能增加，等温过程内能不变，绝热膨胀后内能减少，故(1)过程气体内能增加最大。再由热力学第一定律可得(1)过程气体吸收的热量也是最多的。

11-11　热力学第二定律开尔文表述指出了自然界中的________过程是不可逆的；而克劳修斯表述指出了________过程不可逆。

分析与解：热力学第二定律开尔文表述指出了自然界中功热转换过程的不可逆性，而克劳修斯表述则指出了热传导过程的不可逆性。

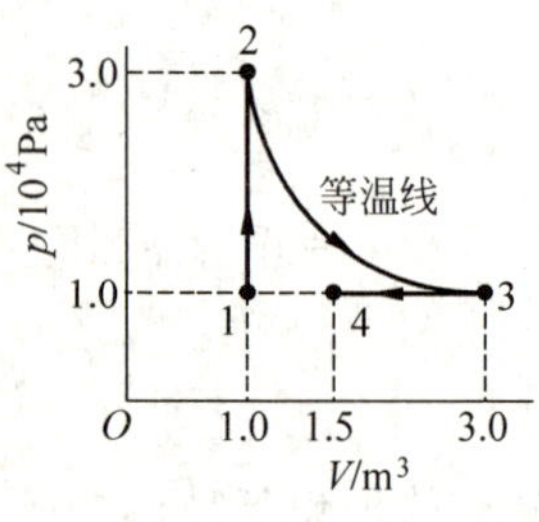

图　11-7

11-12　一定量的理想气体 N_2，如图 11-7 所示，求经历 1→2→3→4 过程后系统的 Q、ΔE 及 W。

解　对理想气体有：$pV=\nu RT$

$$\Delta E=\nu C_{V,\mathrm{m}}(T_4-T_1)$$

因 N_2 的自由度为 $i=5$，则 $C_{V,\mathrm{m}}=5R/2$

$$\Delta E=\nu\frac{5}{2}R(T_4-T_1)=\frac{5}{2}(p_4V_4-p_1V_1)=1.25\times10^4\,\mathrm{J}$$

$$Q=Q_{1\to2}+Q_{2\to3}+Q_{3\to4}$$

$$=\nu C_{V,\mathrm{m}}(T_2-T_1)+\nu RT_2\ln\frac{V_3}{V_2}+\nu C_{p,\mathrm{m}}(T_4-T_3)$$

将 $C_{V,m}=5R/2$ $C_{p,m}=7R/2$ 代入上式，得

$$Q=\frac{5}{2}(p_2V_2-p_1V_1)+p_2V_2\ln 3+\frac{7}{2}(p_4V_4-p_3V_3)\approx 3.05\times 10^4\text{J}$$

由热力学第一定律，有：$W=Q-\Delta E$

$$=3.05\times 10^4-1.25\times 10^4=1.80\times 10^4\text{J}$$

11-13　比热容比 $\gamma=1.40$ 的理想气体，进行如图 11-8 所示的 $ABCA$ 循环，状态 A 的温度为 300K。

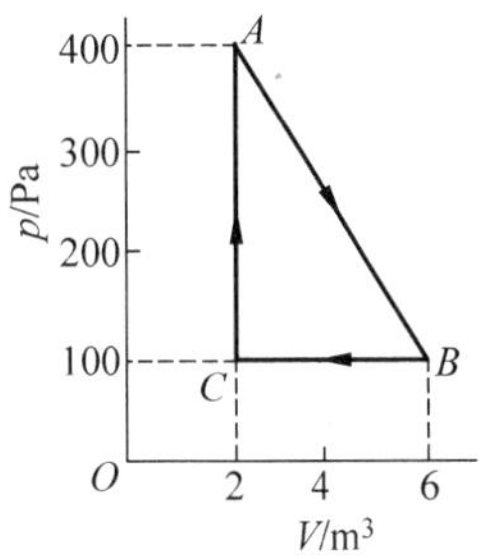

图　11-8

(1) 求状态 B、C 的温度；

(2) 计算各过程中气体所吸收的热量、气体所做的功和气体内能的增量。

(普适气体常量 $R=8.31\text{J}\cdot\text{mol}^{-1}\cdot\text{K}^{-1}$)

解　$C_{p,m}=\frac{iR}{2}+R$，$C_{V,m}=\frac{iR}{2}$，则 $\frac{C_{p,m}}{C_{V,m}}=1.4\Rightarrow i=5$

(1) 由理想气体状态方程 $pV=\nu RT$ 可得 $\frac{p_BV_B}{T_B}=\frac{p_AV_A}{T_A}\Rightarrow$ $T_B=225\text{K}$

$$\frac{p_CV_C}{T_C}=\frac{p_AV_A}{T_A}\Rightarrow T_C=75\text{K}$$

(2) 过程 $B\to C$ 中，$W=-400\text{J}$，$Q=\nu C_{p,m}(T_c-T_B)=\nu\frac{7}{2}R(T_c-T_B)=\frac{7}{2}(p_cV_c-p_BV_B)=-1400\text{J}$，$\Delta E=Q-W=-1000\text{J}$；

过程 $C\to A$ 中，$W=0\text{J}$，$\Delta E=Q=\nu C_{V,m}(T_A-T_c)=\frac{5}{2}(p_AV_A-p_cV_c)=1500\text{J}$；

过程 $A\to B$ 中，$W=600\text{J}$，$\Delta E=Q=\nu C_{V,m}(T_B-T_A)=\frac{5}{2}(p_BV_B-p_AV_A)=-500\text{J}$，$Q=W+\Delta E=100\text{J}$。

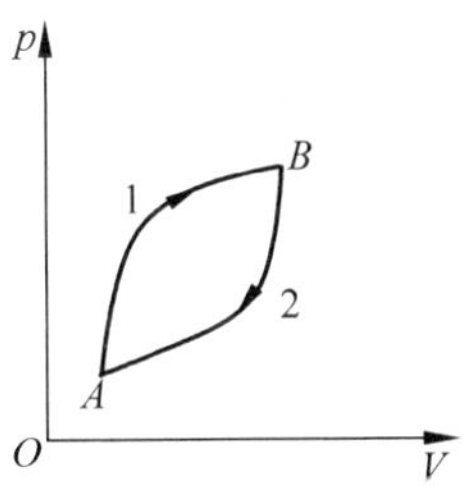

图　11-9

11-14　一定量的某种理想气体吸热 800J，对外做功 500J，由状态 A 沿过程 1 变化到状态 B，如图 11-9 所示。(1)试问其内能改变了多少？(2)如气体沿过程 2 从状态 B 回到状态 A 时，外界对其做功 300J，试问气体放出多少热量？(3)循环过程 $A1B2A$ 的效率是多少？

解　(1)　$Q=W+\Delta E$

将 $Q=800\text{J}$，$W=500\text{J}$ 代入得：$\Delta E=Q-W=300\text{J}$

(2) $Q=W+\Delta E=-300\text{J}-300\text{J}=-600\text{J}$

(3) $\eta=\frac{W}{Q_{吸}}$

$$\eta=\frac{W}{Q_{吸}}=\frac{500-300}{800}\times 100\%=25\%$$

11-15　1mol 的氢，在压强为 $1.0\times 10^5\text{Pa}$，温度为 20℃时，其体积为 V_0。今使它经以下两种过程达到同一状态：

(1) 先保持体积不变，加热使其温度升高到 80℃，然后令它作等温膨胀，体积变为原体积的 2 倍；

(2) 先使它作等温膨胀至原体积的 2 倍,然后保持体积不变,加热使其温度升到 80℃。试分别计算以上两种过程中内能的增量,气体对外做的功和吸收的热量,并在 p-V 图上表示两过程。

解 (1) 该过程包含两个小过程,等体升温 1 和等温膨胀 2。

等体过程中,$\Delta V_1=0$,故 $W_1=0$,$Q_1=\Delta E_1+W_1=\Delta E_1=\nu C_{V,\mathrm{m}}\Delta T_1=\frac{5}{2}\nu R\Delta T_1$

等温过程中,$\Delta T=0$,故 $\Delta E_2=\frac{5}{2}\nu R\Delta T_2=0$,$Q_2=\Delta E_2+W_2=W_2$。

$$Q_2=W_2=\int_{V_0}^{2V_0}p\mathrm{d}V=\nu RT_2\ln 2$$

综合上述分析,可知在整个过程中,

$$W=W_1+W_2=\nu RT_2\ln 2=353R\ln 2(\mathrm{J})$$

$$\Delta E=\Delta E_1+\Delta E_2=\Delta E_1=\frac{5}{2}\nu R\Delta T_1=150R(\mathrm{J})$$

$$Q=Q_1+Q_2=150R+353R\ln 2$$

(2) 该过程包含两个小过程,等温膨胀 1 和等体升温 2。

在等温过程中,$\Delta T_1=0$,故 $\Delta E_1=\frac{5}{2}\nu R\Delta T_1=0$,$Q_1=\Delta E_1+W_1=W_1$。

$$Q_1=W_1=\int_{V_0}^{2V_0}p\mathrm{d}V=\nu RT_1\ln 2=293R\ln 2(\mathrm{J})$$

在等体过程中,$\Delta V_2=0$,故 $W_2=0$,$Q_2=\Delta E_2+W_2=\nu C_{V,\mathrm{m}}\Delta T_2=\frac{5}{2}\nu R\Delta T_2=150R(\mathrm{J})$

综合上述分析,可得在整个过程中,

$$W=W_1+W_2=\nu RT_2\ln 2=293R\ln 2(\mathrm{J})$$

$$\Delta E=\Delta E_1+\Delta E_2=\Delta E_1=\frac{5}{2}\nu R\Delta T_1=150R(\mathrm{J})$$

$$Q=Q_1+Q_2=150R+293R\ln 2$$

【自测练习】

11-1 一物质系统从外界吸收一定的热量,则________。

A. 系统的内能一定增加

B. 系统的内能一定减少

C. 系统的内能一定保持不变

D. 系统的内能可能增加,也可能减少或保持不变

11-2 两个相同的刚性容器,一个盛有氢气,一个盛有氦气(均视为刚性分子亮相气体)。开始时它们的压强温度都相同,现将 6J 热量传给氦气,使之升高到一定的温度。若使氢气也升高相同的温度,则向氢气传递的热量为:________。

A. 6J B. 3J C. 5J D. 10J

11-3 一定量的理想气体,起始温度为 T,体积为 V_0。后经历绝热过程,体积变为 $2V_0$。再经过等压过程,温度回升到起始温度。最后再经过等温过程,回到起始状态。则在

此循环过程中________。

A. 气体从外界净吸的热量为负值

B. 气体对外界净做的功为正值

C. 气体从外界净吸的热量为正值

D. 气体内能减少

11-4 如图 11-10 表示的两个卡诺循环，第一个沿 $ABCDA$ 进行，第二个沿 $ABC'D'A$ 进行，这两个循环的效率 η_1 和 η_2 的关系及这两个循环所做的净功 W_1 和 W_2 的关系是________。

A. $\eta_1=\eta_2, W_1=W_2$　　B. $\eta_1>\eta_2, W_1=W_2$

C. $\eta_1=\eta_2, W_1>W_2$　　D. $\eta_1=\eta_2, W_1<W_2$

11-5 理想气体卡诺循环过程的两条绝热线下的面积大小(图 11-11 中阴影部分)分别为 S_1 和 S_2，则二者的大小关系是：________。

A. $S_1>S_2$　　B. $S_1=S_2$

C. $S_1<S_2$　　D. 无法确定

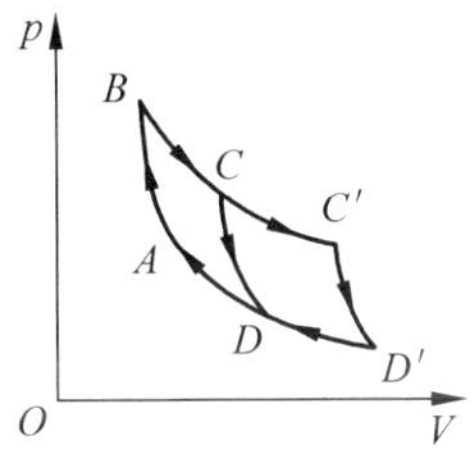

图 11-10

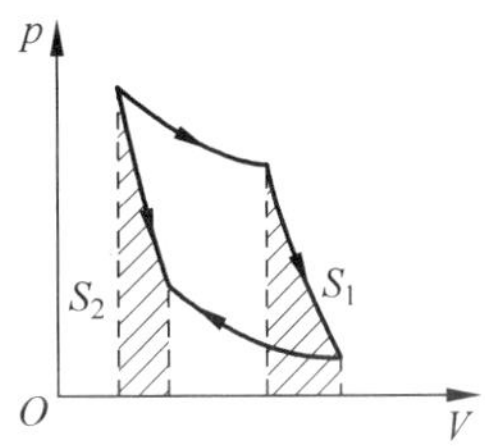

图 11-11

11-6 理想气体经历如图 11-12 所示的 abc 平衡过程，则该系统对外做功 W，从外界吸收的热量 Q 和内能的增量 ΔE 的正负情况如下：________。

A. $\Delta E>0, Q>0, W<0$　　B. $\Delta E>0, Q>0, W>0$

C. $\Delta E>0, Q<0, W<0$　　D. $\Delta E<0, Q<0, W<0$

11-7 如图 11-13 所示，一定量的理想气体，沿着图中直线从状态 a(压强 $p_1=4\text{atm}$，体积 $V_1=2\text{L}$)变到状态 b(压强 $p_2=2\text{atm}$，体积 $V_2=4\text{L}$)。则在此过程中：________。

A. 气体对外做正功，向外界放出热量

B. 气体对外做正功，从外界吸热

C. 气体对外做负功，向外界放出热量

D. 气体对外做正功，内能减少

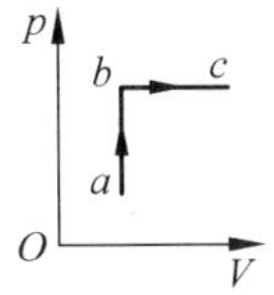

图 11-12

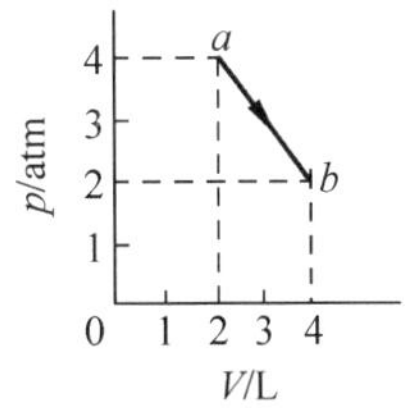

图 11-13

11-8 要使一热力学系统的内能增加，可以通过________或________两种方式，或者两种方式兼用来完成。热力学系统的状态发生变化时，其内能的改变量只决定于________，而与________无关。

11-9 将热量 Q 传给一定量的理想气体，

(1) 若气体的体积不变，则热量用于________。

(2) 若气体的温度不变，则热量用于________。

(3) 若气体的压强不变，则热量用于________。

11-10 常温常压下，一定量的某种理想气体(其分子可视为刚性分子，自由度为 i)，在等压过程中吸热为 Q，对外做功为 W，内能增加为 ΔE，则

$W/Q=$________。$\Delta E/Q=$________。

11-11 在一个孤立系统内，一切实际过程都向着________的方向进行。这就是热力学第二定律的统计意义。从宏观上说，一切与热现象有关的实际的过程都是________。

11-12 一卡诺热机(可逆的)，当高温热源的温度为 127℃、低温热源温度为 27℃时，其每次循环对外做净功 8000J。今维持低温热源的温度不变，提高高温热源温度，使其每次循环对外做净功 10000J。若两个卡诺循环都工作在相同的两条绝热线之间，试求：

(1) 第二个循环的热机效率；

(2) 第二个循环的高温热源的温度。

11-13 将 1mol 理想气体等压加热，使其温度升高 72K，传给它的热量等于 1.60×10^3J，求：

(1) 气体所做的功 W；

(2) 气体内能的增量 ΔE；

(3) 比热容比 γ。

(普适气体常量 $R=8.31\text{J}\cdot\text{mol}^{-1}\cdot\text{K}^{-1}$)

11-14 1mol 双原子分子理想气体从状态 $A(p_1,V_1)$ 沿 p-V 图 11-14 所示直线变化到状态 $B(p_2,V_2)$，试求：

(1) 气体的内能增量；

(2) 气体对外界所做的功；

(3) 气体吸收的热量。

11-15 一定量的单原子分子理想气体，从 A 态出发经等压过程膨胀到 B 态，又经绝热过程膨胀到 C 态，如图 11-15 所示。试求这全过程中气体对外所做的功，内能的增量以及吸收的热量。

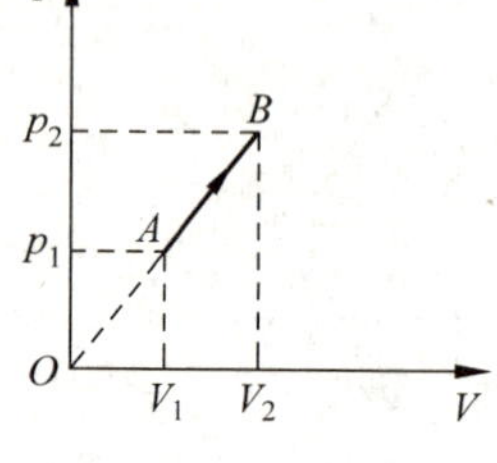

图 11-14

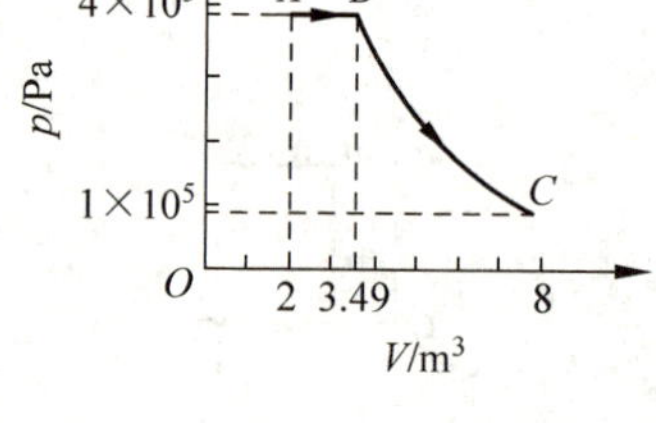

图 11-15

第12章

狭义相对论简介

【内容提要】

一、狭义相对论基本假设

1. 狭义相对性原理：物理定律在所有惯性系中都具有相同的表达形式，即所有惯性系对一切物理过程的描述都是等价的。换句话说，所有惯性系都是等价的。

2. 光速不变原理：在所有惯性参照系中，光在真空中向各个方向传播的速率恒为普适常数 c，并与光源的运动无关。

二、狭义相对论运动学

在讨论狭义相对论运动学时，假定惯性系 S 和惯性系 S' 的关系如下(图 12-1)：

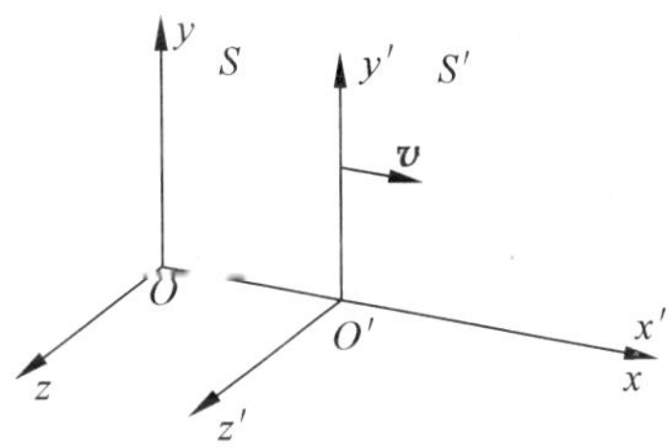

图　12-1

S 系和 S' 系各相应坐标轴相互平行，x 轴和 x' 轴重合。当 $t=t'=0$ 时，两惯性系坐标原点 O 和 O' 重合。S' 系相对于 S 系以恒定的速度 $\boldsymbol{v}$ 沿 x 轴正方向运动。

1. 洛伦兹时空变换：由狭义相对论的两个基本假设，可推导出 S 系到 S' 系的时空坐标变换

$$\text{正变换}\quad\begin{cases} x' = \dfrac{x - vt}{\sqrt{1-\dfrac{v^2}{c^2}}} = \dfrac{x-vt}{\sqrt{1-\beta^2}} = \gamma(x-vt) \\ y' = y \\ z' = z \\ t' = \dfrac{t-\dfrac{v}{c^2}x}{\sqrt{1-\dfrac{v^2}{c^2}}} = \gamma\left(t-\beta\dfrac{x}{c}\right) \end{cases}$$

式中，$\beta=\dfrac{v}{c}<1$，$\gamma=\dfrac{1}{\sqrt{1-\beta^2}}>1$ 称为洛伦兹因子。由 S' 系到 S 系的变换为

$$\text{逆变换}\begin{cases}x=\dfrac{x'+vt'}{\sqrt{1-\dfrac{v^2}{c^2}}}=\dfrac{x'+vt'}{\sqrt{1-\beta^2}}=\gamma(x'+vt')\\ y=y'\\ z=z'\\ t=\dfrac{t'+\dfrac{v}{c^2}x'}{\sqrt{1-\dfrac{v^2}{c^2}}}=\gamma\left(t'+\beta\dfrac{x'}{c}\right)\end{cases}$$

2. 狭义相对论时空性质

(1) 同时的相对性：在一个惯性参照系中不同地点、同一时刻发生的两个事件，在另一个相对它作匀速运动的惯性系中不是同时发生的。

(2) 时间延缓(时间膨胀)：在一个惯性系(比如 S'系)中，同一地点($x_1'=x_2'$)、先后发生的两个事件的时间间隔 $\Delta\tau=t_2'-t_1'$称为固有时或原时，则在 S 系中测得这两个事件发生的时间间隔 Δt 为

$$\Delta t=\frac{\Delta\tau}{\sqrt{1-\dfrac{v^2}{c^2}}}=\gamma\Delta\tau$$

即固有时最短，或运动的钟变慢了。

(3) 长度收缩：静止于某参照系(比如 S'系)中的尺子的长度称为固有长度或原长。设 S'系中有一固有长度为 $l_0=x_2'-x_1'$的尺子，则在 S 系中测得该尺子的长度 $l=x_2-x_1$ 为

$$l=l_0\sqrt{1-\frac{v^2}{c^2}}=\frac{l_0}{\gamma}$$

即固有长度最长，或运动的尺子在其运动方向上变短了。

3. 洛伦兹速度变换：由洛伦兹坐标变换对时间求导，可得相对论速度变换。由 S'系到 S 系的速度变换为

$$\text{正变换}\begin{cases}u_x'=\dfrac{u_x-v}{1-\dfrac{v}{c^2}u_x}\\ u_y'=\dfrac{u_y}{\gamma\left(1-\dfrac{v}{c^2}u_x\right)}\\ u_z'=\dfrac{u_z}{\gamma\left(1-\dfrac{v}{c^2}u_x\right)}\end{cases}$$

由 S 系到 S'系的速度变换为

$$\text{逆变换}\begin{cases}u_x=\dfrac{u_x'+v}{1+\dfrac{v}{c^2}u_x'}\\ u_y=\dfrac{u_y'}{\gamma\left(1+\dfrac{v}{c^2}u_x'\right)}\\ u_z=\dfrac{u_z'}{\gamma\left(1+\dfrac{v}{c^2}u_x'\right)}\end{cases}$$

狭义相对论速度变换满足光速不变原理。

三、狭义相对论动力学

1. 相对论动量：狭义相对论中，质点的动量 $\boldsymbol{p}$ 与速度 $\boldsymbol{v}$ 的比值并不是一个恒量，而是随质点速度的不同而改变。相对论动量定义为

$$\boldsymbol{p} = m\boldsymbol{v} = \frac{m_0 \boldsymbol{v}}{\sqrt{1-\frac{v^2}{c^2}}} = \gamma m_0 \boldsymbol{v}$$

式中，m_0 是质点静止时的质量，称为静止质量。而

$$m = \frac{m_0}{\sqrt{1-\frac{v^2}{c^2}}} = \gamma m_0$$

为质点相对惯性系以速度 v 运动时的质量，称为相对论质量，简称质量。

2. 相对论能量：相对论中，质点的动能表示为

$$E_{\mathrm{k}} = mc^2 - m_0 c^2$$

$m_0 c^2$ 为质点静止时具有的能量，称为静止能量，用 E_0 表示，即

$$E_0 = m_0 c^2$$

mc^2 为质点的总能量，称为相对论能量，用 E 表示，即

$$E = mc^2 = \gamma m_0 c^2$$

根据相对论动量、质量和能量公式，可得到两个常用的关系式

$$E^2 = E_0^2 + p^2 c^2$$

$$p = \frac{v}{c^2} E$$

【例题解析】

例 12-1　在惯性系 S 中观测到相距 $\Delta x = 9\times10^8\,\mathrm{m}$ 的两地点相隔 $\Delta t = 5\mathrm{s}$ 发生两个事件，而在相对于 S 系沿 x 方向以匀速运动的 S' 系中发现此两事件恰好发生在同一地点。试求在 S' 系中此两事件的时间间隔。

解　设两事件在 S 系和 S' 系中的时空坐标分别为

$$S\ 系：(x_1、t_1),(x_2、t_2)。$$

$$S'\ 系：(x_1'、t_1'),(x_2'、t_2')。$$

根据题意：$\Delta x = x_2 - x_1 = 9\times10^8\,\mathrm{m}$，$\Delta t = t_2 - t_1 = 5\mathrm{s}$，$\Delta x' = x_2' - x_1' = 0$，求 $\Delta t = t_2' - t_1'$。

由洛伦兹变换，设 S' 系相对于 S 系的运动速度为 v，则

$$x_1' = \frac{x_1 - vt_1}{\sqrt{1-\frac{v^2}{c^2}}},\quad x_2' = \frac{x_2 - vt_2}{\sqrt{1-\frac{v^2}{c^2}}}$$

因 $\Delta x' = x_2' - x_1' = 0$，得 $x_2' = x_1'$，即

$$x_1 - vt_1 = x_2 - vt_2$$

或

$$\Delta x = v\Delta t$$

因两事件在 S' 系中发生在同一地点，所以 $\Delta t = t_2' - t_1'$ 为固有时，根据时间延缓公式

$$\Delta t = \frac{\Delta t'}{\sqrt{1-\dfrac{v^2}{c^2}}}$$

即

$$\Delta t' = \Delta t\sqrt{1-\frac{v^2}{c^2}} = \sqrt{(\Delta t)^2 - \left(\frac{v\Delta t}{c}\right)^2}$$

$$= \sqrt{(\Delta t)^2 - \left(\frac{\Delta x}{c}\right)^2} = \sqrt{5^2 - \left(\frac{9\times 10^8}{3\times 10^8}\right)^2}$$

$$= 4\text{s}$$

例 12-2 在参照系 S 中，有两个静止质量都是 m_0 的粒子 A 和 B。分别以速度 $\boldsymbol{v}_A = \boldsymbol{v}$，$\boldsymbol{v}_B = -\boldsymbol{v}$ 相向运动，两者碰撞后合在一起成为一个静止质量为 M_0 的粒子。在求 M_0 时有一种解答如下：

$$M_0 = m_0 + m_0 = 2m_0$$

这个解答对吗？为什么？

解 这个解答不对。

设合粒子质量为 M，速率为 V，由动量守恒定律得

$$m_A\boldsymbol{v}_A + m_B\boldsymbol{v}_B = M\boldsymbol{V}$$

因为 A、B 粒子的静质量相同，速率相同，所以：$m_A = m_B$。

根据题意 $\boldsymbol{v}_A = -\boldsymbol{v}_B$，所以 $\boldsymbol{V} = 0$。即合粒子静止，其质量为其静质量 M_0。又由能量守恒定律

$$M_0c^2 = m_Ac^2 + m_Bc^2$$

得

$$M_0 = m_A + m_B = \frac{2m_0}{\sqrt{1-\dfrac{v^2}{c^2}}} > 2m_0$$

可见合粒子的质量大于 $2m_0$。

例 12-3 设快速运动的介子的能量约为 $E = 3000\text{MeV}$，而这种介子在静止时的能量为 $E_0 = 100\text{MeV}$。若这种介子的固有寿命是 $\tau_0 = 2\times 10^{-6}\text{s}$，求它在其寿命内运动的距离。

解 由狭义相对论的质能方程

$$E = mc^2 = \frac{m_0c^2}{\sqrt{1-\dfrac{v^2}{c^2}}} = \frac{E_0}{\sqrt{1-\dfrac{v^2}{c^2}}}$$

可得

$$\frac{1}{\sqrt{1-\dfrac{v^2}{c^2}}} = \frac{E}{E_0} = 30$$

求得

$$v = c\sqrt{1-\frac{1}{(30)^2}} \approx 2.996\times 10^8\text{m/s}$$

而快速运动介子的寿命为

$$\tau = \frac{\tau_0}{\sqrt{1-\frac{v^2}{c^2}}} = 30\tau_0$$

所以快速运动介子在其寿命内运动的距离为

$$l = v\tau = v \times 30\tau_0 \approx 1.798 \times 10^4\,\text{m}$$

【同步题解】

思考题

12-1　假设光子在某惯性系中的速度等于 c，那么，是否存在另一个速度不等于 c 的惯性系?

答：不存在。设光子在惯性系 S' 中的速度为 $u'_x = c$，惯性系 S' 相对于 S 系以匀速 v 运动，则根据相对论速度变换公式，光子在 S 系中的速度 u_x 为

$$u_x = \frac{u'_x + v}{1+\frac{u'_x v}{c^2}} = \frac{c+v}{1+\frac{c\cdot v}{c^2}} = c$$

这说明，光在任何惯性系中的速度不变，都等于 c。这正是狭义相对论基本假设中的光速不变原理。

12-2　你能说明经典力学的相对性原理与狭义相对论的相对性原理之间的异同吗?

答：这两个相对性原理均给出物理规律不随惯性系的选择而变化，即所有惯性系是等价的结论。但前者只对力学规律成立，而后者则对包含电磁理论在内的所有物理规律成立，可见后者包含了前者的内容。两个相对性原理间重要的不同之处在于，从符合经典力学相对性原理的伽利略变换，导出了绝对时空的概念，即时空彼此独立，时间与空间的测量与参考系的运动无关；而由符合狭义相对论相对性原理的洛伦兹变换，可得到时空彼此不独立，时间和坐标的变换相互交叉，且时间与空间的测量依赖于参考系的选择。

12-3　两个观察者分别处于惯性系 S 和惯性系 S' 内。在这两个惯性系中各有一根分别与 S 系和 S' 系相对静止的米尺，这两个观察者从测量中发现，在其中一个惯性系中的米尺总比自己所在惯性系中的米尺要短，你怎样看待这个问题?

答：要测量一根运动米尺的长度，必须同时测量其两端。根据狭义相对论时空观，在不同惯性系中同时是相对的，因此建立在同时基础上的长度测量也是相对的。设一根米尺静止于 S' 系的 x' 轴上，其两端坐标分别为 x'_1、x'_2，则其长度为 $l' = x'_2 - x'_1$。根据洛伦兹变换

$$l' = x'_2 - x'_1 = \frac{x_2 - x_1}{\sqrt{1-\beta^2}} - \frac{v(t_2 - t_1)}{\sqrt{1-\beta^2}}$$

因该米尺相对于 S 系是运动的，所以在 S 系中测量此米尺长度时需要同时测其两端，即 $t_2 = t_1$。由上式得

$$l = x_2 - x_1 = l'\sqrt{1-\beta^2} < l'$$

根据狭义相对性原理，所有惯性系是等价的。所以两个观察者都发现，另一惯性系中的米尺总比自己所在惯性系中的米尺要短。

习题

12-1　在惯性系 S 中，两事件发生在同一地点，时间间隔为 $\Delta t=2\text{s}$；在惯性系 S' 中，这两个事件的时间间隔为 $\Delta t'=3\text{s}$，试求 S' 系中这两个事件的空间距离。

解　因为在 S 系中，两事件发生在同一地点，所以 $\Delta t=2\text{s}$ 为固有时，根据相对论时间延缓效应

$$\Delta t' = \gamma\Delta t = \frac{\Delta t}{\sqrt{1-\frac{v^2}{c^2}}}$$

由上式求得

$$v = c\sqrt{1-\left(\frac{\Delta t}{\Delta t'}\right)^2} = \frac{\sqrt{5}}{3}c$$

根据洛伦兹变换，两事件在 S' 系中发生的空间间隔为

$$\Delta x' = \gamma(\Delta x - v\Delta t) = -v\Delta t' = -\sqrt{5}c = -6.71\times 10^8\text{m}$$

12-2　一列长为 $2l$ 的火车正以速度 $\boldsymbol{v}$ 沿 x 轴正方向行进，火车中间有一位观测者同时向火车头部和尾部发出两个光脉冲信号。

(1) 以火车为参考系 S'，原点取在火车正中，试确定光脉冲信号到达火车头和火车尾这两个事件的时间和地点。

(2) 由洛伦兹变换，从地面观测者看，求所测这两个事件的时间和地点。

(3) 根据(1)和(2)，说明同时性的相对性。

解　(1) 对火车(S'系)中的观察者，火车静止，车头、车尾与他的距离均为 l。光脉冲到达车头和车尾这两个事件的时间和地点分别为

$$t_1' = t_2' = \frac{l}{c},\quad x_1' = l,\quad x_2' = -l。$$

(2) 从地面(S 系)来看，光脉冲向车头和车尾传播的速度不变，依然为 c。根据洛伦兹变换，光脉冲到达车头的时间和地点分别为

$$t_1 = \frac{t_1' + \frac{v}{c^2}x_1'}{\sqrt{1-\frac{v^2}{c^2}}} = \frac{1+\frac{v}{c}}{\sqrt{1-\frac{v^2}{c^2}}}\frac{l}{c},\quad x_1 = \frac{x_1' + vt_1'}{\sqrt{1-\frac{v^2}{c^2}}} = \frac{1+\frac{v}{c}}{\sqrt{1-\frac{v^2}{c^2}}}l$$

光脉冲到达车尾的时间和地点分别为

$$t_2 = \frac{t_2' + \frac{v}{c^2}x_2'}{\sqrt{1-\frac{v^2}{c^2}}} = \frac{1-\frac{v}{c}}{\sqrt{1-\frac{v^2}{c^2}}}\frac{l}{c},\quad x_2 = \frac{x_2' + vt_2'}{\sqrt{1-\frac{v^2}{c^2}}} = -\frac{1-\frac{v}{c}}{\sqrt{1-\frac{v^2}{c^2}}}l$$

(3) 由(1)的结果，$t_1'=t_2'$；由(2)的计算，$t_1\neq t_2$。说明对于两个作匀速运动的惯性系，在一惯性系中不同地点、同时发生的两个事件，在另一惯性系中不是同时发生的。

12-3　两个飞船 S 和 S' 沿相同方向飞行，相对速度为 $0.6c$，前面飞船 S' 上有一光脉冲从船尾传到船头，在该船上测得头尾距离为 $\Delta x'=30\text{m}$，求在 S' 和 S 中观测到这两个事件的时间间隔和空间距离。

解　在 S' 系中光脉冲从船头发出和传到船尾这两个事件的时间和距离为

$$\Delta t' = \frac{\Delta x'}{c} = 1\times 10^{-7}\text{s},\quad \Delta x' = 30\text{m}。$$

在 S 系中，设 S' 相对于 S 以 $v=0.6c$ 沿 x 正方向运动，则 $\gamma=1.25$。根据洛伦兹变换，S 中观察到这两个事件的时间和距离为

$$\Delta t = \gamma\left(\Delta t' + \frac{v}{c^2}\Delta x'\right) = 2\times 10^{-7}\text{s},\quad \Delta x = \gamma(\Delta x' + v\Delta t') = 60\text{m}。$$

12-4　在 S 系中，两个事件的空间间隔 $\Delta x=600\text{m}$，$\Delta y=\Delta z=0$。时间间隔 $\Delta t=1\mu\text{s}$。在另一个惯性参照系 S' 中测得这两个事件的空间间隔仍为 $\Delta x'=600\text{m}$，求(1)S' 系相对于 S 系的速度 v；(2)在 S' 系中这两个事件的时间间隔 $\Delta t'$。

解　(1) 根据洛伦兹变换

$$\Delta x' = \frac{\Delta x - v\Delta t}{\sqrt{1-\frac{v^2}{c^2}}}$$

解得

$$v=\frac{2\Delta x\Delta t\cdot c^2}{(\Delta x')^2+c^2(\Delta t)^2}=0.8c=2.4\times 10^8\text{m/s}$$

(2) 根据洛伦兹变换，在 S' 系中这两个事件的时间间隔为

$$\Delta t' = \gamma\left(\Delta t - \frac{v}{c^2}\Delta x\right) = -1\mu\text{s}$$

12-5　在直线加速器中，电子被加速到 $(1-2.45\times 10^{-9})c$，并以此速度在加速器内飞行了 100m，试问电子看到的这段加速器管长为多少？

解　设加速器为 S 系，电子为 S' 系，$\Delta x=100\text{m}$ 为固有长度，根据长度收缩公式，在电子看来加速器的管长为

$$\Delta x' = \Delta x\sqrt{1-\frac{v^2}{c^2}} = 7\text{mm}$$

12-6　地面上一短跑选手用 9.8s 跑完 100m。问在相对地面速度为 $v=0.6c$，与运动员同方向的飞船上观测，该选手跑了多远？用了多少时间？

解　设地面为 S 系，飞船为 S' 系，则 $\Delta x=100\text{m}$，$\Delta t=9.8\text{s}$，$\gamma=1.25$。根据洛伦兹变换，飞船上观测该运动员跑的距离和时间分别为

$$\Delta x' = \gamma|\Delta x - v\Delta t| = 2.2\times 10^9\text{m}$$

$$\Delta t' = \gamma\left(\Delta t - \frac{v}{c^2}\Delta x\right) = 12.2\text{s}$$

12-7　假设“欧洲之星”火车原长为 2km，速度为 $v=300\text{km}\cdot\text{h}^{-1}$。假设地面观测者发现两个闪电同时击中火车前后两端。问火车上的观测者测得这两个事件的时间间隔是多少？

解　设地面为 S 系，火车为 S' 系，则 $\Delta x=2000\text{m}$，$t=0$，$v=83.3\text{m/s}$。由洛伦兹变换，火车上测得这两个事件的时间间隔为

$$\Delta t' = \frac{\Delta t - \frac{v}{c^2}\Delta x}{\sqrt{1-\frac{v^2}{c^2}}} = -1.85\times 10^{-12}\text{s}$$

12-8　离太阳系最近的半人马座 α 距地球 4.3×10^{16} m。假如一飞船以速度 $v=0.999c$ 离开地球飞向该星座。若分别按照地球上和飞船上的时钟计时，飞船需要多少年才能抵达半人马座？

解　设地球为 S 系，飞船为 S' 系，$\Delta x=4.3\times10^{16}$ m，则按照地球上的时钟，飞船抵达半人马座需要的时间为

$$\Delta t=\frac{\Delta x}{v}=4.55\text{a}$$

$\Delta x=4.3\times10^{16}$ m 为固有长度，飞船上看这段距离为

$$\Delta x'=\Delta x\sqrt{1-\frac{v^2}{c^2}}=0.1\Delta x$$

所以，按飞船上的时钟，飞船抵达半人马座需要的时间为

$$\Delta t'=\frac{\Delta x'}{v}=0.203\text{a}$$

12-9　在地面参考系 S 中观察到，一个以速度 $\boldsymbol{v}$ 沿 x 轴正方向运动的粒子，在 y 轴正方向上发射出一个光子。试求在相对粒子静止的参考系 S' 中观测到光子的速度大小和方向。

解　设光子在 xy 平面内运动，按题意，S 系中光子的速度分量为 $u_x=0$，$u_y=c$。根据洛伦兹速度变换式，光子在 S' 系中的速度分量为

$$u_x{}'=\frac{u_x-v}{1-\frac{v}{c^2}u_x}=-v,\quad u'_y=\frac{u_y\sqrt{1-\beta^2}}{1-\frac{v}{c^2}u_x}=c\sqrt{1-\beta^2}$$

则在粒子参考系 S' 中光子的速度大小为

$$u'=\sqrt{(u'_x)^2+(u'_y)^2}=\sqrt{v^2+c^2\left(1-\frac{v^2}{c^2}\right)}=c$$

设 θ' 为 S' 系中光子运动方向与 y' 轴的夹角，则

$$\tan\theta'=\frac{u'_x}{u'_y}=-\frac{v}{c\sqrt{1-\beta^2}}=-\frac{\beta}{\sqrt{1-\beta^2}}$$

12-10　从地面上观察到两个飞船正以相同的速度 $v=0.9c$ 相互接近，它们将会在 $\Delta t=10$s 后相撞。试问在飞船上的宇航员看来，他们还有多少时间可以调整航向以避免碰撞？

解　如图 12-2 所示，以地面为 S 系，飞船 A 为 S' 系。从地面看，飞船 A 从 x_1 经 $\Delta t=10$s 飞到 x_3 与飞船 B 相撞。从飞船 A 看，从 x_1 开始经 $\Delta t'$ 到 x_3 与飞船 B 相撞，这两个事件在 S' 系中发生在同一地点，即飞船 A 中的宇航员观测到的时间 $\Delta t'$ 为固有时，根据相对论时间延缓公式，有

$$\Delta t'=\Delta t\sqrt{1-\frac{v^2}{c^2}}=4.36\text{s}$$

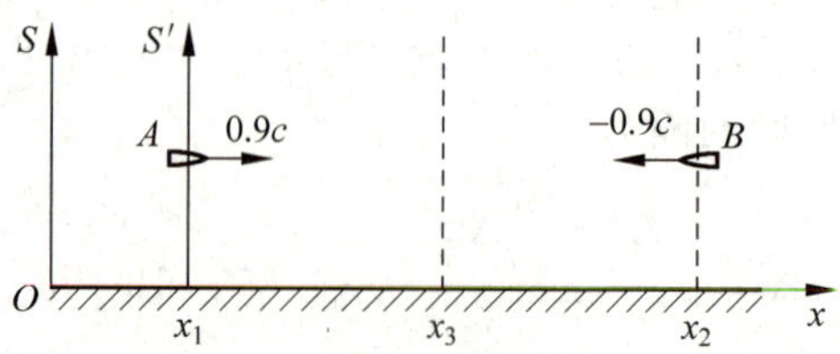

图　12-2

12-11　根据相对论速度变换公式证明：如果在某一个惯性系中，粒子速度 u 小于光速，那么在任意惯性系中，其速度也小于光速。

解　设粒子在 S 系中的速度为 $\boldsymbol{u}$，则根据相对论速度变换，在 S' 系中该粒子的速度

$$u'_x=\frac{u_x-v}{1-\frac{v}{c^2}u_x},\quad u'_y=\frac{u_y}{\gamma\left(1-\frac{v}{c^2}u_x\right)},\quad u'_z=\frac{u_z}{\gamma\left(1-\frac{v}{c^2}u_x\right)}$$

所以

$$u'^2=u'^2_x+u'^2_y+u'^2_z=\left(\frac{u_x-v}{1-\frac{v}{c^2}u_x}\right)^2+\frac{u_y^2+u_z^2}{\gamma^2\left(1-\frac{v}{c^2}u_x\right)^2}$$

$$=\left(\frac{u_x-v}{1-\frac{v}{c^2}u_x}\right)^2+\frac{u^2-u_x^2}{\gamma^2\left(1-\frac{v}{c^2}u_x\right)^2}$$

若设 $u^2=c^2$，则

$$u'^2=\frac{\gamma^2(u_x-v)^2+c^2-u_x^2}{\gamma^2\left(1-\frac{v}{c^2}u_x\right)^2}=\frac{\frac{c^2}{c^2-v^2}(u_x-v)^2+c^2-u_x^2}{\frac{c^2}{c^2-v^2}\left(1-\frac{v}{c^2}u_x\right)^2}$$

$$=\frac{c^2(u_x-v)^2+(c^2-u_x^2)(c^2-v^2)}{c^2\left(1-\frac{v}{c^2}u_x\right)^2}=c^2\frac{c^2-2u_xv+\frac{u_x^2v^2}{c^2}}{c^2\left(1-\frac{v}{c^2}u_x\right)^2}=c^2$$

所以，若 $u^2<c^2$，则有

$$u'^2<c^2,\quad 或\quad u'<c$$

证毕。

12-12　已知电子的静能为 0.511MeV，试计算电子在其速率分别为(1)300m/s，(2)$10^{-3}c$，(3)$0.1c$，(4)$0.5c$，(5)$0.99c$ 时的动量和动能。比较经典理论和相对论结果之间的差异。

解　电子在上述各速率下动量和动能的经典理论值和相对论理论值的比较见下表。

电子速率 v	动量		动能	
	经典理论 $p_c=m_0v$	相对论理论 $p_r=\gamma m_0v$	经典理论 $E_{k,c}=\frac{1}{2}m_0v^2$	相对论理论 $E_{k,r}=m_0c^2(\gamma-1)$
300m/s	2.729×10^{-28} N·s	2.729×10^{-28} N·s	2.555×10^{-13} MeV	2.555×10^{-13} MeV
$10^{-3}c$	2.729×10^{-25} N·s	2.729×10^{-25} N·s	2.555×10^{-7} MeV	2.555×10^{-7} MeV
$0.1c$	2.729×10^{-23} N·s	2.742×10^{-23} N·s	2.555×10^{-3} MeV	2.574×10^{-3} MeV
$0.5c$	1.365×10^{-22} N·s	1.576×10^{-22} N·s	6.388×10^{-2} MeV	7.905×10^{-2} MeV
$0.99c$	2.701×10^{-22} N·s	19.15×10^{-22} N·s	0.250MeV	3.111MeV

由表中数值可见，当电子速率较小时经典理论给出的结果和相对论理论给出的结果很接近，但当电子速率与光速可比拟时，经典结果和相对论结果的差异随速率的增大而明显增大。说明经典理论只是相对论理论在低速情况下的近似。

12-13　质量为 938MeV/c^2 的质子经加速后具有动能 500MeV。求它的动量和速度。

解　质子的静止能量 $E_0=938\text{MeV}$，动能为 $E_k=500\text{MeV}$，所以，加速后质子的相对论性能量为 $E=E_0+E_k=1438\text{MeV}$。质子的速度

$$v=\frac{c}{E}\sqrt{E^2-E_0^2}=0.758c$$

质子的动量

$$p=\frac{v}{c^2}E=5.82\times10^{-19}\text{N}\cdot\text{s}$$

12-14　在北京正负电子对撞机中，电子可以被加速到动能 $E_k=2.8\text{GeV}$，问这种电子的动量是多大？速度与光速相差多少？

解　电子的静能 $E_0=0.511\text{MeV}$，远小于电子的动能 E_k，由 $E^2=E_0^2+(pc)^2$，得

$$p=\frac{\sqrt{E^2-E_0^2}}{c}\approx\frac{E_k}{c}=\frac{2.8\text{GeV}}{c}$$

电子速度与光速相差

$$v-c=\frac{c}{E}\sqrt{E^2-E_0^2}-c=\left[\sqrt{1-\left(\frac{E_0}{E}\right)^2}-1\right]c=-1.6\times10^{-8}c$$

12-15　在电子对湮灭过程中，质量均为 9.1×10^{-31}kg 的一个电子和一个正电子碰撞湮灭后产生一个光子，试求光子能量。

解　电子的静质量 $m_e=0.511\ \frac{\text{MeV}}{c^2}$，根据相对论质能方程，电子和正电子湮灭后产生的光子的能量为

$$E=2m_ec^2=1.022\text{MeV}$$

【自测练习】

12-1　关于狭义相对论，下列说法中正确的是________。

(1) 一切运动物体相对于观察者的速度都不能大于真空中的光速。

(2) 质量、长度、时间的测量结果都是随物体与观察者的相对运动状态而改变的。

(3) 在一惯性系中发生于同一时刻，不同地点的两个事件在其他一切惯性系中也是同时发生的。

(4) 惯性系中的观察者观察一个与他作匀速相对运动的时钟时，会看到这时钟比与他相对静止的时钟走得慢些。

A. (1),(3),(4)　　　　B. (1),(2),(4)

C. (1),(2),(3)　　　　D. (2),(3),(4)

12-2　在某地发生两个事件，静止于该地的甲测得这两个事件的时间间隔为 4s，若相对甲作匀速直线运动的乙测得时间间隔为 5s，则乙相对于甲的运动速度是________。

A. $\frac{1}{5}c$　　B. $\frac{2}{5}c$　　C. $\frac{3}{5}c$　　D. $\frac{4}{5}c$

12-3　宇宙飞船相对于地面以速度 v 作匀速直线飞行，某一时刻飞船头部的宇航员向飞船尾部发出一个光信号，经过 Δt(飞船上的钟)时间后，被尾部的接收器收到，则由此可知

飞船的固有长度为________。

A. $c\cdot\Delta t$　　B. $v\cdot\Delta t$

C. $c\cdot\Delta t\cdot\sqrt{1-\frac{v^2}{c^2}}$　　D. $\frac{c\cdot\Delta t}{\sqrt{1-\frac{v^2}{c^2}}}$

12-4　设某微观粒子的总能量是它的静止能量的 k 倍，则其运动速度的大小为________。

A. $\frac{c}{k-1}$　　B. $\frac{c}{k}\sqrt{1-k^2}$

C. $\frac{c}{k}\sqrt{k^2-1}$　　D. $\frac{c}{k+1}\sqrt{k(k+2)}$

12-5　某核电站年发电量为 100 亿度，它等于 36×10^{15} J 的能量，如果这是由核材料的全部静止能量转化产生的，则需要消耗的核材料的质量为________。

A. 0.4kg　　B. 0.8kg

C. 12×10^7 kg　　D. $\frac{1}{12}\times10^7$ kg

12-6　π^+ 介子是不稳定的粒子，在它自己的参照系中测得平均寿命是 2.6×10^{-8} s，如果它相对实验室以 $0.8c$ 的速度运动，则实验室参照系中测得 π^+ 介子的寿命是________。

12-7　牛郎星距离地球约 16 光年，宇宙飞船若以________的匀速度飞行，将用 4 年的时间(宇宙飞船上的钟指示的时间)从地球抵达牛郎星。

12-8　静止时边长为 50cm 的立方体，当它沿着与它的一条棱边平行的方向相对于地面以匀速度 2.4×10^8 m/s 运动时，在地面上测得它的体积是________。

12-9　已知惯性系 S' 相对于惯性系 S 以 $0.5c$ 的匀速沿 x 轴的负方向运动，若从 S' 系的坐标原点 O' 沿 x 轴正方向发出一束光波，则 S 系中测得此光波的波速为________。

12-10　设电子的静质量为 m_e，将一个电子从静止加速到速率为 $0.6c$，需做功________。

12-11　火箭相对于地面以 $v=0.6c$ 的匀速度向上飞离地球。在火箭发射 $\Delta t'=10$s 后(火箭上的钟)，该火箭相对于地面发射一导弹，其速度相对于地面为 $v_1=0.3c$，问火箭发射后多长时间(地球上的钟)导弹到达地面？计算中假设地面不动。

12-12　在惯性系 S 中，有两个事件发生于同一地点，且第二事件比第一事件晚发生 $\Delta t=2$s；而在另一惯性系 S' 中，观测第二事件比第一事件晚发生 $\Delta t'=3$s。那么在 S' 系中两事件发生的地点之间相距多远？

12-13　一隧道长为 L，宽为 d，高为 h。设想一列车以极高的速度 v 沿隧道长度方向通过隧道，若从列车上观测，

(1) 隧道的长、宽、高各为多少？

(2) 设列车的长度为 l_0，它全部通过隧道的时间是多少？

12-14　一电子以 $v=0.99c$ 的速率运动。试求：

(1) 电子的总能量是多少？

(2) 电子的经典力学动能与相对论动能之比是多少？(电子的静止质量 $m_e=9.1\times10^{-31}$ kg)

12-15　已知 μ 子的静止能量为 105.7MeV，平均寿命为 2.2×10^{-8} s。试求动能为 150MeV 的 μ 子的速度 v 是多少？平均寿命 τ 是多少？

第13章

量子力学简介

【内容提要】

一、黑体辐射　普朗克能量子假说

1. 黑体辐射：能够完全吸收照射在它上面任意波长电磁辐射的物体称为绝对黑体，简称黑体。一个带小孔的不透明空腔，小孔表面可近似看作黑体。黑体吸收电磁辐射的同时，也辐射电磁波。单位时间、从单位面积上辐射的频率在 ν 附近单位频率范围内的能量 M_ν 称为单色辐出度，M_ν 是频率 ν 和温度 T 的函数。单位时间、单位面积上辐射的所有频率的总能量称为辐出度 M。M 是温度 T 的函数

$$M(T)=\int_0^{\infty}M_\nu(T)\mathrm{d}\nu$$

2. 斯特藩-玻耳兹曼定律：黑体的辐出度 M 与黑体的热力学温度的四次方成正比，即

$$M(T)=\sigma T^4$$

式中 $\sigma=5.67\times10^{-8}\mathrm{W\cdot m^{-2}\cdot K^{-4}}$ 称为斯特藩-玻耳兹曼常量。

3. 维恩位移定律：在某一温度下，与单色辐出度 M_ν 最大值所对应的波长 λ_m 与温度成反比，即

$$\lambda_\mathrm{m}T=b$$

式中常量 $b=2.898\times10^{-3}\mathrm{m\cdot K}$。

4. 普朗克能量子假说：为解释黑体的辐射规律，1900 年普朗克提出，黑体以 $h\nu$ 为能量单位不连续地发射和吸收频率为 ν 的辐射，能量的最小单位称为能量子，即

$$\varepsilon=h\nu$$

式中 $h=6.63\times10^{-34}\mathrm{J\cdot s}$ 称为普朗克常数。

二、光电效应　爱因斯坦光量子理论

1. 光电效应：一定频率的光照射金属时，导致金属中电子逸出金属表面的现象称为光电效应。光电效应的实验结果：(1)饱和光电流与入射光强成正比；(2)反向遏止电压 U_0 与入射光强无关，且与光电子的最大动能 $E_{\mathrm{k,max}}$ 有如下关系：

$$E_{\mathrm{k,max}}=\frac{1}{2}mv_\mathrm{m}^2=eU_0$$

(3)当入射光的频率小于 ν_0(红限频率)，或波长大于 $\lambda_c=c/\nu_0$(红限波长)时，无光电子逸出；

(4)光电子逸出的弛豫时间$< 10^{-9}$ s。

为解释光电效应实验，爱因斯坦提出，光是由光量子（光子）组成的粒子流，每个光子的能量与光的频率或波长的关系为

$$E = h\nu = \frac{hc}{\lambda}$$

金属中的一个自由电子一次吸收一个光子的能量 $h\nu$，部分用于克服金属表面的吸引而做的逸出功 W，部分变为逸出金属后电子的动能 $E_{k,max}$，即

$$h\nu = E_{k,max} + W = \frac{1}{2}mv_{max}^2 + W$$

当 $E_{k,max}=0$ 时，电子刚好能逸出金属表面，所以红限频率

$$\nu_0 = \frac{W}{h}$$

2. 光的波粒二象性：爱因斯坦的光子理论，说明光具有微粒和波动的双重性质，即波粒二象性。在光的传播过程中，光的波动性较为显著；而在光与物质相互作用时，其粒子性比较明显。描述光的粒子性的能量 E 和动量 p 与描述光的波动性的频率 ν 和波长 λ 的关系为

$$E = h\nu$$

$$p = \frac{h}{\lambda}$$

三、氢原子光谱

1. 氢原子光谱：氢原子光谱由许多彼此分立的线状光谱线组成，每一谱线的波数 $\tilde{\nu}=1/\lambda$ 都可表示为两个光谱项之差，即巴耳末-里德伯公式

$$\tilde{\nu} = \frac{1}{\lambda} = R_H\left(\frac{1}{m^2} - \frac{1}{n^2}\right), \quad n = m+1, m+2, m+3, \cdots$$

式中，$R_H=1.0967758\times10^7\ \mathrm{m}^{-1}$称为里德伯常量。

对每一个整数 m，对应于 $n=m+1, m+2, m+3, \cdots$ 的所有光谱线构成一个谱线系，如

莱曼系$(m = 1)$　$\tilde{\nu} = R_H\left(\frac{1}{1^2} - \frac{1}{n^2}\right), \quad n = 2,3,4,\cdots$

巴耳末系$(m = 2)$　$\tilde{\nu} = R_H\left(\frac{1}{2^2} - \frac{1}{n^2}\right), \quad n = 3,4,5,\cdots$

帕邢系$(m = 3)$　$\tilde{\nu} = R_H\left(\frac{1}{3^2} - \frac{1}{n^2}\right), \quad n = 4,5,6,\cdots$

2. 玻尔氢原子理论：为解释氢原子光谱的结构，玻尔提出以下三个假设

(1) 定态假设：氢原子只能处于一些不连续但稳定的能量状态——定态，处于定态的原子不辐射也不吸收能量。

(2) 轨道量子化条件：电子绕核运动的轨道角动量满足如下量子化条件

$$L = mvr = n\frac{h}{2\pi}$$

式中 n 取正整数，称为主量子数。

(3) 频率条件：原子从能量为 E_n 的定态跃迁到较低能量 E_m 的定态时，发射一个频率为 ν 的光子，并且

$$h\nu = E_n - E_m$$

由以上三个假设，可得氢原子的轨道半径和能量是量子化的，即

$$r_n = a_0 n^2, \quad E_n = \frac{E_1}{n^2}$$

其中 $a_0=\dfrac{\varepsilon_0 h^2}{\pi m e^2}=5.29\times10^{-11}\mathrm{m}$，称为第一玻尔半径。$E_1=-\dfrac{me^4}{8\varepsilon_0^2 h^2}=-13.6\mathrm{eV}$，为氢原子的电离能。

四、德布罗意波　不确定关系

1. 物质波：德布罗意提出，实物粒子也具有波粒二象性，与实物粒子相联系的波称为德布罗意波或物质波，物质波的频率 ν 和波长 λ 与粒子的能量 E 和动量 p 的关系如下：

$$\nu = \frac{E}{h}$$

$$\lambda = \frac{h}{p}$$

2. 不确定关系：实物粒子的波粒二象性必然导致不确定原理，即粒子不能同时具有确定的位置和确定的动量。设粒子沿 x 方向运动，则其位置的不确定范围 Δx 和动量的不确定范围 Δp_x 之间符合以下关系

$$\Delta x \cdot \Delta p_x \geqslant \frac{h}{4\pi} = \frac{\hbar}{2}$$

五、薛定谔方程

1. 波函数：描述物质波的数学表达式称为波函数。动量为 p_x、能量为 E 的一维自由粒子的定态波函数为

$$\psi(x) = A\mathrm{e}^{\frac{\mathrm{i}}{\hbar}p_x x}$$

物质波的统计意义：物质波在空间某点的强度等于粒子在该点出现的概率。所以空间某点附近单位体积内出现粒子的概率(概率密度)为

$$|\psi(x)|^2 = \psi^*(x)\cdot\psi(x)$$

而粒子出现在整个空间内的概率应等于1，即

$$\int_{\text{整个空间}} |\psi|^2 \mathrm{d}V = 1$$

上式称为波函数的归一化条件。

2. 薛定谔方程：质量为 μ，处于势场 $V(x)$ 中粒子的一维定态薛定谔方程为

$$-\frac{\hbar^2}{2\mu}\frac{\mathrm{d}^2\psi}{\mathrm{d}x^2} + V(x)\psi = E\psi$$

3. 一维无限深方势阱：

一维无限深方势阱的势能函数为

$$V(x) = \begin{cases} 0, & 0 < x < a \\ \infty, & x \leqslant 0, x \geqslant a \end{cases}$$

势阱内的薛定谔方程为

$$\frac{d^2\psi}{dx^2}+\frac{2\mu}{\hbar^2}E\psi=0$$

其符合边界条件 $\psi(0)=0$、$\psi(a)=0$ 的归一化波函数为

$$\psi_n(x)=\sqrt{\frac{2}{a}}\sin\left(\frac{n\pi}{a}x\right)$$

势阱中粒子的能量是量子化的

$$E_n=n^2E_1$$

式中，$E_1=\dfrac{\pi^2\hbar^2}{2\mu a}$是粒子的最低能量，称为零点能。

一维无限深方势阱中粒子的能级、波函数和概率密度分布如图 13-1 所示。

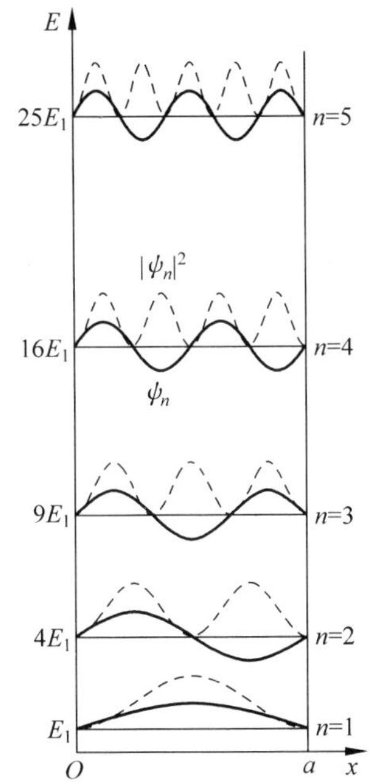

图 13-1

【例题解析】

例 13-1 太阳可看作是半径为 7.0×10^8 m 的球形黑体，太阳到地球的距离为 1.5×10^{11} m，设太阳射到地球表面每平方米的辐射功率为 1.4×10^3 W，试求太阳表面的温度。

解 设太阳的半径为 R，太阳到地球的距离为 d，根据地球每平方米接收到太阳的辐射功率 P，可以计算出整个太阳表面单位时间内辐射出的总功率为 $4\pi d^2\cdot P$。由于太阳表面的总面积为 $4\pi R^2$，所以太阳在单位时间内，从单位面积上辐射的总能量(辐出度 M)为

$$M=\frac{4\pi d^2P}{4\pi R^2}=\frac{d^2}{R^2}P$$

设太阳表面的温度为 T，由斯特藩-玻耳兹曼定律，太阳的辐出度为

$$M=\sigma T^4$$

由以上两式，得

$$T=\left(\frac{d^2P}{R^2\sigma}\right)^{1/4}=\left[\frac{(1.5\times10^{11})^2\times1.4\times10^3}{(7.0\times10^8)^2\times5.67\times10^{-8}}\right]^{1/4}=5800\text{K}$$

从上面的求解过程可见，可以通过测量太阳射到地球表面上单位面积的辐射功率来估算太阳表面的温度。使用类似的方法可以估测许多高温物体的温度。

例 13-2 铝的逸出功为 4.2eV。今用波长为 200nm 的紫外光照射铝的表面。问：

(1) 发射的光电子的最大动能是多少？

(2) 遏止电压多大？

(3) 铝的红限波长多大？

解 (1) 根据爱因斯坦对光电效应现象的解释，金属中的电子一次吸收一个光子的能量，若被吸收的光子能量大于金属的逸出功，则电子可以从金属表面逸出，逸出后光电子的最大初动能为光子能量减去逸出功。对波长为 200nm 的入射紫外光，光子的能量 $h\nu=hc/\lambda=6.2$eV，大于铝的逸出功，所以有电子逸出，光电子的最大初动能

$$E_{k,max}=\frac{1}{2}mv_m^2=h\nu-W=2.0\text{eV}$$

(2) 在光电效应实验中，可以通过在光电管上加反向电压的方法测出光电子的最大动能，使光电流为零的反向电压称为遏止电压 U_0。由 $\frac{1}{2}mv_m^2=eU_0$ 可得

$$eU_0=\frac{1}{e}\times\frac{1}{2}mv_m^2=\frac{2.0\text{eV}}{e}=2.0\text{V}$$

(3) 入射光频率减小时，入射光子的能量也变小，当光子能量 $h\nu$ 等于逸出功 W 时电子刚好能逸出金属，此时光的频率 ν_0 称为红限频率，光的波长 λ_0 称为红限波长。所以铝的红限频率为

$$\nu_0=\frac{W}{h}=\frac{4.2\times1.6\times10^{-19}}{6.63\times10^{-34}}=10.1\times10^{14}\text{Hz}$$

铝的红限波长为

$$\lambda_0=\frac{c}{\nu_0}=\frac{3\times10^8}{10.1\times10^{14}}=2.96\times10^{-7}\text{m}=296\text{nm}$$

例 13-3 一个氢原子从 $n=1$ 的能态被激发到 $n=4$ 的能态。

(1) 计算氢原子必须吸收的能量；

(2) 若原子回到 $n=1$ 的能态，求可能发射的光子的能量和波长，并在能级图上表示跃迁的情况。

解 (1)氢原子在第 n 个能级上的能量为

$$E_n=\frac{E_1}{n^2}$$

式中，$E_1=-13.6\text{eV}$ 为氢原子基态($n=1$)时的能量。所以，从 $n=1$ 的能态激发到 $n=4$ 的能态，氢原子必须吸收的能量为

$$\Delta E_{1\to4}=E_4-E_1=E_1\left(\frac{1}{4^2}-1\right)=12.75\text{eV}$$

(2) 由图 13-2 可见，从 $n=4$ 能态回到 $n=1$ 能态的过程中，可能发生的跃迁为

$$4\to3、4\to2、4\to1$$
$$3\to2、3\to1$$
$$2\to1$$

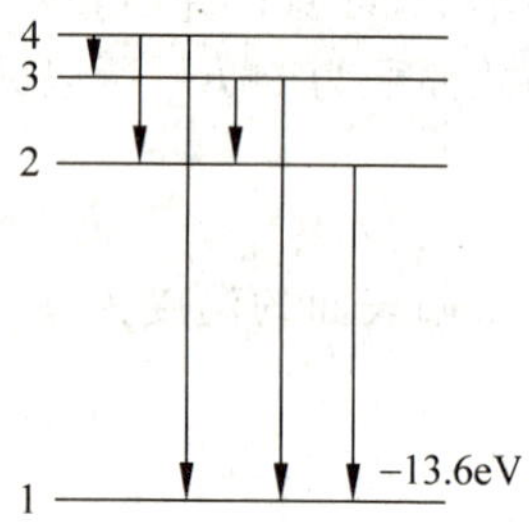

图 13-2

各跃迁发射光子的能量和波长分别为

$$E_{4\to3}=E_1\left(\frac{1}{4^2}-\frac{1}{3^2}\right)=0.661\text{eV},\quad \lambda_{4\to3}=\frac{hc}{E_{4\to3}}=1877\text{nm}$$

$$E_{4\to2}=E_1\left(\frac{1}{4^2}-\frac{1}{2^2}\right)=2.55\text{eV},\quad \lambda_{4\to2}=\frac{hc}{E_{4\to2}}=487\text{nm}$$

$$E_{4\to1}=E_1\left(\frac{1}{4^2}-\frac{1}{1^2}\right)=12.75\text{eV},\quad \lambda_{4\to1}=\frac{hc}{E_{4\to1}}=97.3\text{nm}$$

$$E_{3\to2}=E_1\left(\frac{1}{3^2}-\frac{1}{2^2}\right)=1.89\text{eV},\quad \lambda_{3\to2}=\frac{hc}{E_{3\to2}}=657\text{nm}$$

$$E_{3\to1}=E_1\left(\frac{1}{3^2}-\frac{1}{1^2}\right)=12.09\text{eV},\quad \lambda_{3\to1}=\frac{hc}{E_{3\to1}}=103\text{nm}$$

$$E_{2\to1}=E_1\left(\frac{1}{2^2}-\frac{1}{1^2}\right)=10.2\mathrm{eV},\quad \lambda_{2\to1}=\frac{hc}{E_{2\to1}}=122\mathrm{nm}$$

例 13-4 试用不确定关系估算氢原子的玻尔半径 r 和氢原子系统的基态能量。

解 氢原子的能量包括电子的动能和氢原子系统的势能，即

$$E=\frac{p^2}{2m}-\frac{e^2}{4\pi\varepsilon_0 r}$$

由于电子被限制在玻尔半径 r 的范围内运动，可以取电子位置的不确定量 $\Delta x\sim r$。按照不确定关系可知，动量的不确定范围是 $\Delta p\sim\hbar/r$。由于 p 和 Δp 为同一个数量级，因此可认为 $p\sim\hbar/r$。

将这个动量的大小代入氢原子能量的表达式，得到在不确定性范围内系统的能量表达式为

$$\Delta E=\frac{(\Delta p)^2}{2m}-\frac{e^2}{4\pi\varepsilon_0 r}=\frac{\hbar^2}{2mr^2}-\frac{e^2}{4\pi\varepsilon_0 r}$$

当系统处于基态时，系统的能量最低，结构最稳定。所以，此时的玻尔半径 r 的大小和氢原子的能量可以通过下列求极值的方法得到

$$\frac{\mathrm{d}(\Delta E)}{\mathrm{d}r}=-\frac{\hbar^2}{mr^3}+\frac{e^2}{4\pi\varepsilon_0 r^2}=0$$

由此得到

$$r=\frac{4\pi\varepsilon_0\hbar^2}{me^2},\quad \Delta E=-\frac{m}{2}\left(\frac{e^2}{4\pi\varepsilon_0\hbar}\right)^2$$

将 m、$\hbar$、e、ε_0 的数值代入上面两式中得到

$$r=0.53\times10^{-10}\mathrm{m}$$

$$\Delta E=-13.6\mathrm{eV}$$

【同步题解】

思考题

13-1 什么是黑体？为什么从远处看山洞总是黑的？

答：能够吸收照射在它上面所有波长电磁辐射的物体，称为黑体。一个不透明的空腔上开一个小孔，则该小孔可近似当作黑体，因为射入该小孔的电磁辐射在空腔内壁经多次反射，其能量不断被吸收而减少，很难再从小孔内逃逸出来。但黑体看上去并不总是"黑"的，因为黑体本身也会不断向外辐射电磁波。根据维恩位移定律，黑体要辐射可见光，其温度要达到 4000～7000K。远处的山洞相当于一个空腔上的小孔，一方面吸收了来自外面的辐射，同时其内部温度远未达到可以辐射可见光的温度，因此远处的山洞看上去总是黑的。

13-2 你能用维恩位移定律估计出人体电磁辐射中，单色辐出度的最大波长是多少吗？

答：人体正常的温度约为 37℃，即 310K，根据维恩位移定律，人体辐射电磁波的峰值波长为

$$\lambda_m=\frac{b}{T}=\frac{2.898\times10^{-3}}{310}=9.35\times10^{-6}\mathrm{m}=9.35\mu\mathrm{m}$$

处于红外波段。

13-3 普朗克提出能量量子化概念之前，经典物理学中，有没有量子化的物理量？你能举出几个吗？

答：任意带电体所带电量是量子化的，即等于一个电子或质子所带电量 $e=1.602\times10^{-19}\text{C}$ 的整数倍。一根两端固定的振动的弦，其弦长总是等于半波长的整数倍。

13-4 为什么把光电效应实验中存在截止频率这一事实，作为光的量子性的有力佐证？

答：光的经典波理论认为，只要入射光的光强足够大，就可以使电子逸出金属表面。但光电效应实验指出，对特定的金属而言，只要光的频率达到或超过某一值，就会有电子逸出，而与入射光的强度无关，这个频率 ν_0 称为截止频率。如果将光看成是由光量子组成的光子流，一个光子的能量 $\varepsilon=h\nu$，当电子吸收一个小于截止频率的光子后，由于吸收的几率性特点，要再吸收第二个或第三个光子的间隔时间会大于原子的弛豫时间，这样电子就会通过热运动的形式将吸收的能量很快转移给整个原子或晶格，从而不可能通过时间的积累获得足够高的能量。若电子吸收到一个大于或等于截止频率的光子，则电子瞬间获得足够高的能量而立刻逸出。故截止频率的存在有力地支持了光的量子理论。

13-5 有人说："光的强度越大，光子的能量就越大"，对吗？

答：光子的能量仅由光的频率决定，即 $\varepsilon=h\nu$，与光子数无关。而光强由两个因素决定，即光子的能量和光子的数量。在光子能量一定的情况下，只要光子数量足够多，光强也可以很大。所以光的强度越大，并不能说明光子的能量就一定越大。

13-6 动能为 22GeV 的电子可用来探测线度为 10^{-15}m 的原子核内部结构吗？为什么？

答：电子的静能 $E_0=0.511\text{MeV}$，远小于电子的动能 $E_k=22\text{GeV}$，所以电子的能量 $E=pc\approx E_k$。取电子动量的不确定度 $\Delta p=p$，由不确定关系

$$\Delta x=\frac{h}{4\pi\Delta p}=\frac{hc}{4\pi\Delta E_k}=4.5\times10^{-18}\text{m}$$

可见动能为 22GeV 电子的位置不确定量远小于原子核的大小，可用来探测线度为 10^{-15}m 的原子核内部结构。

习题

13-1 假如把钢炉当作黑体，当炉温从 800℃变化到 1500℃时，总辐射本领增加了几倍？

解 根据斯特藩-玻耳兹曼定律，当炉温从 800℃变化到 1500℃时，钢炉的总辐射本领（辐出度）之比为

$$\frac{M_2}{M_1}=\frac{\sigma T_2^4}{\sigma T_1^4}=\left(\frac{T_2}{T_1}\right)^4=\left(\frac{1500+273}{800+273}\right)^4=7.45$$

13-2 已知可见光的波长在 400～700nm 范围内，试确定可见光的频率和能量范围。

解 对 $\lambda_1=400\text{nm}$ 的可见光

$$\nu_1=\frac{c}{\lambda_1}=7.5\times10^{14}\text{Hz},\quad \varepsilon_1=h\nu_1=4.97\times10^{-19}\text{J}$$

对 $\lambda_2=700\text{nm}$ 的可见光

$$\nu_2 = \frac{c}{\lambda_2} = 4.3 \times 10^{14}\,\text{Hz}, \quad \varepsilon_2 = h\nu_2 = 2.84 \times 10^{-19}\,\text{J}$$

所以，对波长在400～700nm范围内的可见光，其频率范围为4.3×10^{14} Hz～7.5×10^{14} Hz，能量范围为2.84×10^{-19} J～4.97×10^{-19} J。

13-3　已知钾的逸出功为2.26eV。求(1)钾的截止频率和相应的红限波长；(2)用$\lambda=$200nm的光照射时，逸出电子的最大动能；(3)用$\lambda=600$nm光照射的遏止电压。

解　(1) 根据爱因斯坦光电效应方程$h\nu=\frac{1}{2}mv_{\max}^2+W$，光电子的最大动能为零时，入射光的频率$\nu_0$，即为截止频率，所以

$$\nu_0 = \frac{W}{h} = 5.46 \times 10^{14}\,\text{Hz}, \quad \lambda_c = \frac{c}{\nu_0} = 5.49 \times 10^{-7}\,\text{m}$$

(2) 因$\lambda=200$nm小于钾的红限波长，有光电子逸出，光电子的最大动能为

$$E_{\text{k,max}} = \frac{1}{2}mv_{\max}^2 = h\nu - W = \frac{hc}{\lambda} - W = 6.32 \times 10^{-19}\,\text{J} = 3.95\,\text{eV}$$

(3) 因$\lambda=600$nm大于钾的红限波长，所以不发生光电效应。

13-4　用波长$\lambda=410$nm的单色光照射某金属表面，若产生的光电子最大动能$E_{\text{k,max}}=$1.00eV，试求能使该金属发生光电效应的最大波长是多少？

解　根据光电效应方程，此金属的逸出功为

$$W = \frac{hc}{\lambda} - E_{\text{k,max}} = 3.25 \times 10^{-19}\,\text{J} = 2.03\,\text{eV}$$

所以，能使该金属发生光电效应的最大波长(红限波长)为

$$\lambda_c = \frac{c}{\nu_0} = \frac{ch}{W} = 6.124 \times 10^{-7}\,\text{m} = 612.4\,\text{nm}$$

13-5　设在光电效应实验中，测得某金属的遏止电压U_0与入射光的波长λ的三组数据：

(1) $\lambda=360$nm，$U_0=1.40$V；(2) $\lambda=300$nm，$U_0=2.00$V；(3) $\lambda=240$nm，$U_0=3.10$V。

试用作图法求普朗克常数和金属的逸出功。

解　将波长用频率表示，则三组数据为：(1) $\nu=8.33\times10^{14}$ Hz，$U_0=1.40$V；(2) $\nu=1.00\times10^{15}$ Hz，$U_0=2.00$V；(3) $\nu=1.25\times10^{15}$ Hz，$U_0=3.10$V。以此三组数据作遏止电压U_0与频率ν的关系图线如图13-3所示。

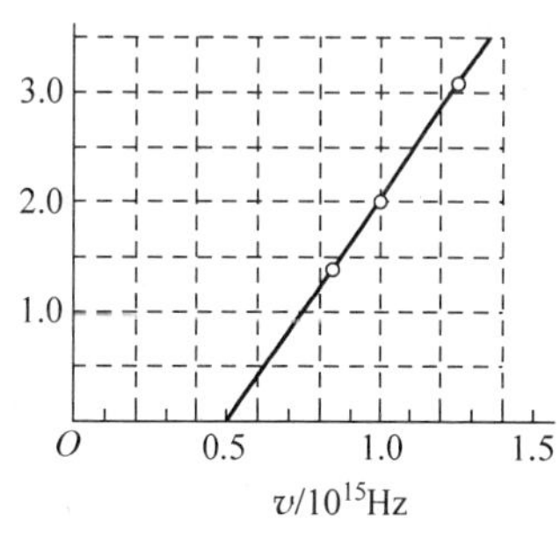

图　13-3

图中直线的方程为

$$U_0 = k\nu - b$$

式中，b为直线的截距。由图可得，此金属的红限频率为$\nu_0=5\times10^{14}$ Hz，直线的斜率为$k=4.08\times10^{-15}$ V/Hz。所以光电效应方程可写为

$$\frac{1}{2}mv_{\text{k,max}}^2 = h\nu - W = eU_0 = ek\nu - eb$$

由此得普朗克常数$h=ek=6.53\times10^{-34}$ J·s，$W=h\nu_0=2.00$eV。

13-6　假如电子和光子的波长相同，它们的动量和动能之比是多少？

解 根据实物粒子和光的波粒二象性，电子的动量 $p_e=\dfrac{h}{\lambda}$，光子的动量 $p_{光}=\dfrac{h}{\lambda}$，所以当电子和光子的波长相等时，有 $p_e=p_{光}=p$，或$\dfrac{p_e}{p_{光}}=1$。

考虑相对论效应时，电子的动能 $E_{ke}=E-m_e c^2$，并由相对论能量与动量的关系式 $E^2=E_0^2+(p_e c)^2=(m_e c^2)^2+(p_e c)^2$，电子的动能又可表示为

$$E_{ke}=\sqrt{m_e^2 c^4+p_e^2 c^2}-m_e c^2$$

而光子的动能 $E_{k光}=h\nu=\dfrac{hc}{\lambda}=p_{光}c$。考虑到波长相等时，$p_e=p_{光}=p$，所以

$$\frac{E_{ke}}{E_{k光}}=\sqrt{1+\left(\frac{m_e c}{p}\right)^2}-\frac{m_e c}{p}$$

若为非相对论情况，电子动能 $E_{ke}=\dfrac{1}{2}m_e v^2=\dfrac{p_e^2}{2m_e}$，所以

$$\frac{E_{ke}}{E_{k光}}=\frac{p}{2m_e c}$$

13-7 假设动量不确定度为千分之一，试求下列物体位置的不确定度。(1)质量为 5.0×10^{-3}kg，速度为 5m/s 的子弹；(2)速度为 $0.6c$ 的电子。

解 根据不确定关系 $\Delta x\cdot\Delta p\geqslant\dfrac{h}{4\pi}$，得物体位置的不确定度至少为

$$\Delta x=\frac{h}{4\pi\Delta p}$$

(1) 质量为 5.0×10^{-3}kg，速度为 5m/s 子弹的动量为 $p=mv=2.5\times10^{-2}\,\mathrm{N\cdot s}$，所以

$$\Delta x=\frac{h}{4\pi\Delta p}=\frac{h}{4\pi p}\times10^3=2.11\times10^{-30}\,\mathrm{m}$$

(2) 根据相对论，速度为 $0.6c$ 电子的动量为

$$p=mv=\frac{m_0 v}{\sqrt{1-\dfrac{v^2}{c^2}}}=2.05\times10^{-22}\,\mathrm{N\cdot s}$$

所以

$$\Delta x=\frac{h}{4\pi\Delta p}=\frac{h}{4\pi p}\times10^3=2.57\times10^{-10}\,\mathrm{m}$$

13-8 试用不确定关系估计，一维无限深势阱中的粒子的基态能量(设势阱宽度为 a)。

解 由不确定关系，得 $\Delta p\geqslant\dfrac{h}{4\pi\Delta x}=\dfrac{h}{4\pi a}$，说明处于宽为 a 的势阱中基态粒子的动量不确定度不小于 Δp，取 $p=\Delta p$，则在非相对论情况下，粒子的基态能量为

$$E_1=\frac{p^2}{2m}=\frac{\hbar^2}{8ma^2}$$

13-9 试用驻波理论确定一维无限深势阱中粒子允许的能量值。

解 一维无限深势阱中的粒子，其波函数的值在势阱边界处的值为零，所以定态物质波相当于两端固定的弦中的驻波，即势阱宽度 a 等于德布罗意波半波长的整数倍，即 $a=n\lambda/2$，或 $\lambda=2a/n$。根据德布罗意公式，粒子的动量

$$p=\frac{h}{\lambda}=\frac{nh}{2a}$$

所以，非相对论情况下粒子的能量为

$$E=\frac{p^2}{2m}=\frac{n^2h^2}{8ma^2}$$

13-10　已知处在$[0,a]$之间的一维无限深势阱中的粒子的波函数为

$$\psi_n(x)=A\sin\frac{n\pi x}{a}$$

(1) 求归一化条件常数A；(2)计算粒子处在$[a/4,a/2]$之间的概率。

解　(1) 根据波函数的归一化条件

$$\int_0^a|\psi_n(x)|^2\mathrm{d}x=A^2\int_0^a\sin^2\frac{n\pi x}{a}\mathrm{d}x=\frac{A^2}{2}\int_0^a\left(1-\cos2\frac{n\pi x}{a}\right)\mathrm{d}x=\frac{1}{2}aA^2=1$$

得归一化条件常数$A=\sqrt{\frac{2}{a}}$。

(2) 粒子处在$[a/4,a/2]$之间的概率

$$\begin{aligned}P&=\int_{a/4}^{a/2}|\psi_n(x)|^2\mathrm{d}x=\frac{2}{a}\int_{a/4}^{a/2}\sin^2\frac{n\pi x}{a}\mathrm{d}x\\&=\frac{1}{a}\int_{a/4}^{a/2}\left(1-\cos2\frac{n\pi x}{a}\right)\mathrm{d}x=\frac{1}{a}\left[x-\frac{a}{2n\pi}\sin2\frac{n\pi x}{a}\right]_{a/4}^{a/2}\\&=\frac{1}{4}-\frac{1}{2n\pi}\left(\sin n\pi-\sin\frac{n\pi}{2}\right)\end{aligned}$$

13-11　求宽度为$L=0.2\text{nm}$的一维无限深势阱中电子的最低三个能级的能量。

解　一维无限深势阱中粒子的能量是量子化的，其能量为

$$E_n=\frac{\pi^2\hbar^2}{2ma^2}n^2=E_1n^2$$

上式中，取势阱宽度$a=L=0.2\text{nm}$，电子质量$m=9.11\times10^{-31}\text{kg}$，求得$E_1=9.36\text{eV}$。

所以，电子的最低三个能级的能量分别为：$E_1=9.36\text{eV}$ $(n=1)$；$E_2=37.44\text{eV}(n=2)$；$E_3=84.24\text{eV}(n=3)$。

13-12　画出一维无限深势阱中处于第三激发态的粒子空间概率分布并确定最概然的空间位置。

解　一维无限深势阱中粒子的空间概率分布为

$$|\psi(x)|^2=\frac{2}{a}\sin^2\frac{n\pi x}{a}$$

图13-4为一维无限深势阱中能级、波函数和概率分布函数示意图，图中横实线代表能级，实线曲线代表波函数，虚线曲线代表概率分布函数。由图可见，粒子处于第三激发态$(n=3)$时，其出现的最概然位置为以下三个：

$$\frac{1}{6}a,\frac{3}{6}a,\frac{5}{6}a$$

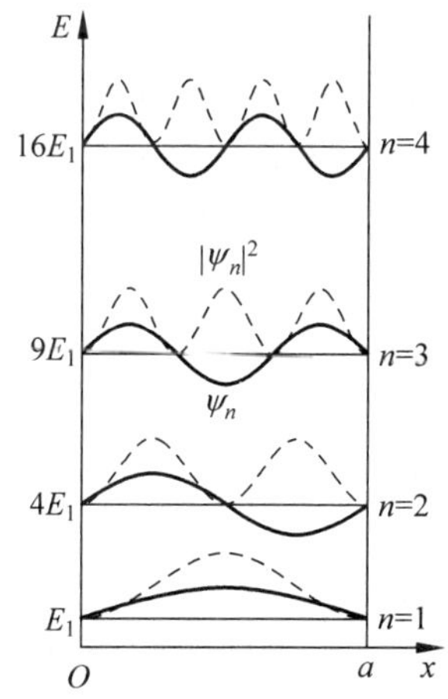

图　13-4

13-13　试求一维无限深势阱中处于基态的粒子位置和动量不确定度Δx和Δp，并验证不确定关系。

解 处于一维无限深势阱中基态粒子的能量为

$$E_1 = \frac{\pi^2 \hbar^2}{2ma^2} = \frac{h^2}{8ma^2}$$

根据非相对论情况下的能量与动量的关系，基态粒子对应的动量为

$$p = \sqrt{2mE_1} = \frac{h}{2a}$$

取 $\Delta x = a$，$\Delta p = p$，则有

$$\Delta x \cdot \Delta p = \frac{h}{2}$$

此结果与不确定关系相符合。

【自测练习】

13-1 所谓“黑体”是指这样的一种物体，即________。

A. 不能反射任何可见光的物体

B. 不能发射任何电磁辐射的物体

C. 能够全部吸收外来的任何电磁辐射的物体

D. 颜色是纯黑的物体

13-2 在加热黑体的过程中，其最大单色辐出度(单色辐射本领)对应的波长由 0.8μm 变到 0.4μm，则其辐出度(总辐射本领)增大为原来的________。

A. 2 倍 B. 4 倍 C. 8 倍 D. 16 倍

13-3 实验测得氢原子光谱巴耳末系系限波长为 364.6nm，由此计算巴耳末系第一条谱线 H_α 的波长为________。

A. 656.3nm B. 486.1nm

C. 434.1nm D. 410.2nm

13-4 粒子在一维无限深势阱中运动。图 13-5 为粒子处于某一能态上波函数 $\psi(x)$ 的曲线，则粒子出现几率最大的位置为________。

A. $a/2$ B. $a/6, 5a/6$

C. $a/6, a/2, 5a/6$ D. $0, a/3, 2a/3, a$

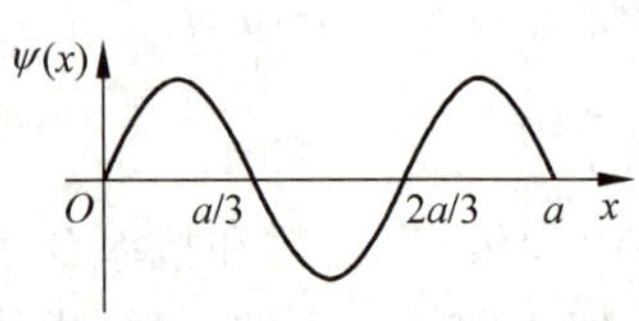

图 13-5

13-5 已知氢原子基态能量为 −13.6eV，将电子从处于第二激发态($n=3$)的氢原子中移去，所需能量是________。

A. 0.85eV B. 1.51eV C. 3.40eV D. 13.6eV

13-6 天狼星的表面温度约为 9990K，如果将天狼星看作绝对黑体，由此可得其单色辐出度在 $\lambda_m =$ ________处有极大值。

13-7 金属锂的逸出功为 2.7eV，那么它的光电效应红限波长为________，如果有 $\lambda=$ 300nm 的光投射到锂表面上，则由锂表面逸出的光电子的最大动能为________。

13-8 波长为 0.1nm 的 X 射线光子的能量为________，动量为________。

13-9 已知处于基态氢原子的电离能为 13.6eV，由此可得氢原子光谱莱曼系的系限波长为________，里德伯常数为________。

13-10 已知氢原子的电离能为 13.6eV，则氢原子第一激发态（$n=2$）电子的动能 $E_k=$ ________，相应的德布罗意波长 $\lambda=$ ________。（不计相对论效应）

13-11 若一个电子的动能等于它的静能，试求：(1)该电子的速度为多大？(2)其相应的德布罗意波长是多少？（考虑相对论效应）

13-12 一束带电粒子经 206V 的电势差加速后，测得其德布罗意波长为 0.002nm，已知这带电粒子所带电量与电子电量相同，求粒子质量。（非相对论情形）

13-13 对于波长 $\lambda=491$nm 的光，某金属的遏止电压为 0.71V，当改变入射光波长时其遏止电压变为 1.43V，求与此相应的入射光波长是多少？

13-14 设氢原子处于某定态，从该定态移去电子需要 0.85eV 的能量，从此定态向激发能为 10.2eV 的另一定态跃迁时，所产生的谱线波长为多少？在能级图上表示相应的跃迁。

13-15 电子在一维无限深势阱运动的波函数 $\psi_n(x)=\sqrt{\frac{2}{a}}\sin\frac{n\pi}{a}x$，电子处于第一激发态，求发现电子几率最大的位置。

自测练习答案

第 1 章

1-1　D

1-2　D

1-3　D

1-4　B

1-5　C

1-6　C

1-7　8m,10m

1-8　(1) $-A\omega^2\sin\omega t$ (m/s²)；(2) $\frac{(2n+1)\pi}{2\omega}$(s)($n=0,1,2,\cdots$)

1-9　2.2s

1-10　$g\sin\theta, g\cos\theta$

1-11　0.33m/s²

1-12　17.3m/s,20m/s

1-13　$v_S=\frac{h_1 v}{h_1-h_2}$

1-14　(1)0,8m/s；(2)4m/s,−4m/s；(3)2s,4s

1-15　41.7s

1-16　不会发生碰撞；50m

1-17　(1)3.2s；(2)32m；(3)32.9m/s

1-18　$\theta=25.8°$

1-19　$B, \frac{A^2}{R}+4\pi B$

1-20　$\sqrt{b^2+\frac{(v_0+bt)^4}{R^2}}$

第 2 章

2-1　A

2-2　C

2-3　C

2-4　A

2-5　A

2-6　C

2-7　B

2-8　C

2-9　$\frac{F}{m+M}, \frac{MF}{m+M}$

2-10　$2mv$；0

2-11　1.0m/s；0.5m/s

2-12　36rad/s

2-13　67.5J；202.5J；405W

2-14　g；$2g$

2-15　10cm

2-16　2.7m/s；1.5m/s^2

2-17　$(m_A+m_B)(g-a)$

2-18　$\sqrt{\mu g R}$

2-19　(1)2.7m/s^2；(2)112.5N；(3)87.5N

2-20　18N·s

2-21　$(1+\sqrt{2})m\sqrt{g y_0}$；$\frac{1}{2}m v_0$

2-22　$-\frac{m^2 g^2}{k}$；$\frac{m^2 g^2}{2k}$

2-23　$\frac{1}{2}\sqrt{3gl}$

2-24　11.2m/s；5m/s

2-25　$\frac{(F-\mu m g)^2}{k}$

2-26　30m/s

2-27　(1)4m/s；(2)1.33m/s，−2.67m/s；(3)0.36m

2-28　$\frac{m+M}{m}\sqrt{5gl}$

2-29　$S_1\sqrt{\frac{2g\Delta h}{S_2^2-S_1^2}}$

第3章

3-1　C

3-2　A

3-3　D

3-4　B

3-5　C

3-6　−2rad/s^2，425rad，40s

3-7　157N·m

3-8　$\frac{3}{4}mL^2$，$\frac{1}{2}mgL$，$\frac{2g}{3L}$

3-9　$\omega=\frac{1}{3}\omega_0$

3-10　$\frac{r^2\omega^2}{4g}$

3-11　(1)39.2rad/s^2；(2)44.3rad/s，490J

3-12　(1)63.2m；(2)37.9N

3-13 $\frac{6mv}{(3m+m_0)l}$,$\frac{(3m-m_0)v}{(3m+m_0)}$

3-14 $\omega=\frac{3v_0}{2l}$

3-15 1.97×10^4J ,1.75×10^4J

3-16 10.5rad/s^2,4.58rad/s

第4章

4-1 D

4-2 B

4-3 A

4-4 A

4-5 B

4-6 C

4-7 $\frac{2\varepsilon_0 A}{qd}$

4-8 $\frac{RV_0}{r^2}$

4-9 $Q_a=\frac{a}{a+b}Q$

4-10 0 ,$\frac{\rho}{3\varepsilon_0 r^2}(r^3-R_1^3)$,$\frac{\rho}{3\varepsilon_0 r^2}(R_2^3-R_1^3)$

4-11 变小

4-12 $\frac{Q^2}{8\pi3\varepsilon R}$

4-13 51.2 N

4-14 8.85×10^{-9}C·m^{-2}, 6.67×10^{-9}C

4-15 $\frac{\sigma x}{2\varepsilon_0\sqrt{a^2+x^2}}$,方向沿法线方向

4-16 0.72V/m ,方向由O指向缺口

4-17 2.5×10^3V ,4.3×10^3V

4-18 在σ_1板外侧, 1.13V/m,垂直指离σ_1板;在两板间, 3.39V/m,垂直指向σ_2板;在σ_2板外侧,1.13V/m,垂直指离σ_2板

4-19 $\boldsymbol{E}=-\frac{Q}{\pi^2\varepsilon_0 R^2}\boldsymbol{j}$

4-20 $\frac{\lambda_1\lambda_2}{2\pi\varepsilon_0}\ln\left(1+\frac{l}{d}\right)$

第5章

5-1 B

5-2 D

5-3 D

5-4 A

5-5 D

5-6 (1)$\mu_0 I$,(2)0 ,(3)$2\mu_0 I$

5-7 $\frac{\mu_0 I r}{2\pi R^2}$

5-8 $\mu_0 n I, \frac{1}{2}\mu_0 n I$

5-9 $-\pi R^2 B\cos\alpha$

5-10 0

5-11 $B_1 = B_2$

5-12 $\frac{\mu_0 I}{4R}\sqrt{1+\left(\frac{1}{\pi}\right)^2}, \alpha=\arctan\frac{1}{\pi}$

5-13 $\frac{\mu_0 I}{\pi d}$方向垂直纸面向外,$x=\frac{d}{3}$

5-14 $\frac{\mu_0 q\omega}{2\pi R}$

5-15 0

5-16 $\frac{\mu_0 I}{2\pi b}\ln\frac{r+b}{r}$方向垂直纸面向里,$\frac{\mu_0 I^2}{2\pi b}\ln\frac{r+b}{r}$,水平向右

5-17 $\frac{1}{2}\pi R^2 IB$,沿逆时针方向

5-18 $\frac{a}{3}$

第 6 章

6-1 D

6-2 D

6-3 C

6-4 C

6-5 50V

6-6 $\frac{\mu_0 e^2 v^2}{32\pi^2 R^4}$

6-7 $\frac{\mu_0 Igt}{2\pi}\ln\frac{a+l}{a}, N$

6-8 $\frac{1}{8\pi}$

6-9 $\mu_0 n\pi a^2 I_0 \omega\cos\omega t$

6-10 $-\frac{1}{2}B\omega R^2$

6-11 $\frac{3}{10}B\omega L^2$, a 点电势高

6-12 $\frac{\mu_0 N_1 N_2 \pi R^2}{l}$

6-13 9.0m^3,29H

6-14 $\frac{\mu_0 I v}{\pi}\left[\frac{l}{2a}-\frac{\sqrt{3}}{3}\ln\left(1+\frac{\sqrt{3}l}{2a}\right)\right]$

第7章

7-1 B

7-2 B

7-3 B

7-4 D

7-5 D

7-6 B

7-7 $x=2\cos\left(\frac{5}{2}t+\frac{\pi}{2}\right)\mathrm{cm}$

7-8 $T=\frac{24}{7}\mathrm{s},\varphi=-\frac{2\pi}{3}$

7-9 $100\pi^2\mathrm{J}$

7-10 $10,-\frac{\pi}{2}$

7-11 $t=\frac{T}{8},\frac{3T}{8}$

7-12 $T=\frac{2\pi}{\omega},v_{\mathrm{m}}=A\omega,a_{\mathrm{m}}=A\omega^2$

7-13 $x=2\cos\left(4\pi t+\frac{1}{6}\pi\right)$ (SI)

7-14 (1)$E=\frac{1}{2}kA^2=0.16(\mathrm{J})$

(2) $x=0.4\cos\left(2\pi t+\frac{\pi}{3}\right)(\mathrm{m})$

7-15 (1) $F=5\mathrm{N}$

(2) $x=\pm A=\pm 0.2\mathrm{m}$ 时，$F_{\max}=kA=10\mathrm{N}$

第8章

8-1 B

8-2 B

8-3 B

8-4 C

8-5 C

8-6 D

8-7 C

8-8 1m

8-9 $y=-2A\cos\omega t=2A\cos(\omega t+\pi)$ $v=\frac{\mathrm{d}y}{\mathrm{d}t}=2A\omega\sin\omega t$

8-10 $y=0.15\cos\left(\frac{\pi}{2}x\right)\cdot\cos\left(100\pi t+\frac{\pi}{2}\right)$(SI)

8-11　2A

8-12　(1) $y=0.06\cos\left[\frac{\pi}{4}\left(t-\frac{x}{0.05}\right)+\frac{\pi}{2}\right]$(SI)

(2) $y=0.06\cos\left[\frac{\pi}{4}t-\frac{\pi}{2}\right]$(SI)

8-13　(1) $y=0.02\cos\left(\frac{\pi}{2}t-\frac{\pi}{2}\right)$(m)

(2) $y=0.02\cos\left[\frac{\pi}{2}\left(t+\frac{x}{5}\right)-\frac{\pi}{2}\right]$(m)

8-14　$y_{反}=0.01\cos\left[4t+\frac{3\pi}{2}-\frac{2\pi}{\lambda}(5-x)\right]=0.01\cos\left[4t+\pi x+\frac{\pi}{2}\right]$(SI)

第 9 章

9-1　A

9-2　C

9-3　B

9-4　D

9-5　B

9-6　D

9-7　$\Delta x=\frac{D\lambda}{d}$, $\Delta x'=\frac{D\lambda}{d}$

9-8　1.200

9-9　1.4

9-10　0.36mm

9-11　$I_1=0$, $I_2=\frac{3}{32}I_0$

9-12　5

9-13　210nm

9-14　545nm,绿色

9-15　667nm,第 32 级暗环

9-16　9.0×10^{-6}m,还能看到 14 条明纹

9-17　9.5×10^{-5}m

9-18　$i=58°$, 1.6

第 10 章

10-1　A

10-2　A

10-3　C

10-4　D

10-5　D

10-6　A

10-7　D

10-8　功热转换,热传递

10-9 $0\sim v_p$ 内的分子个数

10-10 2∶1，3∶5，7∶5

10-11 2∶1，$\sqrt{2}$∶1

10-12 (1) $E_k=N\overline{\varepsilon_k}=(N_1+N_2)\frac{3}{2}kT=4.14\times10^5\text{J}$

(2) $p=nkT=2.76\times10^5\text{Pa}$

10-13 1∶1,$\sqrt{2}$∶1,2∶1

第 11 章

11-1 D

11-2 D

11-3 A

11-4 D

11-5 B

11-6 A

11-7 B

11-8 外界对系统做功　热传递　系统始末两态　具体的热力学过程

11-9 (1) 增加系统内能

(2) 对外界做功

(3) 一部分用来对外做功,一部分用来改变系统内能

11-10 $\frac{2}{i+2}$, $\frac{i}{i+2}$

11-11 熵增加　不可逆的

11-12 (1) 24000J

(2) 425K

11-13 (1) $W=598\text{J}$;

(2) $\Delta E=1.00\times10^3\text{J}$;

(3) $\gamma=\frac{C_p}{C_V}=1.6$

11-14 (1) $\Delta E=C_V(T_2-T_1)=\frac{5}{2}(p_2V_2-p_1V_1)$

(2) $W=\frac{1}{2}(p_2V_2-p_1V_1)$

(3) $Q=3(p_2V_2-p_1V_1)$

11-15 $\Delta E=0,Q=14.9\times10^5\text{J},W=14.9\times10^5\text{J}$

第 12 章

12-1 B

12-2 C

12-3 A

12-4 C

12-5 A

12-6　4.33×10^{-8}s

12-7　2.91×10^{8}m/s

12-8　0.075m^3

12-9　c

12-10　$0.25m_ec^2$

12-11　37.5s

12-12　6.71×10^{8}m

12-13　(1) 列车长度为 $L\sqrt{1-\frac{v^2}{c^2}}$,宽度和高度不变；(2) $\frac{L\sqrt{1-\frac{v^2}{c^2}}+l_0}{v}$

12-14　(1) 5.8×10^{-13}J；(2) 8.04×10^{-2}

12-15　$0.91c$,5.30×10^{-8}s

第 13 章

13-1　C

13-2　D

13-3　A

13-4　C

13-5　B

13-6　290.1nm

13-7　461nm,1.44eV

13-8　1.99×10^{-15}J,6.62×10^{-24}kg·m/s

13-9　91.27nm,$1.0956697\times10^{7}\text{m}^{-1}$

13-10　3.4eV,0.665nm

13-11　(1) $\frac{\sqrt{3}}{2}c$；(2) 1.4×10^{-12}m

13-12　1.67×10^{-27}kg

13-13　381.7nm

13-14　486.1nm

13-15　$a/4$,$3a/4$